rororo

«Viehdoktor ist ein Beruf. Ich habe keinen Doktortitel, bin jedoch mit Leib und Seele der ‹Doktor für das liebe Vieh›. Warum macht einer so was freiwillig, wo dies der am schlechtesten bezahlte, der gefährlichste, der dreckigste und der Teil dieses großen Berufes ‹Tierarzt› ist, der am meisten körperlich anstrengt? Weil da noch mehr ist. Dieses ‹mehr› kann ich nicht mit Geld kaufen, dieses ‹mehr› lässt sich nur schwer beschreiben. Wenn unsere Tiere auf der Weide im Liegen wiederkäuen, verströmen sie eine Ruhe und echte Zufriedenheit, die ich bei Menschen meist sehr vermisse.»

Nicki Schirm ist seit vielen Jahren als Landtierarzt im hessischen Langenselbold tätig. Er wirkte in 120 Sendungen der VOX-Dokusoap «Menschen, Tiere und Doktoren» mit und avancierte dort schnell zum Publikumsliebling.

Nicki Schirm

Ein Doktor und 'ne Menge Vieh

Geschichten eines Landtierarztes

Rowohlt Taschenbuch Verlag

Originalausgabe
Veröffentlicht im Rowohlt Taschenbuch Verlag,
Reinbek bei Hamburg, September 2012

Umschlaggestaltung ZERO Werbeagentur, München
(Abbildungen: Thorsten Wulff und FinePic, München)
Satz Dolly PostScript (InDesign) bei
KCS GmbH, Buchholz bei Hamburg
Druck und Bindung Druckerei C. H. Beck, Nördlingen
Printed in Germany
ISBN 978 3 499 62953 2

Inhalt

Blasrohrgeburt

Nach einem anstrengenden, arbeitsreichen Wochenende Anfang März saß ich mit meiner Frau im Wohnzimmer. Jutta hatte es sich auf dem Sofa gemütlich gemacht, ich hatte mir einen Hocker vor das rotstrahlende Sichtfenster des Kaminofens gestellt, um meinen durchgefrorenen Körper besser aufzuwärmen. Ich las die *TAZ*, unsere Tageszeitung, Jutta pirschte auf den Spuren eines Mörders in der Eifel – sie als Leseratte zu bezeichnen wäre eine Untertreibung. Endlich konnte ich die Anspannung des Tages loslassen, Ruhe kam auf. Solche Momente sind selten, aber in dieser wohligen Zufriedenheit tanken wir Kraft für den hektischen Alltag. Es war nach zehn Uhr abends, seit einer knappen Stunde war ich zu Hause, hatte gerade erst gegessen und mich hingesetzt, da scheuchte mich ein Anruf wieder weg vom warmen Ofen.

«Tierarztpraxis Schirm, guten Abend», sagte ich mit neutraler Stimme. Niemand soll mir meine Stimmung oder Müdigkeit anmerken, und ich versuche immer, das Telefon nicht dafür zu strafen, dass es geklingelt hat. Wenn das Gerät sich bemerkbar macht, ist jemand in Not, erst recht um diese Uhrzeit.

Thomas Petz war dran. «Eine meiner Kühe ist seit einer Stunde am Kalben, aber es geht einfach nicht weiter, da klemmt was», sagte er etwas atemlos.

«Bleib ruhig», erwiderte ich und fragte dann: «Hast du sie schon eingefangen?»

«Das habe ich versucht, aber die werdende Mutter ist einfach zu gut, ich schaffe es nicht. Kannst du da vielleicht mit deinem Blasrohr helfen und danach das Problem mit der Geburt lösen?»

Thomas ist ein erfahrener Halter von einigen Mutterkühen, die er in Gondsroth auf seinen Weiden hält – ein arbeitsreiches Hobby. Diese Art der Nutzung von Wiesen bietet sich dort geradezu an, denn leichte Hügel wechseln sich mit kleinen Bächlein ab, und in dieser relativ intakten Landschaft gibt es sogar noch Büsche und Hecken. Dort kann eine erfahrene Kuh prima weglaufen, und selbst mit Lockfutter ist da oft nichts auszurichten.

«Lass sie in Ruhe und hol lieber einen Kanister mit Wasser. Seil und ein Halfter hast du ja. Soll ich unten zum Stall kommen oder auf den Weg oberhalb von der Weide?», fragte ich.

«Oben», lautete die kurze Antwort.

«Okay, ich mach mich auf den Weg», sagte ich und legte auf.

Während ich Blasrohr und Pfeile einpackte, meckerte ich bei Jutta ein kleines bisschen rum, weil ich schon wieder raus in die Kälte musste, obwohl ich noch gar nicht richtig aufgewärmt war. Danach ist bei mir alles wieder gut, schließlich weiß ich genau, dass niemand mich ruft, wenn es nicht wirklich notwendig ist. Kaum saß ich im roten Praxisbus, war die Kälte vergessen, und ich war nur noch gespannt, was mich erwartete.

Sonntagabends ist es im Rhein-Main-Gebiet deutlich ruhiger als an jedem anderen Tag der Woche. Die Menschen sind müde vom ereignisreichen Wochenende und bleiben zu Hause, weil sie am Montag früh rausmüssen. Deshalb fahre ich sonntagnachts am liebsten Auto, denn das ist für Ballungsraumfahrer fast wie fliegen. In Gegenden, wo deutlich weniger Menschen wohnen, fällt so etwas vermutlich gar nicht auf, aber diesmal brauchte ich nur halb so lange wie sonst, bis ich bei Thomas war.

Als ich den unebenen Weg entlangschaukelte, stand der schlammbespritzte Geländewagen von Thomas schon da, als deutliches Zeichen, wo ich mein Auto hinstellen sollte. Kaum war ich ausgestiegen, kam er aus der Dunkelheit der Weide und war schon unter dem Elektrozaun hindurchgetaucht, ohne ihn zu berühren. Selbst wenn der Strom abgeschaltet ist, habe ich großen Respekt vor dieser wirkungsvollen und gut sichtbaren Weidebegrenzung.

Vom Weg aus geht der Blick über mehrere Rinder- und Pferdeweiden, ein kleiner Bach schlängelt sich im tiefsten Bereich des Geländes am Rand der Weiden entlang und folgt der Rückseite der Gärten durch das langgezogene Straßendorf.

«Die Kuh ist schon ein paarmal um diese Hecke dort hinten rechts gelaufen, aber seitdem habe ich sie nicht mehr gesehen», klärte mich Thomas über die Lage auf. «Ich bin sogar schon ganz außen am Zaun entlang, aber im Schatten kann ich nichts erkennen.»

«Vielleicht versteckt sie sich in dem dunklen Bereich hinter der Hecke da drüben», sagte ich.

«Kann sei. Jedenfalls habe ich die anderen aus der Herde vorsorglich auf die Nachbarkoppel gebracht. Die Kuh ist sonst eigentlich ganz lieb, aber du kannst dir sicher denken, dass sie jetzt völlig durcheinander ist.»

«Danke für die freundliche Warnung, ich stecke mir zur Sicherheit ein Argument in den Stiefel», antwortete ich, öffnete die Heckklappe und nahm mein vierzig Zentimeter langes Metallrohr zur Abwehr eines eventuellen Überraschungsangriffs an mich.

Wenn ich es dabeihabe, brauche ich es meist nicht. Wie immer bereitete ich vorsorglich zwei Pfeile vor, falls ich im ersten Versuch nicht treffen sollte. Wir konnten zum Anschleichen keine Taschenlampe verwenden, da uns das sofort verraten hätte. Es musste also trotz Dunkelheit so gehen. Der Mond versteckte sich hinter den Wolken, aber nachdem sich meine Augen an das diffuse Streulicht gewöhnt hatten, konnte ich gut genug sehen.

Die werdende Mutter hatte sich in einiger Entfernung im Schutz einer größeren Schlehenhecke versteckt, auf die wir nun zuschlichen. Aber leider treten zwei Menschen mit doppelter Wahrscheinlichkeit auf einen im Gras herumliegenden Ast, der dann lautstark bricht. So war es auch, und die Kuh schoss natürlich sofort davon. Pause!

Nach einer Viertelstunde, in der Thomas und ich aus größerer Entfernung beobachteten, wo und wie die werdende Mutter sich versteckte, kam sie endlich zur Ruhe. Wieder verschwand sie hinter der Hecke, die sie sich zuerst ausgesucht hatte. Beim zweiten Versuch ging ich die letzten hundert Meter alleine. Ganz vorsichtig pirschte ich mich, von der Hecke gut abgeschirmt, fast geräuschlos an. Die Kuh merkte nicht, wie ich tief gebückt um die Hecke herumkam, denn ich hatte ihr Hinterteil im Blick, nicht den Kopf. Bei jedem Schritt tastete ich zuerst den Boden mit dem Fuß ab, damit nicht wieder ein knackendes Stöckchen mich verriet.

Manche Tiere spüren den Feind, auch wenn er von hinten kommt, aber diese Kuh hatte ein anderes dringendes Problem. Da sie von der bevorstehenden Geburt abgelenkt war, traf ich sie gleich mit dem ersten Pfeil in den Oberschenkel. Sofort sprang sie erschreckt auf und hielt nach dem Feind Ausschau.

«Reg dich nicht auf, ich bin ja dabei», sprach Thomas, der mir gefolgt war, die verwirrte Dame an. «Du kennst mich doch, wir wollen dir bloß helfen.»

Dank der vertrauten Stimme von Thomas entspannte sich die Situation. Wir gingen ein ganzes Stück von dem Tier weg und stiegen deutlich sichtbar über den Zaun. Damit war die Kuh davon überzeugt, dass unsere Aktion beendet und sie in Sicherheit war. Der Pfeil steckte noch, aber in einer solchen Situation ist das der Kuh nicht bewusst. Wenn wir in der Nähe geblieben wären, hätte die Mutter ihre ganze Kraft zusammengenommen, um wach zu bleiben. So aber fühlte sie sich sicher, und das Betäubungsmittel konnte seine Wirkung entfalten. Wir mussten lediglich eine halbe Stunde warten.

Danach näherten wir uns dem Tier langsam wieder, redeten mit leiser, ruhiger Stimme. Thomas nahm gleich den Kanister mit Wasser und die Seife mit. Künstliches Licht durften wir nicht verwenden, da das Beruhigungsmittel diesen Reiz genauso verstärkt wie laute Geräusche. Vorsichtig legte Thomas ihr ein Halfter um, und ab da hatten wir richtig Zugriff. Ich durfte die Kuh nicht vollständig betäuben, weil sonst das Medikament in ihrem Blut das Kalb unfähig gemacht hätte, den ersten Atemzug zu machen.

Thomas hielt den Kopf der werdenden Mutter fest, der ihr wie im Schlaf seitlich auf den Brustkasten gesunken war. Als ich mit dem kalten Wasser die aufgeschwollenen Schamlippen und die äußere Mündung des Geburtskanals abwusch, wurde die Kuh kurz unruhig, da der Reiz offenbar zu stark war. Doch Thomas hielt sie fest am Boden, und schon nach kurzer Zeit konnte ich weitermachen. Dank des Gleitgels, das ich bei jeder Geburt verwende, glitt meine rechte Hand bis zum Ellbogen ganz zart in die stark geweitete Scheide, wo ich etwas ertastete, das von außen nicht zu erkennen gewesen war.

Das Kalb war ziemlich groß, und der breite Kopf wollte einfach nicht zusammen mit den Vorderbeinen durch die enge Öffnung in dem knöchernen Becken passen. Das war also der Grund, dass hier nichts voranging.

Immer wieder mussten wir die werdende Mutter beruhigen, was uns zum Glück jedes Mal gelang. So konnte ich, indem ich mich hinter der liegenden Patientin auf den Boden hockte und bald mit beiden Armen in ihr steckte, vorsichtig weiterarbeiten. Noch hing das Kalb an der Nabelschnur, noch war es von der Mutter gut versorgt und munter. Nachdem ich die Beine und den Kopf des Kälbchens so im Bauch der Kuh gedreht hatte, wie es eigentlich von der Natur gedacht war, unterbrach ich die Behandlung noch mal kurz. Erst jetzt, nach Korrektur der Lage des Kalbes, konnte sich der Geburtskanal richtig weiten, und diese Zeit brauchte die Kuh.

Ich nutzte die Pause, um schnell die Medikamente, die ich eventuell für das Neugeborene benötigen würde, aus meinem roten Praxisbus zu holen. Weil das Kalb so groß geraten war, brachte ich zur Sicherheit auch meinen mechanischen Geburtshelfer mit. Dieses Gerät, das aus einer Stange mit Hebelunterstützung besteht, die in einem Bügel aus Edelstahl endet, wird als Zughilfe verwendet und an der Kuh ganz schonend abgestützt. Der Geburtshelfer umarmt sozusagen das Becken der Kuh von hinten, lässt die Geburtsöffnung aber vollkommen frei. An dem Hebelarm können spezielle Stricke befestigt werden, die man dem Kälbchen zuvor vorsichtig an die vom Geburtsschleim glitschigen Beine binden muss.

Dank des Geburtshelfers hatte ich alles sicher im Griff, und die Geburt konnte endlich weitergehen. Die Kuh lag stabil auf Brust und Bauch, und während Thomas ihr vorne beistand, half ich hinten dem Kalb bei seiner Reise vom warmen Bauch in die kalte Mondnacht. Der Mond war inzwischen nicht mehr von Wolken versteckt, die Stimmung zauberhaft. Eine weitere halbe Stunde später hatten wir den Neuling schonend zur Welt gebracht.

Der kleine Bulle wollte wie befürchtet jedoch einfach nicht anfangen, richtig tief zu atmen. In dem Fall geben wir Tierärzte Medikamente, die anregend auf die Atmung wirken, und sollte das nicht reichen, kann zusätzlich ein Mittel verabreicht werden, das die Betäubung aufhebt. Das brauchten wir diesmal jedoch nicht. Die Atmung setzte nach den Atemtröpfchen, die ich dem Kälbchen auf die Zunge geträufelt hatte, und unserer Massage endlich ein. Mühsam zwar, aber immer tiefer saugte das Tier die Luft ein und presste sie danach wieder heraus. Atmen ist echt anstrengend, wenn jemand erst damit anfängt – noch dazu in leicht betäubtem Zustand. Auch die Mama war noch ziemlich betäubt, trotzdem musste sie den neuen Erdenbürger beschnuppern, den ich ihr direkt vor die Nase gelegt hatte. Trotz Betäubung kam langsam und zaghaft ihre Zunge zum Vorschein. Vorsichtig leckte sie das Neugeborene ab und erkannte bald den allerbesten Geschmack auf der Welt: den ihres eigenen Kälbchens.

«So ist es richtig, leck bitte weiter», lobte ich sie. «Das hier ist dein Kalb, und du hast alles super gemacht.» Das meinte ich ganz ernst.

Auch Thomas spornte sie an. «Wach schnell wieder auf, dein Sohn braucht dich. Du bist stolze Mutter eines prächtigen Bullen. Er war nur ein bisschen zu groß für dich.»

Eine ganze Weile kämpfte das Mutterglück gegen die Narkosemittel. Wer Mütter kennt, der weiß, wer am Ende gewonnen hat.

Die Kuh hatte die Augen nach wie vor nur halb geöffnet und war noch sehr schwach. Deshalb gab ich ihr noch eine Infusion in die große Halsvene, mit speziellen stärkenden Lösungen und einem Schmerzmittel. Kurz darauf stemmte die Brave sich für ihr Kalb sogar hoch und kam schwankend zum Stehen. Ich umfasste ihren Schwanz ganz oben an der Wurzel und hielt gut fest, damit sie nicht umfiel. Mit jeder Minute wurde sie sicherer, und bald konnte sie ihr Kalb fast wie eine wache Kuh ordentlich abschlecken, damit es schneller trocken wurde. Das Kälbchen schüttelte den Kopf, dass seine Ohren nur so schlackerten. Ein wunderschönes Geräusch, so ein Kalb will zweifelsohne weiterleben.

Da kam auch schon ein erster zarter Ruf: «Böööőh.»

Die Mama antwortete mit einem tiefen, brummenden «Mhm». Damit war das Band zwischen Mutter und Sohn geknüpft.

Abschließend zog ich noch schnell einen langen, sauberen Gummihandschuh aus der Hosentasche und beugte mich zum Euter herunter. Da die Kuh abgelenkt war, konnte ich vorsichtig ein paar Tropfen in den Handschuh melken. Die erste Milch wollte ich unbedingt dem noch immer zu schwachen Kalb geben, damit es in der kalten Märznacht gleich genügend Brennstoff im Bauch hatte. Nachdem ich schnell ein kleines Loch in einen der Finger des Handschuhes gemacht hatte, legte ich dem Kälbchen die Zitze in den Mund. Der Geschmack der nährstoffreichen Milch half beim Schlucken, und damit war das Kälbchen gut versorgt.

Wenn sich gleich die erste Aufregung legte und die Kuh wieder alleine war, würde die Betäubung wieder stärker wirken. Dann würde die erschöpfte Mama sich höchstwahrscheinlich noch mal hinlegen, und das Kalb könnte vorerst nicht mehr trinken. Doch das Problem hatten wir gelöst, und der Tank im Kalb war gut gefüllt. Bei der Mutterkuh war zum Glück keine Verletzung des Geburtswegs festzustellen, und damit konnten wir die neue Kleinfamilie beruhigt alleine lassen. Morgen würde die Kuh den Schutz der Hecke verlassen und ihren Stolz auf vier Beinen der Herde vorstellen. Nun aber sollte endlich Ruhe einkehren.

Als Thomas neben mir von der Koppel ging, schwebten wir vor Freude im Mondlicht ein paar Zentimeter über dem Boden. Wir sagten bis zu unseren Autos nichts, so stark wirkte der Eindruck des Erlebten nach.

Wenn es zu lange dauert, bis eine Geburt endlich vonstattengeht, stirbt das Kalb im Mutterleib, ebenso, wenn der erste Atemzug nicht erfolgt. Uns beiden war voll und ganz bewusst, was alles hätte schiefgehen können. Wir hatten von Anfang bis Ende der Aktion eine glückliche Hand, und das Schicksal war uns wohlgesinnt.

Ich musste daran denken, wie ich Jutta noch vor wenigen Stunden vorgejammert hatte, wie ungerecht die Welt doch zu mir sei – und jetzt wäre ich vor Freude fast geplatzt. Die anstrengende Geburt würde mir am nächsten Morgen einen Muskelkater bescheren, momentan war ich aber fast genauso glücklich wie die frischgebackene Mama.

Beim Auto angekommen, musste Thomas erst mal eine Zigarette rauchen, und ich leistete ihm noch Gesellschaft. Wie immer nach solch ungewöhnlichen Einsätzen rief ich kurz zu Hause an und sagte Jutta, dass alles gut gelaufen sei. Danach muss ich dann meist noch ein wenig leerlaufen und das Geschehene mit dem Tierhalter durchsprechen, damit wir uns beruhigen können. Sonst liegt später jeder in seinem Bett und muss alles noch mal überdenken, statt wie verdient zu schlafen.

Bei diesen oft sehr persönlichen Gesprächen kommen früher oder später immer die gleichen Fragen auf, und auch Thomas war da keine Ausnahme.

«Du gehst so geschickt mit den Tieren um», sagte er. «War dein Vater Tierarzt oder vielleicht Bauer? Habt ihr früher zu Hause Vieh gehabt? Ein Pferd oder wenigstens einen Hund?»

«Ich komme eigentlich gar nicht aus der Landwirtschaft», gab ich zu. «Bei uns gab es keine Haustiere, noch nicht einmal ein Meerschweinchen durfte ich halten. Irgendwann muss es mich dann aber doch erwischt haben, sonst würde ich nicht mitten in der Nacht bei dieser Kälte hier draußen mit dir stehen und nach dieser Anstrengung bis über beide Backen strahlen.»

Thomas nickte nur, und wir grinsten uns kurz an.

Kurz darauf lenkte ich meinen roten Bus zurück nach Langenselbold.

Zum ersten Mal im Kuhstall

Auf der Heimfahrt kam mein Gehirn wie so oft nicht zur Ruhe. Eigentlich ist es schon seltsam, überlegte ich, dass ich heute mit großer Freude hauptsächlich Nutztiere behandle, obwohl ich als Kind nicht viel Kontakt zu Vierbeinern hatte. Mal abgesehen von Hexe, dem Hund meiner Großeltern, den ich heiß und innig geliebt habe. Vor dem Geruch der Kühe grauste es mir als kleinem Jungen sogar ganz besonders, und ich weiß noch genau, wie viel Mut ich brauchte, um zum ersten Mal einen Kuhstall zu betreten.

Wenn ich mit meinen Schwestern und den Eltern bei Oma und Opa in Pfullingen zu Besuch war, durften wir Kinder jeden Abend mit der Milchkanne vom Bauern frischgemolkene Kuhmilch holen. Sie war aus leicht verbeultem Aluminium und hatte sogar einen Deckel, damit beim Transport nach Hause nichts überschwappte.

An der Hand meiner älteren Cousine fühlte ich mich sicher genug, um diese Mutprobe zu bestehen. Wir mussten bloß drei Grundstücke weiter in Richtung Ortsausgang gehen, dann standen wir auch schon vor dem Bauernhof, der nicht zu übersehen war. Direkt zur Straße hin lag der Misthaufen, links davon war die Scheune, rechts davon ging es in den Stall, und noch ein Stück weiter rechts befand sich die Tür zum Wohnhaus.

Da ich mich nicht traute, öffnete meine Cousine die Stalltür, und schon schlug mir die warme Luft entgegen. Wir waren noch zu früh und mussten warten, also sah ich mich zögerlich um. Die sechs Kühe – für mich waren das damals viele – waren links und rechts mit einer Kette um den Hals an der Wand angebunden. Ihre Hinterteile zeigten zur Stallgasse, wo die Bäuerin gerade die Melkmaschine an einer Kuh ansetzte, während der Bauer den Kühen frisch gemähtes Gras in die Futterraufe warf. Bis dahin fand ich das alles gar nicht weiter aufregend.

Doch kaum hatte ich mich tapfer mit dem speziellen Geruch hier drinnen halbwegs abgefunden, da hob eine der Kühe den Schwanz und ließ einen riesigen Haufen auf den Boden fallen. Im nächsten Moment hob noch eine andere den Schwanz, und in einem dicken Schwall ergoss sich die größte Menge Pipi, die ich je gesehen hatte, ebenfalls auf den Boden, dass es nur so spritzte. Dies geschah nicht etwa draußen auf der Weide, sondern mitten im Bauerngehöft.

Da der Bauer das Malheur nicht sofort beseitigte, sprach ich ihn vorsichtig an. «Wollen Sie das nicht wegmachen?», fragte ich leicht angeekelt.

Er verstand mich gar nicht. «Das schaffe ich später auf den Misthaufen», sagte er nur und arbeitete weiter.

Ich war sprachlos. Wenn bei uns zu Hause irgendetwas auf den Boden spritzte, rückte meine Mama sofort mit Lappen und Eimer an und wischte es weg.

Lachend erklärte mir meine Cousine: «Aber Nicki, wir sind doch hier im Stall, und der ist eigens dafür gebaut.»

Mir wollte das nicht so ganz einleuchten, aber alle außer mir schienen es ganz normal zu finden.

Inzwischen waren die Kühe fertig gemolken. Wir übergaben unsere Milchkanne der Bauersfrau, die aus einer riesigen Kanne mit der Schöpfkelle Milch in unser kleines Behältnis schöpfte.

«Probier ruhig mal», sagte sie zu mir. «Der Schaum auf der Kanne, das ist Sahne.»

Ich konnte erst gar nicht antworten, denn ich hatte noch immer mit meinen Sinneseindrücken zu kämpfen. Der alles übertönende Geruch oder vielmehr der penetrante Gestank nach Mist machte mir ebenso schwer zu schaffen wie die Tatsache, dass die Kühe in ihr Wohnzimmer kackten und pinkelten. Ganz offensichtlich floss die Milch auch aus den Kühen heraus, noch dazu unten aus dem Bauch. Das fanden diese Leute normal? Ich nicht!

Alle strahlten mich an und warteten, und meine Cousine sagte: «Nun mach schon.»

Einerseits wollte ich höflich sein, andererseits graute mir vor dieser furchtbaren Aufgabe. Vor Ekel konnte ich eigentlich gar nichts zu mir nehmen, aber die Bauersleute gaben nicht nach. Da zeigte sich, wie stark so ein kleiner Mann sein kann. Mit Todesverachtung kratzte ich die letzten Reste meiner Höflichkeit zusammen und trank einen winzig kleinen Schluck.

Mir schwante schon vorher, dass diese frische Milch nichts mit jener aus der Packung zu tun haben konnte, die ich morgens zum Frühstück bekam. Die Kühe auf der Milchtüte waren sauber und blieben es auch. Natürlich schmeckte sie abscheulich.

«Lecker, danke», brachte ich unter leichtem Würgen hervor.

Die Bauersfrau lächelte zufrieden. «Na siehst du.»

Kaum zu Hause, musste ich sofort mit meiner Großmutter reden und erzählte ihr brühwarm, was ich erlebt hatte.

Oma verstand mich gut. «Du warst sehr tapfer und hast unsere Familie nicht blamiert», sagte sie.

Dann zeigte sie mir, wie sie die ekelhafte Milch in gute, genießbare Milch verwandelte. Sie goss die weiße Flüssigkeit durch ein Sieb in eine Glasflasche und stellte diese bis zum nächsten Morgen in den Kühlschrank. Zum Glück war für den Abend noch ein Rest vom Vortag da, den ich trinken durfte.

Am nächsten Morgen konnte ich es im Bett kaum aushalten und stürmte gleich zu Oma in die Küche.

Oma lachte und goss mir meine kalte Frühstücksmilch in die Tasse. «Lass es dir schmecken», sagte sie nur.

Unglaublich, aber meine Stinkemilch vom Vorabend war tatsächlich durch einen mächtigen Zauber, wie ich annahm, in gute Milch umgewandelt worden.

«Lecker», musste ich zugeben, «die schmeckt ja sogar noch besser als zu Hause.»

Damals wusste ich noch nicht, dass sich bestimmte Aromen in warmer Milch stärker entfalten als in gekühlter Milch.

Ich ging danach zwar noch öfter mit meiner Cousine Milch holen, achtete aber jedes Mal darauf, mich im Stall nicht länger als nötig aufzuhalten. Nur schnell die Kanne gefüllt und wieder weg, war meine Devise, aus Angst, das schlimme Zeug noch mal probieren zu müssen.

Plötzlich hatte ich beim Autofahren wieder den Geschmack von damals im Mund, während ich die letzten Kilometer auf dem Weg nach Hause zurücklegte. Gleich durfte ich in mein warmes Bett sinken, nur noch wenige Minuten, dann war auch dieser ereignisreiche Tag zu Ende.

Wieder wanderten meine Gedanken zurück in meine Kindheit, zu einem weiteren Erlebnis mit Großtieren, die mir gehörigen Respekt eingeflößt hatten.

Für uns Kinder war die Schmiede in der Nähe der Schule unbestritten eine Sensation. Dorthin brachten die Menschen ihre Pferde, wenn sie neu beschlagen werden mussten, da es seinerzeit noch keine Hufschmiede gab, die mit ihrer ganzen Ausrüstung im Transporter von Stall zu Stall fuhren. Sommers wie winters stand die große Tür offen, und der scharfe Qualm, der entstand, wenn der Schmied die glühenden Hufeisen anpasste, waberte auf die Straße. Es roch nach verbrannten Haaren, ein Geruch, den ich als kleiner Feuerforscher zur Genüge kannte.

Ich war damals überzeugt, dass da Zauberer am Werk seien, denn obwohl die Pferde vor dieser Prozedur ganz offensichtlich Angst hatten, beruhigten der Schmied und sein Geselle sie wirksamer als deren Besitzer. Die Angst der Pferde konnte ich ebenso wie die kurz darauf eintretende Entspannung deutlich am Blick der Tiere ablesen. Die anfangs weit aufgerissenen Augen wurden nach und nach normal, bis die Pferde schließlich mit halb geschlossenen Lidern dastanden und fast schon schläfrig wirkten.

«Wie schaffen Sie das denn, die Pferde so zu beruhigen?», fragte ich den Schmied neugierig und bewundernd zugleich.

«So etwas muss man einfach können», kam prompt die Antwort, die ich in meinem Leben noch öfter hören sollte. «Manche kapieren es nie.»

Ich zählte mich damals übrigens zu Letzteren. Großtiere waren mir einfach nicht geheuer, ganz anders als der Langhaardackel meiner Großeltern, der stets im Zentrum meiner Aufmerksamkeit stand, wann immer ich bei ihnen war.

Dieser Hund hat meine Grundausbildung, was Tiere angeht, sozusagen fast ganz alleine übernommen – und sogar überstanden. Hexe, so der Name der schon etwas betagten Dackeldame, hatte sehr viel Geduld mit mir als Anfänger, wobei auch die liebevollen Erklärungen von Oma oder Opa stets auf offene Ohren stießen, gaben sie mir doch eine hilfreiche Gebrauchsanweisung für das Tier. Leider musste ich als werdender Hundekenner so manches Mal verkraften, dass ausgerechnet das, was ich ganz prima fand, nicht unbedingt zu Hexes Lieblingsbeschäftigungen zählte. Um es genauer zu sagen: Die Dackeldame machte natürlich nur, was ihr passte.

Da ich nicht bereit war, diesen Umstand hinzunehmen, befolgte ich den Rat meiner Oma, den sie mir als Patentrezept für jeden guten Hundehalter anpries. Die arme Hexe wisse ja gar nicht, was ich von ihr wolle, wenn ich es ihr nicht deutlich sagte. Von da an fragte ich die Hundedame stets, ob sie dies oder jenes zu tun bereit sei, und bat sie darum, mir zu folgen. Allerdings kam ich damals nicht auf die Idee, dass es noch andere Möglichkeiten geben könnte, als auf den Hund einzureden. Am Anfang waren unsere Dialoge wohl eher einseitig, denn schon damals war es meine Stärke, viel zu sprechen. Trotzdem lernte ich nach und nach die Körpersprache von Hexe zu deuten, denn meine Oma wies mich immer wieder darauf hin, wie Abneigung oder Zustimmung aussahen und woran ich erkennen konnte, ob der Hund unentschieden war.

«Du musst genau hinsehen. Nur so hast du eine Möglichkeit, Hexe zu überreden, das zu tun, was du willst», erklärte sie mir mehr als einmal.

«Na gut», nahm ich mir vor, «dann werde ich ihr ab sofort mehr zuhören.»

Tatsächlich lernte ich dadurch viel besser, auf die Wünsche von Tieren zu achten, was mir bis heute bei meiner Arbeit von Nutzen ist.

Hunde mögen es zum Beispiel überhaupt nicht, wenn ein Mensch hektisch ist, zumindest Hexe konnte das eindeutig nicht ertragen. Genauso wichtig war es, Hexe in Ruhe zu lassen, wenn sie nicht spielen wollte – was leider öfter vorkam, als mir lieb war. Bald konnte ich sogar erkennen, dass ein Hund extrem sauer ist, wenn er die Oberlippe hochzieht und die Zähne zeigt oder knurrt. Weitere aufregende Fortbildungen in Sachen Hund führten schließlich zum Höhepunkt: Eines Tages durfte ich tatsächlich alleine mit Hexe spazieren gehen.

Bisher hatte ich in den Ferien bei diesem Wunsch immer die Auskunft erhalten, dafür sei ich noch zu klein, doch dann war der große Augenblick endlich gekommen. Die Straße vor der Tür meiner Großeltern war relativ ungefährlich, da es nur sechs Häuser bis zum Ortsende waren und danach der Feldweg begann. Verkehr gab es so gut wie gar keinen, weshalb ich fast jedes Mal sofort ans Fenster rannte, sobald ich einen Automotor hörte. Damit konnte meine Oma mich achtjährigen kleinen Kerl ohne Bedenken nach draußen lassen.

An meinem großen Tag kam Oma eigens mit an die Haustür und befestigte bei geschlossener Tür die Leine höchstselbst am Hundehalsband. Erst als ich die Leine fest in der Hand hatte, konnte ein junger deutscher Mann mit einer wilden Bestie auf die Straße hinaus. Eben noch ein kleiner Junge, erfuhr ich mit einem Mal die entfesselte Kraft, die sich tief in mein Bewusstsein grub. Oma hatte als Wunschrichtung für das Mensch-Hund-Gespann links vorgegeben, wo es zum Feldweg ging. Doch auf einmal spürte ich die Macht, die so ein Tier an der Leine für den mutigen Hundeführer darstellt. Mein größter Wunsch war daher, dass mich alle Dorfbewohner sehen und für meinen Mut bewundern könnten. Also bog ich ruck, zuck nach rechts ab, Oma schaute zum Glück gerade nicht.

Ich kam ziemlich genau vier Meter weit, dann bedeutete mir eine unbekannte Kraft am anderen Ende der Leine unmissverständlich, dass es reichte. Hexe kannte den richtigen Weg von unzähligen Spaziergängen, und Oma konnte sich voll und ganz auf meinen Führhund verlassen.

«Okay, dann eben die andere Richtung», sagte ich und versuchte es so aussehen zu lassen, als hätte ich sowieso gerade umkehren wollen.

Seltsamerweise interessierte sich kein Mensch für meinen großen Auftritt, der vermutlich eher gemütlich statt gefährlich aussah. Mir blieb daher nur ein bedeutungsvoller Gang mit langen, schweren Schritten. Nicht mal das machte Hexe länger als zehn Meter mit, denn sie musste dringend schnuppern und blieb stehen. Dann musste sie pinkeln. Danach schnuppern und noch mal schnuppern. Mein Gezerre an der Leine ertrug sie mit stoischer Ruhe, was ich im Nachhinein zutiefst bewundere.

Kaum zurück, beschwerte ich mich ganz vorsichtig bei meiner Oma. «Die Hexe wollte nicht so schnell laufen wie ich.»

Da setzte Oma sich zu mir und erklärte mir ein paar wichtige Dinge. «Du darfst nicht vergessen, dass die gute Hexe alle Nachrichten, die andere Hunde beim Pinkeln hinterlassen haben, unbedingt lesen muss. Manchmal muss sie sogar selber Pipi-Nachrichten hinschreiben.»

Ich staunte Bauklötze und bekam den Mund nicht mehr zu.

«Außerdem ist Hexe eine alte Dame, von der darfst du keine hohe Geschwindigkeit erwarten. Das sieht man doch schon an ihren kurzen Beinen», fuhr Oma ungerührt fort.

«Oh», sagte ich nur geknickt. Auf einmal schämte ich mich ein wenig, weil ich nicht kapiert hatte, was sich ein Hund so wünscht.

Bei den nächsten Spaziergängen hatte ich keine Bestie mehr an der Leine, sondern eine ältere Hundedame, und auf einmal klappte alles zur beiderseitigen Zufriedenheit. Ich brauchte Hexe nur zu fragen, und schon zeigte sie mir, was sie wollte. Genau das machten wir dann. Ein wildes Ungeheuer konnte ich mir später, wenn ich groß war, immer noch selbst anschaffen. Natürlich würde ich mir einen riesigen schwarzen Hund aussuchen. Es musste unbedingt ein schwarzer sein, denn vor denen hatte ich am meisten Respekt. Allerdings sollten noch mehr als fünfunddreißig Jahre vergehen, bis ich meinen ersten eigenen Hund hatte. Er war übrigens schwarz.

Gezielt darauf zu achten, was mein Gegenüber will, sollte mir später oft auch im Umgang mit Menschen helfen. Damals aber war Hexe mein Trainingspartner, und die ganzen großen Ferien über vertiefte ich mein Wissen. Leider konnte ich meine neu erworbenen Fähigkeiten zu Hause bei meinen Eltern nicht anwenden, da es in unserer Nachbarschaft keine Hunde gab. So fieberte ich Jahr für Jahr den nächsten Sommerferien entgegen, bis irgendwann eine große Enttäuschung auf mich wartete: Hexe war nicht mehr da.

Auf meine sofortige Nachfrage erhielt ich die Auskunft, der Tierarzt habe sie eingeschläfert, weil sie sehr krank war und er ihr nicht mehr helfen konnte.

«Warum wacht sie nach dem Einschläfern denn nicht einfach wieder auf?», fragte ich sicherheitshalber noch mal nach.

«Na ja», meinte meine Oma ausweichend, «das ist kein normales Schlafen. Die gute Hexe kann nicht mehr aufwachen, aber dafür hat sie jetzt keine Schmerzen mehr.»

«Hat der Tierarzt sie etwa mit der Spritze getötet?», erkundigte ich mich unter Tränen.

Als Oma nickte, dämmerte mir, wofür es diesen fürchterlichen Tierarzt eigentlich gab. Mein Berufsbild war damit komplett: Tierärzte töten immer bloß Hunde, sonst machen die gar nichts.

«Der Herr Doktor hat der Hexe doch schon ein paarmal geholfen», versuchte Oma mir vorsichtig zu erklären – ohne Erfolg.

Das Argument konnte ich aufgrund meiner eindeutigen Beweisführung nicht gelten lassen. Für mich stand fest: Auch wenn Tierärzte manchmal kleinere Verletzungen heilten oder Wurmkuren gaben – sobald es sich um ernstere Probleme handelte, griffen sie sofort zur Spritze. Wieso dürfen die so was?, grübelte ich. Wieso verbietet die Polizei das nicht?

Ein Lächeln huschte über mein Gesicht, als ich an meine Verzweiflung zurückdachte, die mich als kleinen Jungen so sehr beschäftigt hatte. Das nur schwer zu verkraftende Thema sollte ich für die nächsten Jahre aus Enttäuschung komplett aus meinem Leben verbannen. Die Frage, was Tierärzte wirklich machen, kam erst nach dem Abitur wieder auf, als es darum ging, einen Beruf zu wählen.

Ich bog in unsere Einfahrt ein und stellte den Motor ab, mehr als froh, endlich zu Hause zu sein. Im Wohnzimmer brannte noch Licht, woraus ich schloss, dass Jutta auf der Couch eingeschlafen war.

Wenig später lag ich im Bett und musste daran denken, dass ich heute kein Tier getötet, sondern Leben geschenkt hatte. Ja, dachte ich, ehe mir die Augen zufielen, darum mache ich diesen Job.

Kaiserschnitt für ein Ei

Am nächsten Morgen konnten wir tatsächlich in Ruhe frühstücken, was nicht sehr häufig vorkommt, daher genoss ich es umso mehr. Beim Verzehr unserer Frühstückseier kamen Jutta und ich auf den Rassegeflügelzuchtverein Langenselbold zu sprechen, dem ich vor Jahren «Erste Hilfe» in allen Tiernotlagen zugesagt hatte.

Die Züchter von Rassegeflügel brauchen ebenfalls einen Tierarzt, zum einen als Ansprechpartner bei Gesundheitsproblemen und zum anderen zum vorbeugenden Impfen. Da die nächste Spezialklinik für Tauben zu weit weg ist und Spezialisten für Rassehühner selten sind, stellte ich mich gerne zur Verfügung. Zwar wusste ich anfangs nur wenig über diese Vögel, war aber bereit zu lernen. Oft konnte ich schnell helfen, und bei Problemen, zu denen mir keine Lösung einfallen wollte, lohnte sich dann doch die weite Reise in die Klinik. Indem mir die Besitzer danach erzählten, wie ihre Tiere behandelt worden waren, lernte ich mit den Jahren immer mehr dazu und fühlte mich bei den sympathischen, bescheidenen Züchtern genauso wohl wie bei den Bauern.

Als Jutta und ich damals hier in die schöne Geisfurthmühle einzogen, übernahmen wir ganz selbstverständlich die zwölf Hühner, die unser Vorgänger gehalten hatte. Der ehemalige Landwirt und spätere Heilpraktiker, der zuletzt alleine dort gewohnt hatte, war leider gestorben. Er hatte immer gesagt, von dieser Mühle könne man ihn nur mit den Füßen voraus wegbringen, und so war es dann auch. Wir unterschrieben einen Pachtvertrag über zunächst zehn Jahre und wohnen seither im Paradies. Die Mühle liegt wunderschön an einem Bach mit Wasserfall, wenn auch ohne Mühlrad, dafür drei Kilometer außerhalb von Langenselbold.

Die Mühle war viele Jahre als landwirtschaftlicher Betrieb mit Jersey-Kühen geführt worden. Das Wohnhaus, die zwei Ställe, die Scheune, der Heuboden und die große Traktorgarage waren von Koppeln umgeben, es gab eine kleine Schafherde, und ein Bienenstand bildete das Sahnehäubchen. Da ich die Imkerei nicht beherrschte, kümmerte sich unser neuer Nachbar Willi zusammen mit einem Freund um den Bienenstand samt Bevölkerung. Gemeinsam traten sie in den Imkerverein ein, wo sie kluge Beratung erhielten. Ich interessierte mich zwar auch für die Bienen, hatte aber viel zu selten Zeit, wenn mit ihnen etwas zu tun war. Außerdem reagiere ich auf Bienenstiche mehr als andere und hielt mich allein deshalb zurück. Für die zehnköpfige Schafherde, um die wir uns nicht auch noch kümmern konnten, übernahm ebenfalls Willi die Verantwortung, Die Tiere fanden im alten Holzstall auf der Wiese hinter dem Gebäude einen gemütlichen Unterschlupf.

Als wir kurz nach unserem Einzug und der aufwendigen Renovierung auch noch den Gänsen verfielen, bot mir der Vorstand des Rassegeflügelvereins die Ehrenmitgliedschaft an, die ich sehr gerne annahm.

«Weißt du noch, wie ich mal an einem Abend knapp über tausend Tauben unter die Haut geimpft und kaum mehr als drei Stunden dafür gebraucht habe?», schwelgte ich in Erinnerungen.

Jutta nickte. «Das war echt Rekordzeit.»

«Das ging aber nur, weil die Züchter so flott und trotzdem schonend gearbeitet haben.»

«Du hattest schon lange keinen Einsatz mehr für den Verein», meinte sie dann.

«Zum Glück», sagte ich. «So was wie damals mit dem armen Rassehühnchen mit Legenot brauche ich nicht allzu oft.»

Ein sehr netter Züchter hatte damals bei einem seiner Hühner bemerkt, dass etwas nicht stimmte, und mich gerufen. Nicht jeder Züchter merkt das so schnell, dafür muss man die Tiere schon sehr genau kennen. Jedenfalls hatte er gründlich nachgeschaut und entdeckt, dass ein Ei in der Kloake des Huhns steckte, dem gemeinsamen Ausgang von Darm und Eileiter. Es war so groß, dass es nicht durch die Öffnung passte. Wenn so etwas passiert, muss das Huhn in den meisten Fällen sterben, weil es dann weder Kot noch Harnstoff ausscheiden kann. Auch damals schon wurden Hühner mit Legenot einfach geschlachtet, da die Tiere nur einen kleinen Geldwert darstellten.

Dieses Huhn hatte mehrfach Preise gewonnen, und der Züchter brachte es einfach nicht übers Herz, den scheinbar leichten Weg zu wählen.

«Fällt Ihnen vielleicht noch etwas ein?», fragte er am Telefon.

«Das muss ich mir erst ansehen», lautete meine Antwort. «Ich komme später bei Ihnen vorbei.»

Nach der Abendtour klingelte ich bei der Familie und brachte mit meinem Overall den Duft aus den Kuhställen ins Wohnhaus. «Kein Problem», sagte die Frau des Züchters, nachdem ich mich wortreich entschuldigt hatte, «schließlich haben wir damals beim Hausbau Fenster zum Lüften eingeplant.»

Alle gemeinsam gingen wir hinunter in den Keller der schönen Villa, um dem geplagten Huhn zu helfen, das in einer großen

Kiste wartete. Wir kannten uns schon länger, daher musste ich dem Züchter nicht erst erklären, dass ich nur der Hausarzt war, nicht der Spezialist. Allerdings wusste ich aus alten Büchern, wie man Legeprobleme früher behandelt hat, und war daher zuversichtlich.

Wir schauten uns das riesige eingeklemmte Ei an und mussten feststellen: Da ging wirklich gar nichts mehr. Zuerst nahm ich eine Spritze mit dünnem Aufsatz und versuchte Gleitcreme um das Ei zu verteilen. Doch es half nichts. Der Schließmuskel konnte einfach nicht mehr nachgeben, da rutschte nichts mehr. Wir griffen zu Kamillendampf, um das stark gedehnte Gewebe ein klein wenig geschmeidiger zu machen, in der Hoffnung, dass das vielleicht schon reichte. Schnell waren heißes Wasser und eine entsprechende Sitzmöglichkeit für die Patientin zubereitet. Nach einer Viertelstunde Einwirkzeit unternahmen wir den zweiten Versuch, das Ei vorsichtig herauszumassieren, ohne es zu zerstören. Eierschalen brechen scharfkantig und hätten die empfindliche Schleimhaut der Kloake im Nu zerschnitten. Leider hatten wir auch jetzt keine Chance. Aber das Hühnchen mit der Axt erlösen, das wollten wir beide nicht.

«Was könnten Sie sich denn noch vorstellen», fragte mich der Züchter, «wenn Geld keine Rolle spielt?»

«Na ja, eine Art Kaiserschnitt wäre das Einzige, was dem Huhn noch helfen könnte», schlug ich vor. «Ich habe so was aber noch nie gemacht», fügte ich ehrlich hinzu.

Da mich das Schicksal des Huhnes nicht in Ruhe ließ und wir beide meinten, nicht nur Katzen und Hunde sollten eine aufwendigere Behandlung wert sein, wagten wir das Experiment. Allerdings konnte ich das Operationsgebiet nur mit einer örtlichen Betäubung schmerzarm machen und musste dem Tier außerdem einige Federn seitlich an der Bauchwand auszupfen. Schließlich musste ich die Haut desinfizieren, um durch eine saubere, freie Fläche schneiden zu können. Der Züchter hielt meine Patientin während der Behandlung in den Händen, aber sie spürte so wenig, dass sie sich gar nicht wehren wollte.

Nachdem ich durch die Bauchhöhle die Wand zur Kloake ertastet hatte, konnte ich unter der starken Lampe auch die Blutgefäße sehen, die ich keinesfalls durchtrennen durfte. Vorsichtig eröffnete ich die Kloake und konnte das Ei endlich herausholen. Es hatte, wie wir später feststellen sollten, zwei Dotter und war deshalb so unfassbar groß. Aber jetzt musste ich mit einer speziellen Nahttechnik erst die Kloake, dann das Bauchfell und schließlich die Außenhaut zunähen.

Danach stellten wir das arme, geplagte Huhn auf die Beine. Ein Handtuch verhinderte ein Ausrutschen, und so konnte unsere Patientin tatsächlich stehen, zuerst noch etwas wackelig, dann immer sicherer. Da das Tier unglaublich müde war, holten wir eine warme, gemütliche Rotlichtlampe, und endlich durfte die Tapfere ohne Angst und Not schlafen. Am nächsten Tag fraß sie sogar schon wieder, wenn auch noch sehr zögerlich.

Das Huhn legte nach der Operation längere Zeit keine Eier, womit wir nach der schrecklichen Anstrengung schon gerechnet hatten, aber in der nächsten Saison war es wieder dabei. Der Züchter hatte sogar das Glück, von diesem tapferen Tier noch einige hochdekorierte Hähne und Hühner geschenkt zu bekommen. Trotz der Gefahr, dass das Tier nie wieder legte, wollte der Besitzer, dass wir alles versuchen – und wurde dafür beschenkt. Diese Hühnerdame lebte noch einige Jahre, bis das Alter seinen Tribut forderte und sie auf natürliche Weise starb.

«Das war wirklich ein toller Einsatz damals», sagte Jutta, nachdem ich ihr die Geschichte noch mal erzählt hatte.

«Ja, es freut mich bis heute für den Züchter, dass er für das Risiko, das er eingegangen ist, belohnt wurde. Mit Hühnern kann man echt was erleben.» Ich hielt kurz inne. «Und viel lernen. Uns stirbt jedenfalls kein Tier mehr wegen Überfütterung.»

Jutta wusste sofort, worauf ich anspielte.

Das erste unserer Hühner war an einer Fettleber gestorben, weil wir viel zu viel gefüttert hatten. Es war uns eine Lehre. Danach gingen unsere Hühner entweder im hohen Alter von weit mehr als zehn Jahren von uns, oder sie litten akut an Habicht.

Der Habicht war in unserer Gegend eigentlich fast ausgestorben, doch da auf dem Friedhof in Langenselbold zu viele Kaninchen lebten, die den Grabschmuck vernichteten, beschloss die Stadt, mehrere Habichte dort anzusiedeln. Tolle Idee, nur sind Kaninchen für Habichte wohl nicht die erste Wahl. Die Greifvögel erkundeten die nähere Umgebung und fanden bald heraus, dass es auf einigen Flächen in ihrem Jagdrevier eindeutig zu viele Hühner gab. So ein Fachvogel erkennt das natürlich sofort von oben. Da Hühner leichter zu jagen sind als Kaninchen, nahmen sie das bessere Angebot erst mal an.

Die Geflügelhalter in der Umgebung waren entsetzt, zumal die Habichte viele Hühner zwar töteten, aber nicht fraßen. Sobald auch nur die kleinste Störung kam, flogen sie davon, und das Tier war umsonst gestorben. Obendrein wurde der aufgescheuchte Habicht nicht satt und musste am nächsten Tag erneut ein Huhn reißen. Das zuvor erlegte Tier besuchte er nie ein zweites Mal zum Fressen, und auch der Fuchs wollte es nicht haben, weshalb wir die Opfer entsorgen mussten.

«Wenn wir die Tiere im Stall einsperren, kann der Habicht sie nicht töten», sagte ich zu Jutta, als wir gemeinsam überlegten, was zu tun sei.

«Aber dann hätten sie kein frisches Gras zum Zupfen, könnten keine Würmer oder Insekten jagen, kein Sandbad in der Mittagssonne nehmen, und die Luft wäre auch schlechter», wandte sie ein.

«Stimmt, ein sehr viel langweiligeres Leben wäre das und auch nicht wirklich tiergerecht, aber immerhin sicher vor Habichten, Füchsen und Magen-Darm-Parasiten.»

«Denk nur mal daran, wenn sie losrennen, um einen Käfer oder Falter auf der großen Wiese zu erwischen. Wir müssen die Rasselbande einfach rauslassen!» Jutta war sich ganz sicher. «Und die Eier schmecken auch viel besser. Wenn wir damit backen, wird der Kuchen goldgelb, nicht so blass wie bei gekauften Eiern.»

Damit war die Entscheidung gefallen. Allerdings kann ich auch all jene Geflügelhalter verstehen, die kein Huhn opfern wollen und deshalb Stallhaltung oder die Haltung in einer Voliere bevorzugen. Diese Entscheidung muss jeder selbst treffen. Die einen verbessern lieber die Bedingungen im Stall, Jutta und ich optimierten die Luftüberwachung. Seitdem bleibt eines der Fenster zur Wiese auch im Winter ganz leicht geöffnet, damit wir jederzeit hören können, was draußen geschieht. Beim kleinsten Alarmschrei der Hühner stürmt einer von uns nach draußen und überprüft die Lage.

Als unser Hund Troll noch lebte, rannte er meist begeistert mit und konnte den Habicht oft verjagen, weil er viel schneller war als wir. Manchmal sah er den gefiederten Räuber im hohen Gras allerdings nicht, dann brauchte er einen Überblick von höherer Warte, also uns. Sobald wir in die Richtung lossprinteten, wo der Habicht das Huhn am Boden festhielt, erkannte Troll, wohin er flitzen musste.

Wir haben in den zwanzig Jahren auf der Mühle sehr viele Hühner im letzten Moment retten können, aber oftmals kamen wir auch zu spät. Seit zwölf Jahren existiert im Wald, keine fünfhundert Meter von uns entfernt, ein Habichthorst, in dem wir Jahr für Jahr die erfolgreiche Brut bewundern. Auch Habichte haben ein Recht auf Leben, das will ich den Tieren gar nicht streitig machen.

Irgendwann erkannten wir, dass im Sommer keine Angriffe stattfanden. Sobald die Winterkrähen nach Norden in ihre Brutgebiete geflogen waren und die Sommerkrähen bei uns in den Pappeln ihre Nester bezogen hatten, traute sich kein Habicht mehr auf unser Grundstück. Die Lufthoheit gehörte eindeutig den Krähen, und sobald sich ein Habicht oder ein anderer Raubvogel aus Versehen in unser Gebiet verirrte, flogen die Luftabwehrkräfte sofort los. Dann fanden über unserer Mühle sehr ernst gemeinte, aber wunderschön aussehende akrobatische Flugmanöver statt. Von oben, von hinten, von unten und von vorne stürzten sich die wendigen Krähen abwechselnd auf den Eindringling, der daraufhin das Weite suchte. Sieger waren immer die Krähen.

Hatten diese ihre liebevoll beschützte Brut jedoch großgezogen, war ihnen die Lufthoheit nicht mehr so wichtig. Zum Glück übernahmen dann aber die Falken, die nun Angst um ihre Jungen hatten, die Rolle der Beschützer. Die Falken konnten in der Regel höchstens ein kleineres Küken oder unsere Schwalben und Spatzen jagen, die aus dem Stall flatterten. Der Habicht jedoch durfte erleben, wie ein zwar bedeutend kleinerer, dafür aber umso entschlossenerer Gegner in der Luft dank seiner Wendigkeit und Schnelligkeit jedes Mal die Oberhand behielt. Deshalb waren die Habichte meist nur von Oktober bis ungefähr April gefährlich.

Ich suche noch immer nach einer Möglichkeit, unseren Hähnen Karate beizubringen, aber bisher will keiner sie ausbilden. Seit wir jedoch auch einige Gänse frei laufen lassen, haben wir noch mehr und deutlich lautere Gefahrenmelder. Gänse sind wirklich sehr aufmerksam, trauen sich allerdings nicht an den Habicht heran, weil er ein wenig an den Adler erinnert, der für Gänse das blanke Entsetzen bedeutet. Wenn unsere Gänse Alarm schlagen, hören wir das übrigens sogar durch die geschlossenen Fenster.

Wir möchten sie genauso wie die Hühner nicht mehr missen, die uns tagtäglich viel Freude bereiten. Unsere Hühnerfamilie besteht aus vielen verschiedenen Rassen, die alle fleißig Eier legen. Die Zwerghühner sind die Supermamas in unserer bunt zusammengewürfelten Mütterschar, wann immer sie mehrere Eier in einem Nest zusammenbekommen, legen sie los und wollen brüten. Natürlich ist es jedes Mal etwas ganz Besonderes für uns, wenn wir unter dem kleinen Zwerghuhn wohlbekannte, zarte Flötentöne hören, aber wir wollen ab und zu auch Eier essen. Und dafür müssen wir uns manchmal ganz schön anstrengen.

Hat ein Zwerghuhn erst mal mehrere Tage gebrütet, wollen wir die Eier nicht mehr haben, weshalb es zu einem täglichen Wettbewerb auf unserer Mühle kommt. Regelmäßig kontrollieren wir alle möglichen Legeplätze auf unserem Hof, damit wir ja nicht wieder zu spät kommen. Wenn dann aber doch mal wieder drei Wochen vorbei sind, jubelten wir trotzdem, sobald sich die nächsten süßen, flauschigen Piepser melden. Nicht alle Hühner wollen übrigens brüten. Manche Rassen haben es verlernt, und von der Brutmaschine können sie es sich leider auch nicht abschauen.

Eines unserer Zwerghühner schaffte es einmal, aus einem unbewachten Gänsenest vier Eier zu stehlen und nach nebenan zu rollen. Der Platz war für uns nicht einsehbar, und auch die Gans bemerkte das Huhn nicht, als sie wieder mal ein Ei legen wollte.

Unsere Gänse sind so weit gezüchtet, dass sie wie manche Hühnerrassen die Vermehrung nicht mehr beherrschen. Dann muss eine Brutmaschine her oder eben ein fleißiges Zwerghuhn. Das hilfsbereite Zwerghuhn entdeckten wir ebenfalls zu spät, allerdings erkannten wir sofort, dass unter den Federn des Huhns keine Hühnereier hervorlugten. Das waren eindeutig vier Gänseeier. Da wir wussten, dass Hühner drei Wochen brüten, Gänse aber vier Wochen zur Reifung brauchen, machten wir uns zunächst Sorgen. Die waren jedoch völlig unbegründet, denn die kleine Mutter hielt tapfer ganze vier Wochen durch.

«Wir haben drei Gössel», empfing Jutta mich eines Abends nach meiner letzten Tour.

«Wieso nur drei?», fragte ich sofort.

Sie zuckte bedauernd die Schultern. «Ein Ei war wohl nicht befruchtet.»

Obwohl todmüde, musste ich mir die neuen Erdenbürger sofort ansehen. Das Wi-wi-wi («Hallo, hier bin ich!») der Gänsekinder ließ unser Herz sogar noch höher hüpfen als das niedliche Piepsen der Hühnerküken.

Das Zwerghuhn kümmerte sich rührend um seine etwas zu groß geratenen Kinder, und als es beschloss, dass sie weit genug entwickelt waren, ging die ungewöhnliche Familie in den Sträuchern, Hecken und auf der Wiese auf Entdeckungstour. Voller Spannung beobachteten wir, wie die unterschiedlichen Kulturen aufeinanderprallten. Überglücklich und stolz führte die Glucke die drei Gössel umher, die aufmerksam alles begutachteten.

Einmal ließ die gründliche Mutter uns miterleben, wie man vermeintliche Hühnerkinder richtig erzieht. Mit fester Kommandostimme befahl sie die Kleinen zu einer Stelle auf der Wiese, wo kein Gras wuchs. Genau in diesem Loch fand nun der Unterricht statt, indem die Glucke den Kleinen mit geübtem Kratzfuß zeigte, wie ein richtiges Huhn scharrt. Danach pickte sie auf der frisch aufgekratzten Erde etwas weg. Vorsorglich wiederholte sie das Ganze noch mal, woraufhin die Kleinen sich näher herantrauten und sie genau beobachteten. Diesmal kratzte die Glucke noch stärker, wobei die Erde auf die hinter ihr stehenden Gössel flog. Die drei schüttelten sich und mussten vor Schreck erst mal abdrehen und Gras fressen.

Sofort rief das Zwerghuhn die ungehörige Kinderschar zur Ordnung. Also noch mal von vorne, alle herkommen und genau zusehen! So scharrt ein Profi. Danach erst könnt ihr den Wurm picken. Im nächsten Moment flog den Kleinen schon wieder die Erde um die Ohren. Sie waren ja durchaus lernbereit, aber was die Mama ihnen da zeigte, das war nichts für kleine Gänse. Wieder drehten sie ab, wieder bemühte sich die Glucke, die Ordnung wiederherzustellen. Das Ganze ging fünf- oder sechsmal, dann entschied die kluge Mutter, dass ihre Kinder dieses Kapitel später lernen sollten. Die Gössel freuten sich, dass ihre Mama sich endlich den richtig wichtigen Sachen zuwandte, wie zum Beispiel Gras rupfen und über die Wiese laufen.

Ganz so gelassen konnte sie bei der Erziehung nicht immer bleiben, wie wir eines Samstagnachmittags miterleben durften. Wir wurden aufmerksam, weil die gesamte Hühnerschar aufgeregt gackerte, und dachten sofort, der Habicht wolle unsere Hühnergänse angreifen. Den kleinen Kerlen ging es jedoch prächtig, denn sie hatten endlich den Sinn des Lebens entdeckt, so schien es. Die drei schwammen selig auf unserem Bach, als ob sie nie etwas anderes gemacht hätten. Die Zwerghuhnglucke hingegen rannte völlig außer sich am Ufer auf und ab und erteilte strenge Anweisungen, auf die die ungezogene Schar einfach nicht hören wollte.

Der Hintergrund war klar: Hühner ertrinken im Wasser, sie schwimmen nur ganz kurz, ehe sie untergehen. Die Mama war also verständlicherweise mit den Nerven am Ende, und auch die restliche Hühnerschar konnte den Anblick fast nicht ertragen. Nur die Gänse ließ es völlig kalt, dass sich gerade drei junge Hühner im Wasser umbringen wollten. Sie sahen nur, dass die Kleinen wunderbar auf den Wellen schaukelten, wie es sich für ordentliche Kinder gehörte. Sie nahmen es vielmehr zum Anlass, selbst mal wieder in den Bach zu gehen, und stürzten sich jubelnd ins Wasser. Das war den Minis dann doch zu unheimlich, sie kamen schnell ans Ufer und beobachteten skeptisch, wie die Wasserspritzer nur so durch die Luft flogen. Die Panik der Zwerghuhnmutter wurde augenblicklich überstrahlt von der unfassbaren Freude, ihre Kinder im letzten Moment aus fürchterlicher Gefahr, wenn nicht vor dem sicheren Tod gerettet zu haben.

Als Mutter braucht man grundsätzlich starke Nerven, aber weil die kulturellen Unterschiede so extrem groß waren, bewunderten wir, wie gut unsere brave Glucke die Situation gemeistert hatte. Bald kam ohnehin die Zeit der Trennung, die Gössel spazierten immer öfter alleine auf der großen Wiese umher und gingen immer öfter zum Baden in den Bach. Irgendwann verlor sich der Kontakt zur Glucke ganz, offensichtlich fühlten sie sich immer mehr den Gänsen zugehörig und lagen in deren Nähe. Vermutlich teilten sie trotz ihrer Erziehung mehr Interessen und Hobbys mit den Gänsen als mit den Hühnern.

Die Gefahren von Gülle

Nach dem gemeinsamen Frühstück mit Jutta sah es so aus, als bliebe der Tag ruhig, weshalb ich mich an eine ganz gefährliche Sache herantraute und beschloss, den Flur mit neuer Farbe zu versehen. Die Gefahr bei solchen Aktionen liegt darin, dass ich oft genau dann einen Hilferuf erhalte, wenn ich mitten in der Arbeit stecke und eigentlich gar nicht aufhören kann und will. Und tatsächlich: Auch diesmal kam es, wie es kommen musste.

Kaum war die Farbrolle richtig in Betrieb und ich mit Freude am Werk, da klingelte auch schon das in solchen Momenten verhasste Telefon.

Jutta hielt mir den Hörer ans Ohr, damit ich ihn nicht mit meinen farbverschmierten Händen anfassen musste, während einer der Bauern aus der Umgebung aufgeregt auf mich einredete.

«Meine Bullen fallen mir alle um», begann er und schilderte mir in wenigen Worten die Lage.

«Ich beeile mich, ich bin gleich da», sagte ich.

Ich legte nur noch schnell Rolle und Pinsel ins Wasser, damit sie nicht austrockneten, und raste verschmiert, wie ich war, los.

Nach fünfzehn Kilometern traf ich auf dem Hof ein und sah im Stall die jungen Kerle schon da liegen. Einig Tiere atmeten noch, die fünf größten leider nicht mehr. Die Luft roch noch extrem stark nach Gülle, und ich versuchte möglichst flach zu atmen.

Der Bauer kam sofort herbeigelaufen. «Ich wollte doch bloß die Gülle aus dem Stall aufs Feld bringen», sagte er entschuldigend und deutete auf die verendeten Bullen.

Bevor man sie ausbringen kann, muss die Gülle erst umgerührt werden, sonst schafft es die spezielle Pumpe später nicht mehr. Wenn es nun ein paar Tage kalt war und sich die Gülle danach bei besserem Wetter wieder etwas erwärmt, treten beim Rühren ganz besonders viele schädliche Gase aus.

«Ich hatte gehofft, dass es reicht, auf der einen Seite die Stalltür weit aufzumachen», fügte er noch hinzu.

Im Kuhstall war das tatsächlich ausreichend gewesen, zum Bullenstall hin fiel jedoch der Boden ab, und genau dort hatten sich die gefährlichen Gase gesammelt. Die fünf größten Bullen, die am weitesten von der geöffneten Stalltür und damit von der sauberen Luft entfernt standen, waren daher erstickt. Inzwischen standen alle Tore weit offen, das hatte der Landwirt vor meinem Eintreffen schon selbst gemacht. Daher blieb für mich nichts zu tun. Den verendeten Tieren konnte ich nicht mehr helfen, die anderen waren nur schwach geschädigt und benötigten keine Behandlung, sondern frische Luft. Da konnte ich nur noch die Trauer des Bauern teilen.

Hätte sich ein Mensch in der Ecke bei den fünf großen Bullen befunden, wäre vermutlich auch er an den Gasen erstickt.

Noch während ich meinen roten Bus vom Hof lenkte, erreichte mich der nächste Bauer, und so ging es immer weiter. An den halb gestrichenen Flur war nicht mehr zu denken. Zwischendurch rief mich auch Günter an, ein junger Bauer aus dem Ort, der einen Bullen mit Durchfall hatte.

«Ist nicht ganz so eilig», meinte er, «du musst nicht sofort vorbeikommen.»

«Alles klar, ich bin in zwei Stunden bei dir», sagte ich.

Nachdem ich drei dringende Aufträge erledigt hatte, machte ich mich auf den Weg zu Günter. Als ich auf seinem Hof ankam, wunderte ich mich, denn vor dem Stall standen die Autos von zwei weiteren Bauern mit offener Fahrertür. Da ich niemanden sah, nahm ich mein Stethoskop und bog ein Stück weiter um die Ecke. Dort standen Günter, sein Vater Willi und die beiden befreundeten Bauern Richard und Peter. Sie alle starrten entsetzt auf den Boden oder vielmehr zwischen die Betonspalten, auf denen die Bullen standen.

Komisch, dachte ich, und ging näher, darunter ist doch bloß Gülle. Warum starren die denn da alle hin?

«Was ist denn hier los?», fragte ich.

«Da, schau», sagte Günter nur und deutete nach unten.

Ich folgte seinem ausgestreckten Zeigefinger und wollte meinen Augen nicht trauen. Zwei Meter unter dem Spaltenboden stand im Schein der starken Lampe ein halbwüchsiger Charolais-Bulle, etwa dreihundert Kilogramm schwer. Mitten in der Gülle!

«Wie ist der arme Kerl denn da runtergestürzt?», fragte ich noch immer völlig baff.

«Ich wollte eine Gruppe von Gleichaltrigen von einer Bucht in eine andere verlegen. Die Bullen sind dabei ausgelassen umhergehüpft, und vor dem Vorletzten war auf einmal das dämliche Blech weg», erklärte mir Günter.

Offenbar war das Abdeckblech über dem Zugangsschacht zum Güllebereich durch die rhythmischen Tritte hochgefedert und dann verrutscht.

«Der letzte Bulle ist natürlich mit den anderen weitergelaufen und plötzlich mit den Hinterbeinen voran durch den kleinen Schacht im Boden verschwunden.»

Der Güllebereich erstreckte sich wie ein Keller unter dem ganzen Stall. Allerdings fiel der Betonboden von der einen Seite, wo der arme Wicht einen Stock tiefer aufgekommen war, zur anderen Seite, wo die Gülle abgepumpt wurde, um mehr als drei Meter ab. Anfangs konnte er noch gut stehen, doch leider hatte er beschlossen, dort unten im Dunkeln herumzulaufen. Als ich erneut in den Schacht spähte, konnte ich gerade noch seinen Rücken sehen. Damit war klar, dass er dem unsichtbaren tödlichen Abgrund immer näher kam.

«Wir müssen uns beeilen», sagte ich, «sonst ...»

«Schnell eingreifen können wir nur von oben», schätzte Willi die Lage richtig ein.

«Wie denn?» Günter überlegte fieberhaft. Ihm fiel meist noch eine Lösung ein.

Zwischen den Betonspalten, auf denen die anderen Bullen noch immer herumliefen, waren weniger als vier Zentimeter Platz, da passte kaum eine Hand durch. Irgendwie mussten wir dem Kerl da unten ein Seil um den Kopf legen, damit er nicht noch weiter abdriftete. Danach erst würden wir weitere Rettungsmaßnahmen ergreifen können. Das schlug ich nun vor, und alle waren einverstanden. Allerdings hatte die Gülle an der Oberfläche, die sich fast drei Meter unter uns befand, eine Schwimmdecke aus leichteren Pflanzenteilen, die alles und damit auch ein Seil beim Abtauchen ausbremsen würde.

Da fiel mir zum Glück mein neues Lasso aus Amerika ein. Das Seil war mit Wachs behandelt und deshalb so steif, dass die Schlinge offen blieb. Schnell rannte ich zum Bus, um es zu holen, dann schob ich es unter dem besorgten Blick von Günter und den anderen durch eine der Spalten im Boden der von größeren Tieren bewohnten Bucht über dem Bullen. Langsam ließ ich es weiter nach unten, bis der Kopf des Jungtiers in der Schlinge war. Noch blieb der arme Kerl, der von oben inzwischen aussah wie ein Krokodil, ruhig stehen. Der dreieckige, schlanke Kopf war das Einzige, was wir noch von ihm sahen. Das Weiße der Augen und die roten Schleimhäute der Nasenlöcher stellten den einzigen Kontrast zum Olivgrün der Gülle dar. Mit erzwungen ruhiger Stimme versuchte ich ihn davon abzuhalten, aus Angst weiter in Richtung des unsichtbaren Abgrunds zu laufen.

Wenn ich bei Notfällen mit Bauern zusammenarbeite, muss nicht jeder Handgriff erklärt werden. Praktische Lösungen für dringende Probleme sind das tägliche Brot dieser Menschen, die auf ihren Höfen mit vielen Maschinen umgehen.

Ich überlegte gerade, dass wir jetzt eine lange Stange brauchten, um das Lasso unter die Oberfläche zu drücken, damit ich den Kerl angeln konnte. Noch ehe ich den Gedanken aussprechen konnte, stand auch schon Peter vor mir, eine bestens dafür geeignete Dachlatte in der Hand. Gemeinsam drückten wir das Lasso damit tiefer in die Schwimmdecke der Gülle, damit es um den Hals des Bullen zu liegen kam. Dem kleinen Krokodil war das Lasso auf einmal doch unheimlich, weshalb es beunruhigt einen Schritt vorwärts machte. Das reichte schon. Der Bulle verlor den Grund unter seinen Klauen.

Sofort fing er verzweifelt an zu strampeln, trotzdem tauchte sein Kopf im Nu vollständig unter. Das wäre sein Ende gewesen, hätten wir nicht im allerletzten Augenblick mit der Latte das Lasso in die richtige Position gebracht. Der Krokodilkopf war gerade erst unter der Oberfläche verschwunden, da zog ich auch schon kräftig am Lasso. Sofort war der Kopf wieder oben, aber mehr, als ihn über Wasser zu halten, konnte ich nicht leisten.

In solch kritischen Momenten kommen oft die besten Seiten der genialen Schrauber zum Vorschein, wie die maschinen- und bautechnisch Begnadeten unter den Bauern gerne genannt werden. So war es auch bei diesmal. Zuerst trieben Richard und Willi die zehn Bullen, die in dem Abteil genau über dem armen Krokodil wohnten, in einen Gang, damit wir nun in Ruhe weiterarbeiten konnten. Sie verhielten sich bisher vorbildlich und folgten auch jetzt ohne Widerstand. Während Peter und ich zu zweit mit dem Lasso und der Taschenlampe herumhantierten, hielten uns Günter und Willi den Rücken frei. Womöglich spürten die Bullen unsere Not und Besorgnis, jedenfalls blieben sie am Anfang in einer Ecke des Abteils, ohne wie sonst neugierig zu prüfen, was in ihrer Wohnung Seltsames vor sich ging. Ungewöhnlich brav hatten sie jetzt ihr Abteil verlassen und warteten nun geduldig, bis sie wieder nach Hause durften. Trotzdem mussten sie uns natürlich unbedingt zusehen und schauten alle in die gleiche Richtung.

Ihnen bot sich ja wirklich ein sehr ungewöhnliches Spektakel. Günter hatte inzwischen den Radlader geholt und ihn auf dem Futtergang in Position gebracht. Nun entfernte er mit der Hilfe von zwei weiteren Mann eines der schweren Betonelemente. Kaum war es abgelegt, ketteten sie auch schon das nächste Teil an, bis sie insgesamt sechs Elemente herausgehoben hatten. Der offene Spalt war jetzt breiter als der kleine Bulle, und wir konnten unser Opfer in der Tiefe nun viel besser sehen. Nur wie sollten wir den ungefähr dreihundert Kilo schweren Kerl hochheben, dessen kompletter Körper bis auf den Kopf untergetaucht war?

«Wir können nicht ewig überlegen», versuchte ich die lebhafte Diskussion abzukürzen.

Der beste Vorschlag kam schließlich vom Erfahrensten unter uns. «Wir halten den Bullen mit dem Lasso fest und binden ihm dann ein stabiles Halfter aus einem weichen, dicken Strick um den Kopf», schlug Willi vor.

«Das Lasso lassen wir aber zur Sicherung dran», wandte ich ein.

Dann ging alles ganz schnell: Günter stellte eine Leiter in

das Loch und band sich ein Seil um die Hüfte. Keiner, der in der Landwirtschaft mit Gülle umgeht, traut sich ohne diese Sicherung in den Güllebereich. Zum einen könnten die gefährlichen Gase zur Ohnmacht führen, zum anderen kann niemand in Gülle schwimmen, weil der Auftrieb geringer ist als im Wasser. Niemand machte eine Bemerkung, allen war der Ernst der Lage klar, und sofort hielt einer das andere Ende des Seils fest. Von Hand hoben wir den Bullen so weit hoch, bis Günter ihm das Halfter sicher um den Kopf gelegt hatte. Damit konnten wir das Krokodil immerhin bis zum Bauch aus dem Sumpf hieven.

Als Nächstes legte Günter zwei breite Gurte mit Ösen, die er sonst für den Transport schwerer Teile benutze, kreuzweise über das Brustbein des Tiers, die wir danach wieder über dem Rücken kreuzten. Die vier Ösen machten wir am Frontlader fest, am Arbeitsarm des Radladers. Vorsorglich überprüfte ich noch mal, ob die Gurte richtig saßen, wobei mir mein Wissen über den Körperbau von Rindern gute Dienste tat. Wir entschieden, den Kerl noch einmal kurz in den Sumpf hinunterzulassen, damit er noch mal verschnaufen konnte, bevor ihm die Panik und der Druck der Gurte um den Brustkorb vielleicht die Luft nahmen. Ganz kurz hatten wir die Gurte gebunden und den Frontlader so tief wie nur möglich abgelassen, um nach oben möglichst viel Platz zu haben. Die Decke des Stalls war schließlich unsere Grenze beim Anheben, und so ein Bulle ist ganz schön hoch. «Genug gewartet, los geht's», sagte ich nach einigen Minuten.

Fast hätte die Hubhöhe nicht ausgereicht, doch als der Bulle in den Gurten über dem Loch schwebte, packten wir mit vereinten Kräften zu und hoben und schoben das Hinterteil auf die obere Spaltenebene. Sofort befreiten wir das Krokodil von allen Gurten, bis auf das Halfter. Kaum spürte der Bulle festen Boden unter den Füßen, stand er auf, sehr zu unserer Verwunderung. Natürlich zitterte er am ganzen Leib, nachdem er so lange Todesangst ausgestanden hatte, aber wir hatten es geschafft. Alle waren wir voller Gülle, alle strahlten wir.

Schnell gab ich dem unfreiwilligen Taucher noch eine schmerzstillende Spritze, und sofort ließ das Zittern nach. Den Dreck konnten wir nur loswerden, indem wir die Kleider wechselten, den erschöpften Bullen spülten wir mit viel warmem Wasser ab. Bald sah sein Fell wieder hell aus. Ein paar vereinzelte kleine Kratzer kamen zum Vorschein, sonst war der Held unverletzt. Nach den Strapazen durfte er sich erst mal alleine in einer abgetrennten Bucht im warmen, weichen Stroh ausruhen.

Nun endlich kam ich dazu, den erkrankten Bullen zu behandeln, wegen dem ich eigentlich hergekommen war. Günter führte mich zu dem Tier, das tatsächlich Durchfall hatte – und nicht wie der Taucher einfach nur durchgefallen war.

Am nächsten Tag fuhr ich noch einmal zu Günter auf den Hof, um den jungen Patienten nachzubehandeln, und fragte natürlich zuerst nach dem Befinden des kleinen Krokodils. Alles war gut, dem Bullen ging es prächtig. Er hatte sich bald nach seiner Rettung hingelegt und lange geschlafen. Schon am Nachmittag hatte Günter ihn in seine Gruppe zurückgebracht.

Seitdem muss ich jedes Mal an den Taucher denken, wenn mir ein Landwirt am Telefon einen Bullen mit Durchfall meldet.

Handarbeit mit Reh

Eines heißen Nachmittags im Mai erreichte mich um kurz vor drei Uhr nachmittags der Anruf aus der Einsatzleitstelle des Main-Kinzig-Kreises. Ich hatte mich nach der anstrengenden Morgentour zum Glück gerade erst unter dem Wasserfall unseres Mühlbaches wohltuend abgekühlt und saß gemütlich mit Jutta unter den Apfelbäumen im Garten hinter der Mühle. Die Bienen summten friedlich, die zweiundzwanzig Hühner scharrten in der Nähe, und alle vier Gänse ruhten zufrieden um unseren kleinen Teetisch. Genau so hätte es durchaus noch ein wenig bleiben können, aber ...

«Ein Reh läuft im Stadtgebiet von Bruchköbel durch die Straßen und Gärten und gefährdet vor allem den Straßenverkehr», schilderte der Mann am anderen Ende der Leitung mir den Fall. Da bei einem Autounfall mit dem Reh auch Menschen gefährdet werden konnten, war die Gemeinde dafür zuständig.

Die Frage, ob das Tier sich denn nicht an die Verkehrsschilder halte, verkniff ich mir und fragte stattdessen: «Soll ich mein Blasrohr mitbringen und beim Einfangen helfen?»

«Ja, sehr gerne», lautete die Antwort. «Sonst ist ja keiner dazu fähig, und der Jäger darf im Ort nicht schießen.»

Das war auch das Einzige, was dem einfällt, dachte ich und erhob mich, nachdem ich das Gespräch beendet hatte. Ich überließ

Jutta den Gänsen und Hühnern und machte mich auf den Weg, schließlich brauchte das verzweifelte Tier Hilfe.

Als ich an der genannten Adresse in Bruchköbel eintraf, war das Sorgenkind allerdings schon über einen weiteren Zaun gesprungen. Von dem Tier war weit und breit keine Spur mehr zu sehen, daher ahnten wir nur die Richtung, in die es geflohen war. Mein roter Bus passte wunderbar zu den drei Einsatzfahrzeugen der Feuerwehrleute, die trotz der Hitze in voller Montur den Job des Jägers erledigten.

Auf unserer Suche brachten uns die Passanten mit ihren guten Beobachtungen jedes Mal ein kleines Stück weiter, aber nach einer halben Stunde waren wir erst mal mit unserem Latein am Ende. Irgendwo in der Nähe des Kindergartens hatte jemand das Reh zuletzt gesehen, eine eher vage Angabe. Trotzdem schwärmten wir zu Fuß aus, spähten in Gärten und hinter Hecken, fanden aber nichts.

Da kam eine Frau auf uns zu. «Suchen Sie vielleicht das Reh?», fragte sie neugierig.

Sofort wurden wir hellhörig. «Ja, wir verfolgen das arme Tier schon seit einiger Zeit. Haben Sie es vielleicht gesehen?», hakte einer der Feuerwehrleute nach.

«Na klar», kam die erhoffte Antwort. «Vor fünf Minuten ist es hier bei uns in den Garten gesprungen. Ich dachte erst, ich spinne, aber es ist wirklich ein Reh!»

Wir waren mindestens zehn Mann und damit für den schmalen Garten viel zu viele. Deshalb sollten mich nur zwei Auserwählte begleiten, die ein bisschen Erfahrung im Umgang mit Tieren hatten, die anderen sollten das vordere Ende der Fläche sichern. Rechts von uns stand das mehrstöckige Wohnhaus, links befand sich ein gerade mal einen Meter hoher Drahtzaun, dahinter weitere Gärten. In dem schmalen Bereich, in dem wir standen, gab es lediglich einige kleine, dichte Büsche, keinen halben Meter hoch, und ein paar andere Zierpflanzen. Am hinteren Ende des langgestreckten Grünstreifens befand sich ein hoher Zaun, auf den ich zielstrebig zuhielt. Dort angekommen, war mir sofort klar, dass das Reh auch von hier längst wieder verschwunden war.

«Mist!», schimpfte ich vor mich hin, als ich den schmalen Weg zurückging. «Jetzt geht die Chose von vorne los.»

Da sprang plötzlich aus einem der kleinen Büsche das gesuchte Reh heraus, das dort eigentlich gar nicht hineinpasste, weswegen ich es hätte sehen müssen. Solche Kunststücke beherrschen eben nur Wildtiere. Das Reh schoss nach vorne, weg von mir und damit direkt auf die beiden Feuerwehrleute zu, die den vorderen Gartenteil sicherten. Als es die beiden bemerkte, plante es in seiner Panik sofort um, wandte sich nach links und hetzte die Einfahrt zur Garage hinunter.

Dummer Fehler, dachte ich, da hast du kaum eine Chance, und versperrte ihm den Rückweg. Von wegen! Das Reh drehte sich trotzdem um und sprang mir kurzerhand über die Schulter. Ich hätte es zwar in der Luft am Bein packen können, aber dann wäre das zarte Tier mit voller Wucht auf den Beton geknallt und hätte sich womöglich schwer verletzt. Daher unterließ ich jeden Versuch, es aufzuhalten. Inzwischen lockte der vermeintlich freie Weg in den Nachbargarten, auf den das Reh zuhielt. Allerdings war der niedrige Zaun mit grünem Kunststoff ummantelt und damit für ein rennendes Paniktier nicht als solcher zu erkennen. Als ich merkte, was das Reh vorhatte, erkannte ich seinen Fehler sofort und hechtete ihm hinterher.

Das Reh war schon in den Zaun gesprungen und federte gerade zurück, als ich es erreichte, aber ich ahnte schon, in welche Richtung es davonpreschen wollte. Diesmal war ich schnell genug und erwischte den Flüchtling am linken Hinterbein. Vorsichtig zog ich es zu mir und barg es in meinem Arm, wo es nach kurzem Strampeln aufgab und stillhielt. Mit meiner Beute ging ich wieder nach vorne zu den Feuerwehrleuten und übergab das Reh an einen gelernten Metzger, der ebenfalls den Griff kannte, der fest und doch sanft genug für diese zarten Knochen war.

Ich rannte zu meinem Bus, wo ich sofort eine Betäubungsspritze aufzog. Dann hieß es: so schnell wie möglich zurück, rein mit dem Mittel und einige Minuten warten, bis die Wirkung einsetzte. Um es dem zitternden Wesen leichter zu machen, legte ich ihm eine Decke über den Kopf. So konnte es in der Dunkelheit dank des Medikamentes langsam entspannen. Trotzdem musste ich die Beine mit einem Seil sichern, da das aufgeregte Häuflein vor lauter Angst mehrmals so erfolgreich zappelte, dass zwei große, starke Hände nicht zum Festhalten reichten. Erst nachdem das Beruhigungsmittel seinen Dienst tat, konnte ich die Schürfwunden und die durchgerannte Klauensohle mit antibiotischem Blauspray behandeln. Ich verabreichte dem Reh noch ein Schmerzmittel und überprüfte, ob sonst alles in Ordnung war.

«Am besten, wir bringen es zurück in den Wald, oder?», meinte der Einsatzleiter der Feuerwehr, als ich mit der Behandlung fertig war.

«Wenn wir es in die Decke packen, müssten wir es gut zu meinem Transporter tragen können», sagte ich.

«Los, packen wir mit an», wollte der Metzger mit den großen Händen gleich zur Tat schreiten.

Mit ihm und einem weiteren Helfer fuhr ich unseren Wildfang eine knappe halbe Stunde später mit meinem Bus tief in den Wald. Ein ganzes Stück entfernt vom Wanderweg und damit auch von den Hunden der Spaziergänger legten wir es hinter den Brennnesseln in eine geschützte Kuhle. Dort sollte es in ein paar Stunden aus seinem Rausch aufwachen, sich wundern, was los war, und dann Schritt für Schritt den Wald an dieser Stelle samt der näheren Umgebung kennenlernen.

Wieder zurück auf dem Wanderweg, spürte ich auf einmal die Spuren der Brennnesseln auf der Haut, die ich bei der Suche nach einem geeigneten Platz für unseren Schützling gar nicht beachtet hatte. Meine kurze Hose hatte mir keinen Schutz geboten, aber das zarte Wesen in der Decke der Feuerwehrmänner hatte mich wohl mächtig abgelenkt. Alle drei zusammen fuhren wir dann zum Gebäude der Feuerwehr nach Bruchköbel, wo der Einsatzleiter eine Runde Limo ausgab. So konnten wir noch ein wenig reden und uns von dem aufregenden Einsatz erholen. Der hätte unter Umständen sehr lange dauern können, wenn wir nicht so geschickt gewesen wären. Um mein Blasrohr verwenden zu können, hätte das Reh in Reichweite des Pfeils stehen bleiben müssen. So schnell und leicht, wie das Tier jedoch über Zäune und Straßen geflogen war, hätte ich damit keine Chance gehabt.

«Warum ist das Reh überhaupt in die Stadt gekommen? Das gab's doch noch nie», fragte mich der Wehrführer.

Ich musste kurz überlegen, ehe ich darauf kam. «Das Frühjahr war ungewöhnlich warm und trocken, weshalb das Gras auf den Wiesen genauso trocken und damit wenig verlockend war», erklärte ich.

«Ja klar», meinte er, «in den Gärten des Neubaugebietes gleich hinter den Wiesen und Weiden ist dagegen jeder Grashalm vom Rasensprenger verwöhnt. Da riecht es ja sogar für mich einladend.»

Vermutlich hatte sich das Tier am frühen Morgen aus dem Wald gewagt und war über einen der niedrigen Zäune gesprungen, um sich genussvoll an dem saftigen Futter zu laben. Da brauchte nur ein Hund des Weges zu kommen, und schon wurde das friedlich äsende Tier in wilde Panik versetzt. Auf der Flucht konnte es leicht die falsche Richtung einschlagen und sich, statt zurück in den Wald, direkt in das Gewirr der Stadt stürzen, wo Straßen, höhere Zäune, Autos, Menschen und weitere Hunde warteten. Und dann kam auch noch die Feuerwehr …

Wie schon so oft in außergewöhnlichen Notsituationen hatten wir auch diesmal wieder hervorragend zusammengearbeitet und uns ohne viele Worte verstanden. Genau wie ich und andere Großtierärzte müssen die Frauen und Männer von der Feuerwehr immer dann ran, wenn alle anderen nicht mehr weiterwissen.

Meist arbeite ich mit Nutztieren, aber eigentlich gehören alle Klauentierarten zu meinen Lieblingspatienten. Nur selten ist mal ein ungewohntes Wesen dabei, wie das verirrte Reh an diesem ungewöhnlich heißen Nachmittag.

Auf dem Rückweg zu unserer Mühle musste ich plötzlich daran denken, wie ich vor vielen Jahren ehrfürchtig den Campus der Justus-Liebig-Universität in Gießen betreten hatte. Damals nach dem Abitur wusste ich nur, dass ich Tierarzt werden wollte, nicht aber, in welche Richtung es für mich gehen sollte. Und an Klauentiere hatte ich vor Beginn meines Studiums noch keinen einzigen Gedanken verschwendet.

Das Tiermedizinstudium eröffnete mir unendlich viele verschiedene Berufsfelder, vom praktizierenden Tierarzt über Lebensmittelkontrolle und Forschung bis hin zur Veterinärverwaltung, der Arzneimittelentwicklung und dem medizinisch-technischen Bereich. Die Ausübung des Berufes in der Praxis fächerte sich wiederum in mehrere Gebiete auf, wie zum Beispiel Fisch-, Bienen- und Reptilienspezialisten sowie Ärzte für Groß- oder Kleintiere.

Gleich an meinem ersten Tag an der Uni stellten sich dann aber dank eines prägenden Erlebnisses die Weichen. Nach erfolgter Anmeldung schlenderte ich noch ein wenig ziellos über das

Gelände der veterinärmedizinischen Kliniken, um mir einen ersten Eindruck zu verschaffen. Als ich durch das imposante Haupttor trat, erblickte ich rechts die Ställe der Pferdeklinik, von denen mir der typische Geruch entgegenwehte. Geradeaus war das Gebäude der Rinderklinik, aus dem just in dem Moment, als ich daran vorbeilief, meine zukünftigen Idole traten: zwei lachende Männer mit weißen Gummistiefeln, weißer Gummischürze und dünn blau-weiß gestreiftem Hemd. Die hochgekrempelten Ärmel erlaubten mir einen Blick auf ihre nicht gerade schwächlichen Oberarme.

Dieses Bild und dazu die heitere Stimmung der beiden – genau das wollte ich auch. Solche Kleidung brauchen nur Menschen, die auch wirklich mit den Händen arbeiten, dachte ich. Die strahlenden Augen der Männer zeugten meiner Meinung nach auch von wacher Intelligenz und Zufriedenheit. Offenbar kamen in ihrem Arbeitsfeld geistige und körperlich schwere Arbeit zusammen.

Bisher hatte ich nur eine vage Vorstellung von meinem künftigen Dasein als Tierarzt gehabt, doch in jenem Moment spürte ich ganz genau: Das ist genau das, was ich suche und brauche. Bis dahin hatte ich zwar noch nicht oft schwer anpacken müssen, aber nur Theorie, das kam für mich nicht in Frage. Wie schon als kleiner Junge wollte ich das Abenteuer und stürzte mich voller Elan in mein Studium.

Die Entscheidung, in welcher Tierarztpraxis ich im achten Semester mein Praktikum ableisten könnte, fiel mir ebenfalls nicht schwer. Spontan entschloss ich mich, bei Dr. Burrer nachzufragen, dem einzigen Tierarzt in meinem Heimatort. Den kannte ich noch von früher, schließlich war er der Arzt, der meine geliebte Hexe eingeschläfert hatte, den Dackel meiner Großeltern. Dank des Studiums war mein Horizont in Sachen Tiermedizin inzwischen deutlich gewachsen, und im Gegensatz zu damals konnte ich nun besser einschätzen, was der Mann alles leistete.

Einen Praktikumsplatz zu ergattern ist grundsätzlich schwierig, da die meisten Ärzte so viel Arbeit haben, dass ein unausgebildeter, noch dazu extrem wissbegieriger Student eigentlich nur stört. Zu meiner großen Überraschung reagierte Dr. Burrer jedoch positiv auf meine Bewerbung – immerhin war ich ein Einheimischer –, und so durfte ich ihm bald darauf zum ersten Mal über die Schulter schauen.

Dr. Burrer fuhr vormittags auf Großtierrunde und besuchte die Bauern auf den umliegenden Höfen. Mit etwas Glück blieb ihm zwischendurch ein bisschen Zeit fürs Mittagessen, ehe am Nachmittag dann die Kleintiersprechstunde und Operationen an Kleintieren an der Reihe waren. Nach dem Kaffee folgte die zweite Runde zu den Höfen. Da die Kühe morgens und abends gefüttert und gemolken wurden, riefen die Landwirte meist unmittelbar danach an. Denn beim Füttern oder Melken stellten sie fest, wer nicht fraß, wer eine Entzündung am Euter hatte oder welchem Kalb es nicht gutging, und holten im Bedarfsfall den Arzt. Da auch die Schweinebauern diesem Rhythmus folgten, hatte Dr. Burrer seinen Tagesplan darauf abgestimmt.

Zu meinem Erstaunen stellte sich der Tierarzt, den ich als Kind so heftig verurteilt hatte, bald als rundherum patenter, toller Mensch heraus. Für jedes Problem, das die Tierhalter an ihn herantrugen, wusste er eine Lösung – und meist auch noch eine sehr gute. Von wegen nur Hunde einschläfern!

Mit Nutztieren hatte er einst angefangen, doch im Laufe der Zeit brachten die Leute immer mehr Kleintiere zu ihm. Er bildete sich fleißig fort und richtete in seinem Wohnhaus ein Wartezimmer und mehrere Behandlungsräume für Kleintiere ein. Bald war die Kleintierpraxis gut besucht, denn in den sechziger Jahren fingen die Tierbesitzer an, auch für Hunde und Katzen Geld auszugeben. In seiner Anfangszeit hatte mein Lehrmeister, wie er mir erzählte, ausschließlich ausgebildete Schutz-, Jagd- oder Wachhunde und gelegentlich auch mal einen Hütehund behandelt. Damals waren nur Arbeitshunde wertvoll genug, um für ihre Behandlung Geld auszugeben. Katzen und nichtarbeitende Hunde behandelten die Ärzte meist nebenher aus Mitleid, in den meisten Fällen wurden diese gar nicht vorgestellt.

Die wichtigsten Tiere in den Nachkriegsjahren waren Rinder, Schweine, Schafe, Ziegen, Hühner und Pferde. Noch bis ungefähr 1960 war der Verlust einer einzigen Kuh für die meisten Familien gleichbedeutend mit dem, was man heute Privatinsolvenz nennt. Allerdings bedeutete das in jenen Tagen nicht nur einen sozialen Abstieg und Scham, sondern in erster Linie Hunger. Jedes einzelne Huhn, jeder Hahn war wichtig und wurde entsprechend geachtet.

Als ich zu Hause erschöpft und verschwitzt aus dem Bus ausstieg, erwartete mich nicht nur Jutta mit einem herrlich frischen Pfefferminztee, sondern auch die zufrieden gackernden Hühner. Ja, dachte ich, ihr seid es auch heute noch wert, dass man euch achtet.

Schlachthoferfahrungen

Der Gedanke an meinen ehemaligen Lehrtierarzt Dr. Burrer ließ mich auch am Abend nicht los, und so saß ich noch eine ganze Weile in der milden Abendluft und dachte an früher, während Jutta wieder mal in einem ihrer Krimis versank.

Erschöpft trank ich einen Schluck Wein, rieb mir die schmerzenden Glieder und dachte amüsiert an meine intuitive Reaktion, als ich erkannt hatte, wie vielseitig so ein Tierarzt sein muss, wie anstrengend die Arbeit und wie eingeschränkt das Leben ist. So viel wie Dr. Burrer werde ich niemals in meinem Leben arbeiten, nahm ich mir damals vor. Ich bin ja wohl nicht blöd, schließlich kann ich sehr viel mit meiner Freizeit anfangen.

Inzwischen arbeitete ich genauso viel wie mein Lehrmeister, und zwar unter genau den gleichen Bedingungen. Zum Teil war mir das aber sogar ganz recht, weil ich so anderen Zwängen des übrigen Geschäftslebens nicht ausgeliefert war. Ein Tierarzt wird nicht nach Frisur oder Kleidung beurteilt, vielmehr zählen Zuverlässigkeit, Durchhaltevermögen, Kraft, Geschicklichkeit, starke Nerven und technisches Verständnis. Ein Großtierarzt soll seine Aufgabe gut lösen, alles andere ist für den Landwirt unbedeutend. Ein Doktortitel, den ich übrigens nicht habe, ist bei den Bauern viel weniger wichtig als bei den Privatkunden. In der Kleintierpraxis und vor allem auch bei Pferden sind Auftreten, Diplomatie und Kleidung hingegen genauso wichtig wie der Fahrzeugtyp. Hier zählt der Eindruck. In der Landwirtschaft zählt meist nur die Leistung.

In dem Praktikum bei Dr. Burrer entdeckte ich die besondere Welt der Bauern, deren Urteil mir heute ungemein wichtig ist, weil sie meine Leistung dank ihrer Erfahrung oft am besten einschätzen können. Damals war mir ihre Lebensweise jedoch noch völlig fremd.

Bauern sind so sehr an ihre Höfe gebunden, dass sie nur selten von dort wegkommen. Es herrscht eine lange Tradition, das Wissen wird von Generation zu Generation weitergegeben, und oft gelten gewisse Erfahrungen nur für einen speziellen Hof unter ganz speziellen Bedingungen. Ein Tierarzt, der diese Gegebenheiten akzeptiert und damit arbeitet, kann die Probleme besser erkennen und sie so ansprechen, dass der Bauer ihm zuhört und die Lösung am Ende von beiden Seiten getragen wird. Als Fremder einfach nur schlaue Ratschläge zu geben zählt daher zu den peinlichsten Fehlern.

Viele Krankheiten der Nutztiere weisen auf Probleme im Umfeld der Tiere hin. Ein guter Tierarzt erkennt das und macht dem Bauern mit Feingefühl einen Verbesserungsvorschlag, der zu seinem Hof passt. Allgemeine Hinweise werden dagegen meist höflich angehört und danach schnell wieder vergessen. Die wichtigste Frage vor Beginn einer Behandlung lautet daher: Warum besteht diese oder jene Vorgehensweise, und wurde bereits selbst eine Möglichkeit zur Änderung geprüft? Danach erst kann man gemeinsam zu einer Lösung finden, die von Dauer ist.

Als Außenstehender neigt man außerdem schnell dazu, den Landwirt nach herkömmlichen Maßstäben einzustufen. Prinzipiell ist davon auszugehen, dass jemand, der so einen Hof über längere Zeit betreibt, sein Geschäft versteht. Beim Anblick eines

Landwirts in Arbeitskleidung fühlt sich ein Städter gerne mal ein bisschen überlegen. Diesen Zahn zog mein Ausbilder mir jedoch bereits vor dem ersten Besuch auf einem Bauernhof, wofür ich ihm heute noch dankbar bin.

An der Seite von Dr. Burrer musste ich erkennen, dass die Bedingungen in der Praxis völlig anders waren, als wir es in den Seminaren gelernt hatten. Ob es nun am Geldmangel lag, an den Stallgegebenheiten, an den Witterungsbedingungen, den familiären Verhältnissen oder einfach nur daran, dass ein Landwirt zusätzlich arbeiten ging, um seinen Hof halten zu können: Mein Lehrtierarzt versuchte stets, möglichst viele dieser Hemmnisse zu berücksichtigen, ehe er Ratschläge erteilte. Ein Problem, das auf der Bauweise eines Stalles beruht, kann eben nur gemildert und nicht behoben werden, wenn der Bauer sich keinen neuen Stall leisten kann. Grundsätzlich gilt: Was mal richtig war, muss nicht zwingend gleich wieder verändert werden. Ständige Innovationen mögen für Mode und Lifestyle gut sein, wer jedoch Tag für Tag richtige Probleme und echte große Gefahren bewältigen muss, der ist um alles froh, was funktioniert und zuverlässig ist.

Die Arbeit eines Großtierarztes gleicht in manchen Bereichen der eines Detektivs, gleichzeitig sollte er stets möglichst viele praktische Lösungen parat haben, die übrigens meistens von den Landwirten selbst stammen. Er sollte den Tierhalter zu seinem eigenen Lösungsweg führen und höchstens Lösungen von anderen als Beispiel anbieten. Nur so kann er den Tieren wirklich helfen.

Damals war ich wirklich noch ein echter Grünschnabel, dachte ich und trank einen Schluck Wein. Im Laufe der Jahre habe ich wirklich wahnsinnig viel von den Landwirten gelernt und kann ihr Wissen in meine Behandlungen einfließen lassen. Dr. Burrer schenkte mir mit seinen ausführlichen Erklärungen zu den einzelnen Höfen und deren Besitzern sehr viel mehr als nur medizinisches Wissen, genau wie auch meine späteren Ausbilder. Theoretisches Wissen um die verschiedenen Krankheiten, und sei es noch so gut, hilft nun mal nichts, wenn der Tierhalter bei der Therapie nicht unterstützend mitwirkt.

Auf Neudeutsch heißt das heutzutage «Compliance», aber ich habe das damals bei meinem Lehrmeister sogar ohne Englisch verstanden.

Ein Großtierarzt muss weder groß noch stark sein, auch wenn es im Einzelfall hilfreich sein mag. Viel wichtiger ist es, lange durchzuhalten, manchmal sogar extrem lange. Nicht gleich aufgeben, lautet die Losung. Ein zäher Hund ist im Stall erfolgreicher als ein Muskelprotz, dem schnell die Puste ausgeht. Sollte dann noch, wie auch in meinem Fall, die bayerische Qualität eines Granitschädels – oder norddeutsch eines sturen Bocks oder Esels – dazukommen, umso besser.

Während meiner Zeit bei Dr. Burrer traf ich viele Bauern und lernte die unterschiedlichsten Charaktere kennen, so manchen Granitschädel eingeschlossen. Neben stillen Kerlen mit großer Weisheit – die mir manchmal erst nach einigen Besuchen bewusst wurde – gab es ebenso viele bescheidene, leise Typen wie angeberische Großmäuler. Eines jedoch war ihnen gemeinsam: Sie legten alle größten Wert auf ein gegebenes Wort. Der Handel mit Tieren, Hofprodukten und Geräten wurde damals wie heute per Handschlag besiegelt. Weder gibt es einen Kostenvoranschlag noch einen schriftlichen Vertrag, selbst wenn es um mehrere tausend Euro geht. Vertrauen ist eine wichtige Säule in der Zusammenarbeit. Der Tierarzt wird angerufen, kommt, heilt und schreibt die Rechnung. Natürlich gibt es auch unter den Bauern Betrüger, aber die kommen in der Regel nicht weit. So etwas spricht sich schnell herum, und mit so einem will fast keiner Geschäfte machen.

Diese Welt, in der man sich gegenseitig vertraut, zog mich damals sehr an – und sie tut es heute noch.

Noch völlig in den Erinnerungen an damals gefangen, betrachtete ich den Rotwein in meinem Glas und dachte: Seltsam, obwohl ich ursprünglich aus einer Kleinstadt komme und eine Kleintierpraxis nicht nur medizinisch, sondern auch finanziell viel interessanter ist als der Großtierbetrieb, habe ich die Landwirte und ihre Welt damals viel schneller verstanden und mich dort eher zu Hause gefühlt.

An meine Touren mit Dr. Burrer über die Höfe denke ich bis heute gerne zurück, allerdings gab es im Rahmen meiner diversen Praktika auch so manches Erlebnis, das mir eher Schreckensschauer über den Rücken jagte.

Dazu zählt unter anderem, dass Dr. Burrer mich einmal aus Zeitnot alleine zu einer Fleischbeschau in eine große Schäferei schickte, wo ich zunächst die Schlachtung der Tiere überwachen sollte.

Als ich in dem geradezu vorbildlichen Schlachthaus ankam, begrüßte mich der Metzger, ein Türke, sehr freundlich und zeigte mir gleich den Raum, in dem ich die Beschau vornehmen sollte. Zuerst musste ich in einem Vorraum überprüfen, ob alle von den Käufern ausgesuchten Tiere gesund waren, womit ich erst mal gut beschäftigt war. Während der Arbeit kam mir der schreckliche Verdacht, dass hier nach muslimischen Regeln geschächtet werden könnte.

Der Schlachter schaute mir ins Gesicht und wusste sofort Bescheid. «Sind Sie etwa gegen das Schächten eingestellt?», fragte er.

Ich war nicht nur dagegen eingestellt, sondern fand es absolut unmöglich, grausam und brutal. Damals dachte ich, mehr als genug über das Schächten zu wissen und es völlig zu Recht zu verurteilen. Ich überlegte kurz, ob ich diplomatisch vorgehen sollte, schließlich war ich hier unter lauter Befürwortern dieser Schlachtmethode. Doch ich wollte meine Ansichten nicht verheimlichen – und konnte es auch gar nicht, denn mein Erschrecken war mir deutlich anzusehen.

Sagen musste ich ohnehin nichts, der Mann mit dem Messer hatte genug verstanden. «Selbstverständlich schlachten wir hier mit einer Ausnahmegenehmigung des Veterinäramtes», erklärte er mir. «Die erteilt der Amtsarzt nur nach eingehender Kontrolle des Schlachtvorganges und der Fähigkeiten des Metzgers. Sie haben wohl noch nie einem Profi bei der Arbeit zugesehen, junger Mann.»

Natürlich hatte der Mann recht, dennoch war ich der festen Überzeugung, mich auszukennen, schließlich hatte ich diesen grausamen Vorgang schon mal im Fernsehen gesehen. Außerdem positionierte sich meine Lieblingszeitschrift *Natur* ebenfalls klar dagegen, und meine Professoren an der Uni äußerten sich ähnlich.

«Na ja, nicht direkt», sagte ich daher nur.

«Waren Sie denn schon mal auf einem deutschen Schlachthof und haben zugesehen, wie dort mit den Tieren umgegangen wird?», fragte er weiter.

«Oh ja», sagte ich, denn diese furchtbaren Erlebnisse würde ich nie vergessen. Sofort liefen die grausamen Bilder von damals wieder vor meinem inneren Auge ab.

Das Schlachthofpraktikum, das für alle Studenten vorgeschrieben war, um die theoretischen Grundlagen in der Praxis zu vertiefen, dauerte zwei Wochen. Neben einer weißen Gummischürze und Gummistiefeln, die auch in anderen Farben geduldet waren, aber sehr sauber sein mussten, mussten wir uns dafür auch ein großes, spezielles Messer anschaffen.

Letzteres diente dem exakten Anschneiden jener Teile des Schlachtkörpers, die untersucht werden müssen, damit kein Fleisch von kranken Tieren in den Metzgereien landet. Vor allem das Aussehen der inneren Organe und die Schnittfläche der Lymphknoten werden beurteilt, wobei bei Schweinen noch die Untersuchung auf Muskelparasiten wie Trichinen hinzukommt und bei Rindern eine gründliche Kontrolle auf Bandwurmfinnen.

So ein Schlachthof ist kein Ort für zarte Gemüter, was ich vorab zu wissen glaubte. Immerhin hatte ich mich damit abgefunden, dass die Tiere, deren Fleisch ich essen wollte, dazu getötet werden mussten. Die meisten Fleischesser wollen über dieses Thema jedoch lieber nicht nachdenken. Dabei hilft das Wegschauen am Ende nur denjenigen, die die Tiere beim Schlachten nicht gut behandeln, sondern quälen.

Während meines Praktikums musste ich einmal mit ansehen, wie hintereinander zwei Schweine vor Schmerz schreiend aus dem Brühkessel heraussprangen. Dabei hätten sie zu diesem Zeitpunkt, nach der Betäubung und dem vermeintlich korrekten Ausbluten, eigentlich längst tot sein müssen. Damit waren meine Vorurteile bestätigt: Diejenigen, die im Schlachthof arbeiten, sind alle mit Leib und Seele grausam.

Meine drei Kommilitonen und ich beratschlagten nach diesem Vorfall, was zu tun sei, und gingen schnurstracks in den Nebenraum zu unserem Lehrtierarzt, dem wir das Grauen vorwurfsvoll schilderten.

Sofort legte er sein Messer hin und eilte hinüber zum Brühkessel. «Stimmt es, was meine Studenten mir da gerade erzählt haben?», fragte er die Männer.

«Ja leider», bestätigten sie das Malheur und ärgerten sich über sich selbst.

Deshalb gingen wir alle zusammen zu der Station, wo die Schweine mit der Elektrozange einen so starken Stromstoß erhielten, dass sie augenblicklich betäubt zusammenbrachen. Nach dem darauf folgenden Schnitt durch die Halsschlagader konnten sie schmerzlos ausgeblutet werden.

Der Mann, der den Tieren die Stromstöße verpasste, war über unsere Rückmeldung zutiefst erschrocken. Dann versuchte er sich zu verteidigen und fragte uns: «Könnt ihr euch überhaupt vorstellen, wie schnell und genau ich die Zange setzen muss oder wie viel Zeit mir bleibt, die vor Angst zappelnden Schweinen sauber zu treffen?»

Für den nächsten Morgen bestellte uns der Lehrtierarzt gleich eine Dreiviertelstunde früher ein, damit wir uns richtig zeigen lassen konnten, wie die Tötung vonstattenging.

Als wir ankamen, standen die Schweine schon im Vorraum der Tötungsbucht. Ein Mitarbeiter holte das erste Tier herein und stellte mit der Zange links und rechts hinter dem Kopf den Kontakt her, woraufhin das Schwein sofort krampfte und danach für uns deutlich erkennbar betäubt war. Ein weiterer Mitarbeiter hängte es nun an den Hinterbeinen auf und durchtrennte die Halsschlagader, woraufhin ein großer Schwall Blut in den Auffangbehälter lief. So sieht das also aus, wenn das Abstechen sauber ausgeführt werden kann, dachte ich. Einige der Schweine waren allerdings sehr aufgeregt und zappelten so heftig herum, dass er sie kaum richtig betäuben konnte. Alles in allem war der Metzger jedoch unglaublich geschickt und wollte sich vor uns natürlich in Bestform präsentieren.

«Der vorgegebene Takt beim Schlachten ist meist so schnell, dass wir weder beim Betäuben noch beim Abstechen genug Zeit haben», erläuterte er uns anschließend das größte Problem bei seiner Tätigkeit. «In schwierigen Fällen ist es so gut wie unmöglich, die Arbeit gründlich zu erledigen.»

Heutzutage sind die Zustände sogar noch schlimmer als damals zu meiner Studienzeit. Und das Schlimmste ist: Diejenigen, die den schnellen Takt vorgeben, wollen daran aus wirtschaftlichen Gründen nichts ändern. Geld und Profit sind in unserem Land offenbar die einzigen Argumente, das Tier zählt in dieser Maschinerie meist gar nichts, sofern die Qualität des Fleisches stimmt. In Zeiten von großer Not kann ich unter Umständen tolerieren, wenn die Menschen mit Tieren schlecht umgehen. In unserer Wohlstandsgesellschaft dagegen, die es sich leisten kann, fast die Hälfte aller Lebensmittel wegzuwerfen, ist so ein Verhalten einfach nur verwerflich. Solange kein Verbraucher das so sieht und seine Konsequenzen daraus zieht, ist der Gewinn für die Verantwortlichen höher, und das ist das entscheidende Kriterium. Der Zaun um das Gelände ist ja hoch genug ...

Kein Metzger, der sein Handwerk in einem Schlachthof versieht, findet die dort vorherrschende Hektik gut, vor allem wegen der Folgen für die Tiere. Doch die Vorgaben kommen, wie immer, von ganz oben, also vom Betreiber des Schlachthofes. Die Entscheider, die in ihren sauberen, aufgeräumten Büros am Computer arbeiten, bekommen allerdings nichts mit von den grausamen Zuständen. Am Schluss ist dann der Kopfschlächter der Schuldige – oft zu Unrecht.

Seit ich im Schlachthof mit eigenen Augen gesehen habe, unter welchen Bedingungen dort gearbeitet wird, habe ich vor diesen Messerkünstlern einen Heidenrespekt.

«Wir behandeln unsere Tiere hier mit großem Respekt», sagte der türkische Metzger und holte mich aus meiner Erinnerung zurück.

«Wie bitte?», fragte ich leicht verwirrt nach.

«Respekt vor den Tieren ist wichtig», wiederholte der besonnene Metzger und erklärte mir dann, dass die Schafe möglichst angstfrei im Vorraum stehen sollten, ehe er sie einzeln in den Tötungsraum führte.

Dann holte er ein Schaf, redete leise auf es ein und schob es ohne großen Druck in den letzten Raum, den es in seinem Leben sehen sollte.

«Schauen Sie dem Tier in die Augen, dort können Sie, wie sie sicherlich wissen, Angst oder Schmerz gut erkennen», forderte er mich auf. Das Schaf war noch ganz ruhig. «Jetzt kommt gleich der kritischste Moment, die einzige Aufregung, die man dem Tier anmerkt. Aber das ist gleich vorüber.»

Jetzt sticht er gleich zu, dachte ich, aber zu meiner Überraschung nahm er das Schaf an den Beinen und legte es schnell und dennoch sanft auf einen speziellen Tisch. Die Platte fiel auf beiden Seiten schräg zur Mitte hin ab, sodass er das Schaf stabil auf den Rücken legen konnte, wobei der Kopf mit der Kehle nach vorne über die gerundete Tischkante ragte.

«Haben Sie in den Augen des Tiers etwa mehr als eine kurze Unruhe gesehen?», fragte mich der Metzger.

«Nein», musste ich zugeben.

Ganz ruhig strich er mit der flachen Hand den Hals entlang zum Kopf hin und murmelte etwas dabei. Dann wandte er sich wieder an mich. «Spüren Sie, dass sich das Schaf in der Duldungsstarre befindet?»

Ich nickte.

Die Duldungsstarre, eine sehr sinnvolle Einrichtung der Natur, schützt Menschen und Tiere gleichermaßen bei schwersten Verletzungen einige Zeit vor schlimmen Schmerzen.

Dann setzte der türkische Metzger mit seinem sehr scharfen

Messer links und rechts an den Halsschlagadern einen ganz kurzen Schnitt. Sofort floss ein großer Schwall Blut heraus, trotzdem zeigte das Schaf keine Reaktion. Danach durchtrennte er noch zwei Arterien, die direkt entlang der Wirbelsäule verlaufen und das Gehirn noch eine Weile mit Sauerstoff versorgen, mit einem schnellen, gezielten Stich. Auch diesmal keine Reaktion, lediglich den Augen des Tiers sah man das schnell schwindende Leben an. Angst hatte das Schaf ganz offensichtlich nur beim Hochheben gehabt.

Der Metzger schlachtete noch einige weitere Schafe und arbeitete die ganze Zeit über mit der gleichen würdevollen Ruhe. Zwischendurch wollten auch einige der Käufer beim Töten zuschauen, um sich zu vergewissern, dass alles richtig ablief.

Nach der Arbeit unterhielt ich mich noch mit dem Schafschlächter, der zuvor in verschiedenen deutschen Schlachthöfen gearbeitet hatte.

«Die Hektik dort ist ein Verbrechen», meinte er. «Auch beim Schächten geht es oft grausam zu, wenn Schlachtung nicht mit dem nötigen Fachwissen abläuft.»

«Wie kommt das?», hakte ich nach.

Er seufzte. «Da in Deutschland kaum jemand die Erlaubnis zum professionellen Schächten bekommt, führen Laien illegale, heimliche Schlachtungen durch.»

«Was ist mit den Naturvölkern? Die schächten viel brutaler, als ich es heute hier gesehen habe?»

«Das mag sein», stimmte er mir zu. «Aber diese Menschen schlachten nur sehr selten. Wenn, dann verwerten sie aber stets das ganze Tier. Die Deutschen dagegen essen nur die besseren Teile, fast die Hälfte des geschlachteten Tieres wird entsorgt. Was von beidem ist wohl schlimmer?» Er sah mich nachdrücklich an.

Ich wurde still. Ich war mir so sicher gewesen, genug über dieses Thema zu wissen, und wieder einmal merkte ich, wie viele wichtige Gesichtspunkte ich unbeachtet gelassen hatte. Nicht zum letzten Mal in meinem Leben kapierte ich an jenem Tag, wie beschränkt meine ach so große Weisheit war. Weltanschauung hin oder her, nahm ich mir vor, ich werde mein Wissen künftig immer ganz genau überprüfen, egal was ich vorher gelesen oder gehört habe.

An solche Dinge denkt kein Mensch, wenn er sich auf ein Praktikum vorbereitet. Nein, so schreibt das Leben.

Ich trank den letzten Schluck Wein und rieb mir mit der flachen Hand über die Arme. Es war kühl geworden, und ich fror leicht. Das theoretische Wissen aus den Seminaren an der Uni war nichts weiter als ein Werkzeugkoffer, dachte ich auf dem Weg in die Küche. Erst während der Praktika habe ich gelernt, sie sinnvoll einzusetzen – und im Grunde lerne ich heute noch ständig dazu.

Geflügelambulanz

Am nächsten Morgen musste ich früh raus, denn ich hatte ein volles Programm. Einige Besamungen und Nachuntersuchungen standen auf dem Plan, und wie so oft wollte das Autotelefon nicht stillstehen. Die Büroarbeit blieb mal wieder liegen, aber ich war nicht sehr traurig darüber, da der Papierkram ohnehin nicht zu meinen Lieblingsbeschäftigungen gehört. Ich empfinde es vielmehr als Nachsitzen, wenn ich bei strahlendem Sonnenschein im Büro sitzen muss, statt mit Jutta auf der Wiese vor dem Stall windgeschützt zwischendurch mal einen Tee zu trinken.

Gegen Mittag war ich unterwegs zur Familie Burbach, lieben Kunden von mir mit einem Hühnerhof und eigenen Pferden, um einem am Vortag geborenen Fohlen einen Schutz zu verabreichen. Die vorbeugende Gabe eines Langzeitantibiotikums in der Kombination mit Vitaminen sollte das Fohlen vor bakteriellen Infektionen wie der gefürchteten Fohlenlähme schützen. Dazu waren am ersten oder zweiten Lebenstag zwei Spritzen nötig, die ich dem jungen Tier nun verabreichen sollte. Wie wichtig es bei meiner Tätigkeit oft ist, sich in die Situation eines Tieres hineinzuversetzen, sollte sich in der nächsten Stunde zeigen.

Noch bevor ich mit dem glücklichen Besitzer zum Stall ging, um mir den neuen Erdenbürger anzusehen, warnte er mich vor.

«Bisher hat die Stute nur mich in die Box gelassen, bei allen anderen ist sie fast ausgerastet.»

«Da ist aber mal jemand ganz besonders besorgt», sagte ich.

Für ein Muttertier ist jeder Mensch, der sich ihm nähert, ein potenzieller Kinderdieb, deshalb fürchtet es ihn ebenso wie in der freien Natur ein großes Raubtier. Selbst eine Mama mit knapp sechshundert Kilo Lebendgewicht hat da so ihre Ängste.

«Bei ihrem letzten Fohlen war sie nicht so überdreht, aber diesmal ... Trauen Sie sich die Behandlung zu?», fragte er mich.

«Versuchen kann ich es ja mal», erwiderte ich zuversichtlich.

Ich ging noch mal zurück zu meinem Bus, bereitete die Spritzen vor und zog eine Schutzkappe über die Nadel. Dann versteckte ich sie in meinem Overall, damit ich die Hände frei hatte und obendrein nicht weiter gefährlich aussah.

Der Landwirt redete beruhigend auf die Stute ein, bevor er die Boxentür öffnete. Da erst konnte ich die Mutter sehen und auch einen Blick auf das Fohlen erhaschen, das ein Stück hinter ihr stand. Frau Mama bemerkte mich und war sichtlich fassungslos, dass ihr Besitzer es gewagt hatte, jemanden mitzubringen. Sofort fing sie an zu schnauben und zu prusten und scheuchte das Fohlen in die äußerste Ecke der Box, um sich anschließend quer vor ihm aufzubauen. Da ich mich nicht von der Stelle rührte, wurde sie deutlicher, indem sie einen Schritt auf mich zukam, sich umdrehte und einen Tritt in meine Richtung andeutete. Sie war so höflich, ihre Warnung in zwei Meter Entfernung von mir auszusprechen. Danach stellte sie sich sofort wieder quer vor ihren Schützling.

Ich war tief beeindruckt von ihrem vorbildlichen Verhalten und sagte ihr das auch, indem ich sie lobte. Dabei schaute ich allerdings nur sie an, nie das Fohlen, woraufhin sie sich tatsächlich ein wenig beruhigte. Noch immer bewegte ich mich nicht von der Stelle, da sie selbst entscheiden sollte, ob sie mich zu ihm ließ. Unter dem strengen Blick der Mama sah ich kurz zu dem Fohlen hinüber, um sie sogleich wieder zu loben, diesmal für ihren hübschen Nachwuchs. Da ihr die Ohren von meinem unablässigen, ruhigen Gemurmel und den Lobpreisungen bisher nicht abgefallen waren, beschloss die stolze Mutter, mir einen Blick auf den Quell ihrer Sorgen und ihrer Freude zu gewähren. Sie machte tatsächlich einen Schritt zur Seite und sah erst zu mir und danach zu ihrem Fohlen. Wenn man mit dem Mund nicht reden kann, so muss eben der Körper sprechen.

«Danke, dass du mir dein Vertrauen schenkst», sagte ich zu ihr. Da machte das Fohlen aus Neugierde zwei Schritte auf mich zu. Ohne mich zu regen, fragte ich die Stute: «Ist das in Ordnung?»

Als sie merkte, dass ich wirklich auf ihre Reaktion wartete, wuchs ihr Zutrauen, und gemeinsam mit dem Fohlen kam sie ganz an mich und ihren Besitzer heran. Noch wollten wir keinen Versuch unternehmen, den jungen Patienten festzuhalten. Nachdem immer noch nichts passierte, wurde ich für die Dame langweilig, und sie musste zwischendurch ein bisschen Heu kauen.

«Jetzt», sagte ich zu Herrn Burbach, und er hielt das Fohlen kurz fest, als es direkt neben mir stand. Kaum hatte ich die erste Spritze angesetzt, stand auch schon die besorgte Mutter neben uns. Unschuldig hielt ich ihr die Rückseite der Spritze hin, die sie kritisch mit Augen und Nase prüfte. Alles war gut. Sofort holte ich die zweite Spritze heraus, ließ sie wieder an der ungefährlichen Seite schnuppern und setzte die Injektion. Die ganze Zeit über hatte die Stute ihre Nase direkt daneben. Sie war völlig verwandelt und hatte mir tatsächlich erlaubt, ihr Fohlen unter ihrer Aufsicht zu spritzen.

Die Spritze war gar nicht das Problem, sondern die Angst der Stute um ihr Fohlen. Indem wir sie zuschauen ließen, signalisierten wir ihr, dass wir nichts Böses vorhatten, außerdem hätte sie jederzeit eingreifen können. So aber hatte die besorgte Mutter die Kontrolle über die Situation und konnte ruhig bleiben.

«Das hat ja mal gut geklappt», sagte Herr Burbach zufrieden.

«Ja, wirklich toll», sagte ich überglücklich und gab der tapferen Mama noch eine Extraportion Leckerlis, ehe wir den Stall verließen.

Der Bauer war völlig fasziniert davon, wie meine Ruhe erst auf ihn und danach auf die Stute übergegangen war. Auch für mich war die Erlaubnis der Stute ein Lob von höchster Stelle. Wieder einmal war es mir gelungen, die Spannung im Raum so herunterzufahren, dass die Tiere sich beruhigten und mich ohne Zwangsmaßnahmen arbeiten ließen.

Die Mutter eines Neugeborenen hat einfach viel mehr Beachtung verdient als das ach so süße Baby, dachte ich, als ich schon wieder im Auto saß und das Erlebnis noch einmal durchging.

Als ich nach Hause kam, hatte Jutta gerade für ihre gefiederten Lieblinge den Stall ausgemistet und frisch eingestreut. Sie bat mich, die schwere Schubkarre mit dem Mist zu entleeren, also folgte ich ihr in den kleinen Holzstall.

Ich bin so froh, dass wir für unsere Hühner und Gänse einen trockenen Stall haben, dachte ich, als ich versuchte, mit der vollen Schubkarre über den Hof zu balancieren, ohne dass etwas herunterfiel. Ich war voll und ganz auf die Karre konzentriert, als mir plötzlich unsere Wally, ein pensioniertes Hochleistungshuhn aus der Hybridzucht, todesmutig vor den Reifen rannte. Da war doch glatt unmittelbar vor mir ein Käfer gelandet, den sie sich unbedingt sofort schnappen musste.

«Wally, wie kannst du nur!», rief ich. «Fast hätte ich dich umgefahren, und das hätte ganz schön wehgetan!»

Sobald bei uns auf dem Hof irgendetwas Hellbraunes im Sichtfeld auftaucht, ist höchste Vorsicht geboten. Wally kennt kein Pardon, wenn es ums Fressen geht. Egal ob sie sich trotz heftiger Gegenwehr zwischen die Gänse wirft, um einen Brotkrümel zu ergattern, oder ob sie uns beim Gehen fast unter den Schuh rennt – wenn sie meint, ihren unglaublichen Hunger stillen zu müssen, ist ihr alles und jeder egal. Am besten, wir bleiben dann einfach stehen, ehe wir sie – oder sie uns – über den Haufen rennen. Die unstillbare Gier nach Essbarem ist im Erbgut der Hybridhühner verankert, sie müssen nun mal möglichst viel in sich reinschaufeln, weil sie riesige Mengen an Eiern legen. Von all unseren Hühnern verhält sich jedoch nur dieses eine so extrem, dem Jutta nicht von ungefähr den Namen Geierwally verpasst hat.

Die beiden haben ohnehin ein ganz besonderes Verhältnis, seit Jutta das Huhn eines Spätnachmittags den Fängen des Habichts entrissen hat. Wally blieb bei ihrer Retterin auf dem Arm, bis der betreuende Tierarzt, also ich, von seiner Tour heimkam. In den Stunden bis zu meinem Eintreffen verwöhnte meine Frau das Tier nach Strich und Faden, weil sie entsetzt festgestellt hatte, dass der Schnabel dieses zarten Wesens völlig verformt, also ausgerenkt war. Zum Glück konnte Wally damit gerade noch so die Leckereien fressen, die Jutta ihr zukommen ließ.

Als ich das vermeintliche große Elend betrachtete, musste ich jedoch erst mal lachen. Bei uns rennen täglich vierundzwanzig Hühner über den Hof, da schaut man keines besonders intensiv an. Und da Wallys krummer Oberschnabel nur bei genauerem Hinsehen auffällt, hatte Jutta ihn bisher nicht bemerkt. Wie bei allen ihren Leidensgenossinnen wurde Wally der Schnabel gleich als Küken schmerzhaft gekürzt. Leider hatte man bei ihr viel zu viel weggenommen und obendrein schief geschnitten, weshalb sie besonders schlimm aussah.

«Wie kannst du nur lachen», empörte Jutta sich. «Die arme Wally, sie ist ganz entstellt.»

«Der Grund dafür war ganz sicher nicht der Habicht, das haben Menschen verbrochen», sagte ich und erklärte ihr das Vorgehen der Züchter.

Wally war über acht Jahre alt, ihre Rassekolleginnen in moderner Haltung leben maximal ein Jahr, ehe sie geschlachtet werden und neue Hühner angeschafft werden. Wally ist inzwischen in Rente, trotzdem legt sie von all unseren Hühnern die größten Eier. Pro Woche produziert sie genau unsere zwei Frühstückseier für den Sonntag. Wir genießen die weichgekochten Wally-Geschenke jedes Mal sehr.

Auf dem Rückweg vom Misthaufen wäre mir Wally fast schon wieder unters Rad der Schubkarre gekommen. Ich konnte gerade so an ihr vorbeilenken und wies sie streng zurecht: «Wally, du benimmst dich heute mal wieder echt wie ein dämliches Industriehuhn!»

Natürlich war das gemein von mir, schließlich kann das arme Huhn nichts dafür, dass die Menschen zu derart perversen Zuchtmethoden greifen. Wenn die Leute wüssten, wie es in der industriellen Geflügelhaltung zugeht, dachte ich mir, würden sie garantiert kein Hühnerfleisch und auch keine Eier mehr essen. Als ich die Schubkarre an ihren Platz zurückstellte, wanderten meine Gedanken wieder mal zu meinem Studium, als mein Praktikum in der sogenannten Geflügelambulanz anstand.

Damals begleitete ich mit einigen Kommilitonen einen Tierarzt der Kliniken, der die Geflügelhalter in der Umgebung von Gießen besuchte. Wenn das Institut für Geflügelkrankheiten ihn nicht zu einem der Züchter schickte, die bei größeren Problemen bei dem Institut um Hilfe bitten konnten, standen Routinebesuche bei Betrieben an, die dem Geflügelgesundheitsdienst angeschlossen waren. Da ich schon einiges über Legebatterien und die riesigen Mastställe wusste, hätte ich mich nur zu gerne davor gedrückt, aber leider war das Praktikum ein Teil der Pflichtausbildung.

Beim Betreten des ersten Betriebs schlugen uns gleich ein intensiver Ammoniakgeruch und ein unglaublicher Lärm entgegen. Durch den Staub in der Luft spähte ich in die Dunkelheit und sah, wie die Tiere sich in grausamer Enge in den Käfigen aneinanderdrängten. Der Bauer hatte so viele Hühner in die Drahtgitterkäfige gezwängt, wie gerade noch erlaubt war. Gleich nach Betreten des Stalles stolperte ich rückwärts wieder heraus, weil mein Kehlkopf krampfte und die Luftröhre sicherheitshalber verschloss. Während der Stallbesitzer und unser Lehrmeister einfach weiterliefen, als wäre nichts, schafften wir Studenten es nur bei voller Konzentration, überhaupt weiterzuatmen.

Die Hühnerkothaufen unter den Käfigen waren fast schon kleine Berge und dampften die ganze Zeit Schadstoffe aus. Die Hühner hatten nur noch ein paar vereinzelte Federn am Leib, der Rest des Körpers war nackt. Gespannt lauschte ich dem Gespräch der Hauptakteure und hörte mit, wie der Landwirt von Problemen mit Atemwegsinfektionen bei seinen Tieren redete. Kaum zu glauben, dass er dieses überhaupt ansprach; bei dem schlechten Stallklima, das hier herrschte, war das kein Wunder.

Als wir auf dem Weg zum nächsten Betrieb wieder im Auto saßen, konnte ich mich nicht länger zurückhalten. «Wieso haben Sie mit dem Bauern über Medikamente geredet und nicht über diesen entsetzlichen Stinkestall?», fragte ich empört.

Der approbierte Kollege sah mich an, als käme ich von einem

anderen Stern. «Wieso entsetzlich?», fragte er zurück. «Der Stall entspricht exakt den Mindestanforderungen. Mehr kann sich nun mal kein Geflügelzüchter leisten, dazu ist die überregionale Konkurrenz zu groß und der Preiskampf zu hart.»

Ein Mitstudent war genauso entsetzt. «Aber den Tieren da drin geht es nicht gut, das sieht man doch.»

«Solange die Hühner genug Eier legen, ist alles in Ordnung. Würden die Tiere leiden, dann gäbe es deutlich weniger Eier.» Der Arzt schüttelte den Kopf über unsere kritische Haltung. «Der Grund für die Erkrankung der Hühner war ein Virus, dem Bakterien gefolgt sind.»

Ich blieb hartnäckig. «Wer sagt denn, dass das miese Stallklima nicht der Grund für diese Virusinfektion war? Der Bauer wird nie etwas an dieser grausamen Tierhaltung ändern, wenn er die meisten Probleme mit Antibiotika überdecken darf.»

«So etwas Blödes können auch nur Studenten fragen», sagte der Tierarzt ungehalten. «Ihr werdet schon noch sehen, wie weit ihr später im Berufsleben mit einer derart weltfremden Ansicht kommt. Das sind doch bloß Hühner!»

Dann setzte er uns auseinander, dass es ja wohl ein bisschen viel verlangt wäre, für ein paar Hühner einen teuren neuen Stall hinzustellen. Ganz abgesehen davon, dass der Landwirt bei weniger als sechs Tieren je Käfig sofort an die Wirtschaftlichkeitsgrenze stoße und den Betrieb gleich dichtmachen könne. Dann behauptete er allen Ernstes, dieser hier sei noch einer von den guten Landwirten, die den Geflügelgesundheitsdienst überhaupt noch auf den Hof ließen und um Rat fragten, den sie sogar meistens befolgten. Die übrigen Eierproduzenten probierten einfach verschiedene Antibiotika aus, die ihnen überregionale Tierärzte günstig lieferten. Entweder eines der Mittel helfe, oder der Stall werde «neu besetzt».

Letzteres bedeutet, dass alle Hühner entweder geschlachtet oder gleich entsorgt werden, woraufhin eine neue Hühnermannschaft im alten Stall für ein Jahr ums Überleben kämpft.

«Länger sind Hochleistungshennen sowieso nicht rentabel zu halten», sagte er noch, als wäre damit alles entschuldigt.

«Und was ist mit dem Stallwetter?», wagte ich noch zu fragen.

«Bessere Luft kann nur durch mehr Luftaustausch erzielt werden. Das aber führt zu Zugluft und damit zu Erkältungen, die wiederum Atemwegsinfektionen nach sich ziehen.»

Heutzutage würde das kein Tierarzt mehr so in der Öffentlichkeit sagen, und kein Reporter bekäme die Erlaubnis, einen solchen Kommentar zu veröffentlichen. Glücklicherweise ändern sich allmählich die Ansichten der Bevölkerung, was unseren Tieren zugemutet werden darf, und bald ist diese unwürdige Käfighaltung verboten. Die Gesetzeslage hat sich immerhin so weit geändert, dass es inzwischen Grenzwerte für die Belastungen der Tiere gibt. Das ist besser als gar nichts, aber von einer wirklich gesunden Haltung kann in den großen Betrieben immer noch keine Rede sein. Extrem schlimme Zustände werden inzwischen seltener, dennoch gibt es nach wie vor großes Elend – hinter verschlossenen Türen, versteht sich, denn die Verbraucher sollen davon nichts mitbekommen.

Einerseits ist die Lüftungstechnik heute viel weiter als zu meiner Studienzeit, andererseits werden immer mehr Tiere in diesen Eierfabriken gehalten. Meist entsprechen die Haltungsbedingungen nur ganz knapp den Grenzwerten, aber diese sind leider ohnehin schon ein fauler Kompromiss. Obendrein werden die Verbesserungsschritte in der Tierhaltung meist nicht nur dafür genutzt, dass es den Hühnern besser geht, vielmehr wird zügig die Anzahl der Tiere pro Betrieb erhöht, weil das dadurch erst möglich ist. Oft kann der Landwirt die höheren Ausgaben für die Verbesserung allerdings nur auf diesem Wege erwirtschaften.

Das ist ein echter Teufelskreis, aus dem es bisher keinen Ausweg gibt.

Praktische Erfahrungen fürs Leben

Seit ich eine eigene Praxis habe, besitzen wir zwei Telefonanschlüsse, damit ich unter der Praxisnummer immer erreichbar bin, auch wenn einer von uns auf der anderen Leitung gerade ein Privatgespräch führt. Außerdem kann Jutta dann unbeschwert telefonieren, wann immer sie will, immerhin hat meine Frau fünf Schwestern, mit denen sie regelmäßig in Kontakt steht.

Mit einer davon redete sie gerade, als ich nach einem weiteren langen Arbeitstag durch die Tür kam.

«Es ist Ellen», sagte sie kurz zu mir, als sie mich bemerkte, und wandte sich wieder dem Telefon zu.

Das kann und darf länger dauern, dachte ich mir und ging gleich in den Garten durch. Wenn ich mich am Abend noch ein bisschen bewege, klingt der Stress vom vielen Autofahren am schnellsten ab, deshalb drehte ich noch eine Runde um unsere Koppel. Ich war ziemlich erschöpft und musste mir mal wieder eingestehen, dass dieser Beruf echt an die Substanz geht. Trotzdem ist diese Art zu arbeiten und auch zu leben für mich besser zu ertragen, als den ganzen Tag in geschlossenen Räumen am Schreibtisch zu sitzen. Die eigenen Bedürfnisse bleiben ebenso auf der Strecke wie das Privatleben.

Na ja, dachte ich und rieb mir über die müden Augen, ich kann nicht behaupten, dass mich keiner vorgewarnt hat und ich nicht gewusst habe, was da auf uns zukommt. Ellen und Dieter haben damals wirklich kein Blatt vor den Mund genommen, überlegte ich und dachte an die Zeit in Dieters Praxis zurück. Er hatte mir viel beigebracht, außerdem hatte ich bei ihm und Juttas Schwester hautnah miterleben dürfen, wie hart der Alltag eines Großtierarztes ist. Auch für die Beziehung.

Als ich damals bei ihm ein dreimonatiges Praktikum absolvierte, war ich noch nicht mit Jutta verheiratet. Schließlich waren wir erst drei Jahre zusammen, hatten uns also gerade erst kennengelernt. Mit Dieter verstand ich mich sehr gut, und dass wir uns vorher schon kannten und auch duzten, vereinfachte so manches. Dennoch brachte ich ihm genauso viel Respekt entgegen wie Dr. Burrer, der gut zwanzig Jahre älter gewesen war.

Bei Dieter merkte ich schnell, dass ich mit meinem geballten Uni-Wissen nur ganz wenige Krankheiten sofort erkannt oder richtig diagnostiziert hätte, und auch die meisten Behandlungen hätte ich nicht ohne Hilfe durchführen können. Die vielen Medikamente in Dieters Apotheke oder seinem Einsatzwagen verwirrten mich eher, als dass mir eingefallen wäre, wozu man sie einsetzen könnte. Zwar kannte ich die wichtigsten arzneilichen Wirkstoffe, aber die fantasievollen Namen, die die Hersteller ihren Produkten gegeben hatten, sagten mir meist gar nichts.

Dieter Geiss hatte damals nicht nur eine umfangreiche Großtierpraxis in Kastellaun im Hunsrück, sondern auch eine gut ausgerüstete, moderne Kleintierpraxis. Dass ich mit im Haus der Tierarztfamilie wohnte, hatte gleich mehrere Vorteile. Nicht zuletzt war ich sofort einsatzbereit, wenn Dieter nachts oder frühmorgens zu einem Notfall gerufen wurde, und auch in der Kleintierpraxis war ich schnell zur Stelle, wenn er mich brauchte. In Handwerks- und anderen Ausbildungsberufen wohnte der Auszubildende früher oft beim Meister mit im Haus, heutzutage ist ein so enger Familienkontakt eher selten. Für mich war das sehr hilfreich, denn letztlich habe ich den Beruf des Tierarztes am besten verstehen gelernt, indem ich ihn hautnah miterlebt habe.

Ellen war gezwungenerweise immer in Hörweite des Telefons und nahm die Anrufe entgegen, außerdem assistierte sie ihrem Mann in der Kleintierpraxis, machte die komplette Verwaltung, schrieb die Rechnungen und bediente zwischendurch mal eben noch jemanden an der Haustür. Mit gleicher Kraft war sie ihren beiden Söhnen eine gute Mutter. Wie sie das alles geschafft hat, ist mir trotz gründlicher Beobachtung bis heute ein Rätsel. Da sie obendrein sehr gut kochen kann, war das Essen immer auch eine Belohnung für uns, vor allem wenn der Arbeitstag mal wieder gar nicht enden wollte.

An manchen Wochentagen musste Dieter besonders früh aufstehen, um die Fleischbeschau bei den Metzgern in seinem Bezirk zu machen. Erst wenn er von seiner Runde zurückkam, gab es Frühstück. Danach begann die Vormittagstour, auf der er jene Höfe besuchte, deren Bauern ein krankes Tier oder eine Kuh zur Besamung gemeldet hatten. Oft hatten wir so viel Arbeit, dass wir auf das Mittagessen verzichten mussten, um bis zum Beginn der Kleintiersprechstunde alle Aufträge abarbeiten zu können. Im Anschluss an die Sprechstunde gab es oft einen schnellen Kaffee, und dann ging die Abendtour los, die uns zu jenen Bauern führte, die Besamungen oder Behandlungen für den Abend gewünscht hatten. Wenn wir von dieser Revierrunde zurückkamen, gab es etwas Warmes zu essen, denn nur abends war unsere Anwesenheit einigermaßen berechenbar, und es kehrte die nötige Ruhe zum Essen ein.

An einem Montagmorgen war es mal wieder so weit. Ich hatte einen frischen Arbeitsoverall an, der nach dem ersten Einsatz immer noch ohne die speziellen Flecken war. Allerdings traute ich dem Frieden nicht, denn wir Stallgänger wissen, dass saubere Kleidung geradezu magnetische Eigenschaften hat – auf Dreck jedenfalls. Deshalb genieße ich, wenn meine Kleidung mehrere Stunden so bleibt, wie ich sie aus dem Schrank geholt habe – was meist nicht lange der Fall ist.

Kaum hatte ich hinter Dieter den zweiten Stall betreten, da setzte eine der Kühe eine Portion Mist ab, und zwar genau als ich hinter ihr stand. Der kleine Huster, der die Aktion begleitete, half der grünen Masse, auf mir trotz einer schnellen Ausweichaktion einige olivgrüne Sommersprossen zu hinterlassen. Damit war meine Kleidung mehr Dung als Klei. Mit einem Messer schabte ich das Gröbste ab und ging Dieter bei der anstehenden Behandlung an einem Kalb zur Hand.

Da an jenem Tag im Vergleich zu sonst eher wenig los war, eröffnete mir Dieter auf der Fahrt zum nächsten Bauernhof: «Ich glaube, der richtige Moment ist gekommen, dass du eine rektale Untersuchung durchführst.»

«Schon?» Meine Begeisterung, von hinten in den Darm einer Kuh zu fassen, hielt sich in Grenzen.

Diese Tätigkeit, für die der Tierarzt aufsehenerregende, armlange Kunststoffhandschuhe benötigt, ist wohl eine der am häufigsten ausgeführten in der Nutztierpraxis. Bei der rektalen Untersuchung überprüft er beim Rind unter anderem den Zykluszustand der Eierstöcke, kontrolliert und steuert den Vorgang der Besamung und führt fünf Wochen nach der Besamung die Trächtigkeitsuntersuchung durch. Außerdem lassen sich so auch Blase, Nieren und der hintere Abschnitt des Darms sowie der Raum im Inneren des Beckens am besten untersuchen. Bei Pferden muss immer mal wieder rektal untersucht werden, allerdings muss man da zusätzliche Vorsichtsmaßnahmen ergreifen, da Pferde nicht ganz so duldsam sind wie die meisten Rinder.

Wenn sie ausschlagen, was unter Umständen schnell mal vorkommt, kann das lebensgefährliche Verletzungen beim Untersucher zur Folge haben.

«Keine Sorge, Kühe sind geduldig», versuchte Dieter mich zu beruhigen, denn er sah mir meine Gedanken wohl an.

«Auch bei mir?», fragte ich nach. Ich war fürchterlich aufgeregt, obwohl ich Dieter schon so oft dabei zugesehen hatte.

Auf dem Hof bat Dieter den Landwirt erst mal um Erlaubnis, der uns bereitwillig seine geduldigste Kuh für meine Entjungferung zur Verfügung stellte. Mein Lehrtierarzt half mir, den Untersuchungshandschuh aus dünnem Kunststoff anzuziehen, der mir vorschriftsmäßig bis an die Schulter reichte. Das war der leichtere Teil. Ich atmete noch mal tief durch und wollte gleich zur Tat schreiten, doch Dieter hielt mich zurück.

«Wie lautet die oberste Grundregel?», fragte er mich.

«Klar!» Ich schlug mir mit der flachen Hand an die Stirn. Wie hatte ich das in der Aufregung bloß vergessen können?

Sowohl meine Professoren an der Uni als auch Dr. Burrer und Dieter wurden nicht müde, darauf hinzuweisen, dass man den Patienten ansprechen muss, bevor man ihn behandelt. Ein überraschtes Tier hat das Recht auf seine Reflexe. Wer in Reichweite steht, kann sein «blaues Wunder» erleben und es später an seinem Körper studieren.

Also noch mal von vorne. Frisches Gleitgel auf den Handschuh, dann der Kuh in die Augen gesehen und … Was sollte ich eigentlich zu dem Tier sagen? Ich schwitzte jetzt schon, obwohl ich nur dastand, und wusste plötzlich nicht mehr, was Dieter in solchen Fällen immer sagte. Schließlich wollte ich mich hier nicht zum Gespött machen.

«Hallo, Achtung, nicht erschrecken», sagte ich. Gar nicht so schlecht für den Anfang.

Der Bauer und Dieter grinsten sich bloß an und wussten ganz genau, was in mir vorging.

«Wie lange willst du denn noch warten?», fragte Dieter.

Plötzlich kam ich mir vor, als würde ich ein großes Tabu brechen, obwohl ich eigentlich dachte, mir würde diese Untersuchung nicht das Geringste ausmachen.

Mit zarter Kraft, spitzer Hand und den Finger voran versuchte ich vorzudringen, ohne der Kuh wehzutun – und kam prompt nicht rein. Der Schließmuskel war stärker. Diesmal lachten wir alle miteinander. Beim zweiten Vorstoß setzte ich etwas mehr Kraft ein, und meine Finger wollten sich schon verbiegen, als auf einmal meine Hand in den After flutschte. Was will ich da eigentlich?, fragte ich mich für den Bruchteil einer Sekunde und gab mir gleich selbst die Antwort. Ach so, herumtasten und erfahren, was ein Könner da drinnen so alles fühlen kann. Beherzt tastete ich eine Weile herum, spürte aber nur warm und weich. Rings um meine Hand war breiförmiger Kot, dann spürte ich die Darmwand und danach nichts mehr. Ich muss genauso blöd geschaut haben, wie ich mich fühlte.

«Zuerst musst du den Kot mit der Hand herausräumen, sonst kannst du gar nichts feststellen», erklärte Dieter mir.

Gesagt, getan. Mit einem Mal war der Darm der Kuh viel entspannter, ich spürte sogar die Beckenknochen und ein Stück weiter vorne etwas ganz Seltsames. Weich und dennoch fest, aber nachgiebig wie Knete.

«He, da hast du ja gleich beim ersten Mal den Pansen von innen getastet», freute sich Dieter.

«Super», sagte ich, aber eigentlich war ich ein wenig enttäuscht, nicht noch mehr zu spüren. Allerdings hätte ich auch nie gedacht, dass mich dieser «Eingriff» in die Kuh derart aus den Schuhen hauen würde.

Als ich schließlich die Hand aus der Kuh herauszog, hatte ich kalten Schweiß auf Stirn und Rücken vor lauter Stress, und mein Herz raste. Die Kuh stand derweil gelangweilt herum und fraß aus ihrem Futtertrog, als wäre mein Abenteuer alltäglich. Meinen Ritterschlag erhielt ich, als die Kuh locker den Schwanz bewegte, um einige Fliegen abzuwehren. Nur leider stand ich im Weg, und der olivgrüne Pflanzenbrei, mit dem ich beim Ausräumen den Kuhschwanz verschmiert hatte, hatte eine weitere deutlich sichtbare Spur quer über meiner Arbeitskleidung hinterlassen. Am Oberarm, dort wo der Handschuh aufhörte, hatte der Kuhschwanz einen zusätzlichen, zarten braun-grünen Ring um meinen Ärmel gemalt.

«Damit», sagte Dieter lachend, «hast du gleich auch noch deinen Besamungsorden erhalten.» Als ich ihn ratlos ansah, fügte er hinzu: «An dem grünen Rand erkennen sich die Besamer.»

Zu meiner eigenen Überraschung ekelte ich mich kein bisschen vor den Ausscheidungen, ehrlich gesagt, hatte ich gar keine Zeit für solche Feinheiten gehabt.

Heute lache ich über solche Missgeschicke, aber bei meinem ersten Griff in den Hintern einer Kuh war mir dieser grüne Pflanzenbrei noch ziemlich fremd.

Am Nachmittag durfte ich gleich weiter mit anpacken und Dieter bei der Kastration der Katzen und Hunde zur Hand gehen. Einige der Patienten durfte ich sogar untersuchen, sofern der Besitzer damit einverstanden war. Immer wieder erinnerte Dieter mich an das bereits an der Uni gelernte Schema: Erst den Patientenbesitzer fragen, was ihm aufgefallen ist, dann das Tier beobachten, danach abtasten und die Haut spüren, schließlich Temperatur messen und zum Schluss abhören.

«Danach überlegen wir gemeinsam, was wie in diesem Körper wohl falsch laufen könnte. Bei dieser Erstdiagnose versuchen wir, andere ähnliche Krankheitsbilder auszuschließen», legte Dieter mir die Vorgehensweise noch einmal dar, während ich gerade eine Katze untersuchte.

«Sollte dabei Bedarf an weiteren Untersuchungen wie Labor, Ultraschall oder Röntgen bestehen», vervollständigte ich seine Erklärungen, «überlegen wir, welche einerseits am wirtschaftlichsten ist und schnellstens die nötige Erkenntnis bringt und welche andererseits für das Tier am schonendsten ist.»

«Ganz genau», lobte er mich.

Wie schon damals bei Dr. Burrer musste ich auch bei Dieter feststellen, dass mir die Bauern weit mehr lagen als die Menschen, die in die Kleintierpraxis kamen.

Letztere sind oft viel schwerer einzuschätzen als die Landwirte. Da der Besitzer mit seinem kranken Tier zum Arzt kommt und nicht umgekehrt, kann die Umgebung, außer bei Hausbesuchen, nichts über den Menschen aussagen. Besitzer von Kleintieren kommen in der Regel eher selten in die Praxis und fühlen sich vielfach fremd und unwohl. Ihr Besuch erfolgt meist nicht freiwillig, sondern hat einen dringenden Anlass. Die Umgangsform mit den Tierbesitzern in der Praxis ist viel distanzierter als auf den Höfen. Vertrauen kann nun mal nur durch wiederholte Erfahrungen wachsen, das ist in der Kleintierpraxis im Grunde ausschließlich bei Besitzern von chronisch kranken Tieren der Fall.

Die unterschiedlichen Erwartungen der Tierbesitzer an den Arzt, ihre jeweilige Weltanschauungen und die alles andere als einheitliche Bereitschaft, für das Tier Geld auszugeben, erwiesen sich als nur schwer einschätzbar. Der eine wollte seinem Hund nur das Nötigste an Behandlung zukommen lassen, obwohl das Tier dringend mehr Hilfe gebraucht hätte – und auch genügend Geld vorhanden zu sein schien. Ein anderer würde sein letztes

Hemd für seinen kleinen Liebling geben, auch wenn ihm selbst fast nichts mehr zum Leben blieb.

Das war in Dieters Praxis nicht viel anders als damals bei meinem ersten Lehrmeister. Ich erinnerte mich noch sehr gut daran, wie Dr. Burrer mich als Antwort auf meine verzweifelte Frage, wie ich denn herausfinden könne, was der Tierbesitzer wolle, in die Geheimnisse des richtigen Fragens eingeweiht hatte. Geschicktes Fragen, so lernte ich damals, war jedoch auch zur Vorgeschichte des Patienten und zur Diagnose der Krankheitssymptome erforderlich.

Mein Lehrer ging unglaublich geschickt und sehr einfühlsam mit den Besitzern seiner Patienten um. Da dachte ich immer, ein Tierarzt müsse nur mit den Tieren vorsichtig umgehen, dabei waren die Herrchen und Frauchen genauso sensibel zu behandeln. Manchmal war das Tier sogar einfacher im Umgang als der Besitzer. Bei jedem Menschen, der das Behandlungszimmer betrat, waren eine andere Stimmung, andere Umgangsformen und ein anderer Preisrahmen zu spüren. Dr. Burrer wechselte binnen Sekunden zwischen der Rolle des Wissenschaftlers, der schwierige lateinische Fachausdrücke verwendet, und jener des vertrauten, verständnisvollen Familienfreundes, der Dialekt redet und so Nähe herstellt. Wann welche Rolle richtig war, konnte ich damals nicht herausfinden, und auch Dieter beherrschte es meisterhaft, auf die Bedürfnisse der Tierhalter einzugehen. Wieder einmal merkte ich, dass ich noch vieles lernen musste, was nicht an der Uni gelehrt wird.

Die Krankheitsbehandlung war offensichtlich nicht die einzig wichtige Kunst, die ein Tierarzt beherrschen sollte. Weder Dieter noch Dr. Burrer erschienen mir unehrlich dabei, vielmehr versetzten sie sich in die Lage des Menschen und blieben trotzdem bei ihrer Meinung und ihrem Behandlungsvorschlag. Allerdings erforderte es manchmal die Fähigkeiten eines Animateurs, den Tierhaltern zu vermitteln, dass die empfohlene Therapie für den kleinen Patienten dringend notwendig war.

Ich vermutete damals, was sich übrigens bestätigen sollte, dass mich dieses Eingehen auf mir sehr fremde Lebenseinstellungen, das ich in einigen Fällen durchaus als Verbiegen empfand, später im Beruf ziemlich schwerfallen würde. Ich konnte das, keine Frage, aber ich wollte mich nicht so verkaufen. Dass die größere berufliche Sicherheit und die Lebenserfahrung mir später den Weg weisen würden, anderen Menschen meine ehrliche Meinung auf verträgliche Weise nahezubringen, ohne mich allzu sehr zu verbiegen, konnte ich damals noch nicht ahnen.

Jedenfalls haben Dieter und Dr. Burrer den Grundstein gelegt, dachte ich, als ich meine Runde um die Koppel beendet hatte, und dafür bin ich ihnen heute noch dankbar.

Ich ging zurück ins Haus, wo Jutta tatsächlich immer noch mit ihrer Schwester telefonierte, und holte einen Karton mit alten Unterlagen und Fotos hervor. Versonnen kramte ich in den Bildern und Dokumenten und tauchte wieder mal ab in die Vergangenheit. Es sollte eine lange Reise werden, auf der mich ein guter Wein begleitete.

Ein Hund wird krankgeschrieben

Meine Gedanken wanderten zu Rolf Clemen, der in Bad Berleburg im Rothaargebirge mit seiner Frau Heidrun und den Kindern lebte und eine gutgehende Praxis hatte. Der Mediziner, den mir Freunde vorstellten, war mir von Anfang an sympathisch, denn wir waren beide politisch den Grünen zugeneigt und machten uns Sorgen um unsere Umwelt. Ich bat ihn darum, mich «scharf» und damit fähig zu machen, alleine zu behandeln und den Tieren nicht zu schaden, sondern ihnen zu helfen. Mit meiner amtlichen Zulassung als praktizierender Tierarzt, der Approbation, hätte ich durchaus sofort als Tierarzt arbeiten und theoretisch sogar eine eigene Praxis aufmachen können. Doch ich war mir sicher, dass es absolut unverantwortlich wäre, wenn ich ohne einen erfahrenen Kollegen an der Seite auf die Tiere losginge.

Rolf hatte auch eine Gemischtpraxis, und sowohl die Kleintier- als auch die Großtierpraxis waren sehr erfolgreich. Erst durfte ich ihm über die Schulter schauen, bis er mich eines Tages alleine zu meinem ersten Großtiereinsatz schickte. Über das Funkgerät war er jederzeit für eventuelle Fragen erreichbar, und diesen doppelten Boden brauchte ich auch, sonst hätte ich es nicht gewagt, die Verantwortung zu tragen.

Einen Lohn für meine Tätigkeit erwartete ich nicht, denn ich war froh, so viel Wissen und Vertrauen geschenkt zu bekommen, außerdem brauchte ich für das Zimmer im Haus und fürs Essen nichts zu bezahlen. Zwischendurch arbeitete ich immer wieder für Speditionen als Lkw-Fahrer, um mich finanziell über Wasser zu halten. Diesmal erhielt ich dafür, obwohl ich es erst nicht annehmen wollte, mein erstes als Tierarzt verdientes Geld. Ich war echt stolz. Bei jedem Besuch befürchtete ich, auf einen Fall zu stoßen, den ich noch nicht beherrschte, aber mit jedem erfolgreich behandelten Patienten wurde ich sicherer. Als Gegenleistung half ich Rolf bei der Baustelle seines kleinen Stalles für seine zwei Pferde. Das konnten wir im Sommer nachmittags zwischendurch machen, wenn in der Praxis nicht so viel los war.

Das Pendeln von Gießen ins Rothaargebirge und zurück war für mich die reine Freude, denn ich legte die Strecke, wann immer es ging, mit meiner rotlackierten BMW R 26 zurück, mit der kein Weg unangenehm war. Ich hatte das Motorrad, das zwei Jahre älter war als ich, selbst wieder fahrbereit gemacht, und bis auf so manche sich lockernde Schraube, die ich unterwegs auf der Landstraße verlor, bereitete sie mir keinen Kummer.

Der einzige Haken an dem Job bei Rolf war aus meiner Sicht die Kleintierpraxis. Ich wusste noch von Dieter, dass dort mehr Umsatz in kürzerer Zeit gemacht werden konnte als mit den Bauern. Kleintiere kommen in die Praxis, Nutztiere müssen besucht werden, auch wenn der Weg oft weit und beschwerlich ist. Da die meisten Landwirte nicht so gut verdienen, stuft die Gebührenordnung für Tierärzte die Behandlung nicht so hoch ein wie die gleiche Tätigkeit bei Heimtieren. Deshalb ist eine Kleintierpraxis eine sinnvolle Ergänzung für einen Tierarzt, um wirtschaftlich zu überleben. Ich merkte jeden Tag, dass ich nur mit innerem Widerstand in die Kleintiersprechstunde ging und viel lieber doppelt so lange bei den Bauern gearbeitet hätte.

Es war und ist nun mal so: Ich fahre gerne Auto, finde mich leicht in einem unbekannten Gebiet zurecht, bin nur sehr ungern in geschlossenen Räumen, packe gerne kräftig zu und mag frische Luft – dafür nehme ich jedes Wetter in Kauf. Vielleicht liegt mir die Bezeichnung «Großtierpraktiker» ja auch nur deshalb, weil ich mit meinen 1,93 Metern nicht gerade klein bin. All das spielt sicher eine Rolle, am wichtigsten für mich ist aber der Charakter der meisten Bauern. Hier gilt die eigene Ehre und das dem anderen gegebene Wort sowie die Gewissheit, wenigstens die Welt um dem eigenen Hof herum zu verstehen und zu bewältigen. Wenn ich einem Bauern die Hand gebe und meine zarte, feinfühlige Hand in der Pranke eines bewährten Mannes liegt, dessen unfassbar dicke Hornhaut in der Handinnenfläche die Geschichte aller bewältigten Arbeit dieses Lebens erzählt, fühle ich mich manchmal ganz unbedeutend. Von solchen Händen war ich von Anfang an schwer beeindruckt und bin es noch heute. Allerdings haben die Bauern inzwischen seltener solche Schwielen, weil Maschinen in der Landwirtschaft eine riesige Bedeutung erlangt haben. Ich habe in den über fünfundzwanzig Jahren als Tierarzt viele Bauern kennenlernen dürfen, die noch genau wussten, wie die Arbeit auf dem Hof von Hand gemacht wird, und die teilweise auch im hohen Alter noch entsprechend starke Muskeln hatten.

Eines Tages schickte Rolf mich zu einem kleinen Nebenerwerbsbetrieb, also zu einem Bauern, der wie damals üblich tagsüber in einer Firma arbeitete und die Arbeit auf dem Hof zusätzlich ableistete. Als ich in die Einfahrt einbog, scharrten Hühner auf der abschüssigen Wiese in der Sonne, und zwei Mastschweine grunzten zufrieden in ihrer Bucht. Die fünf Kühe standen heute nicht auf der Weide, sondern im Stall, denn eine hatte in der vergangenen Nacht ein Kalb geboren.

«Die Nachgeburt ist nicht zu sehen», erklärte mir der Bauer, nachdem ich mich vorgestellt hatte.

«Vermutlich hat sie sich nicht von der Gebärmutter gelöst. Ich werde gleich mal nachsehen und sie herausholen», sagte ich.

Rasch zog ich zwei lange Handschuhe an, wusch die Kuh an der Scheide ab und schob meine Hand mit Hilfe von Gleitgel vorsichtig in die Kuh. Ich tastete und tastete, aber da war keine Nachgeburt mehr. Ich untersuchte noch tiefer – nichts. Kühe beseitigen dieses Zeugnis einer gerade vollbrachten Geburt öfter mal, indem sie es vertilgen, obwohl sie sonst nur Pflanzen fressen. Hauptsache, kein Raubtier findet den Hinweis auf ein Jungtier, das noch nicht schnell rennen kann. Dafür erträgt Mama auch mal einen Tag mit Durchfall. Diese Kuh aber war über Nacht vorne mit einem Halsriemen angebunden und konnte sich gar nicht umdrehen, weshalb sie nicht an die Nachgeburt herangekommen sein konnte. Ebenso wenig wie ihre Stallgenossinnen.

«Wo könnte die Nachgeburt noch sein?», fragte ich den Bauern und überlegte angestrengt, was vorgefallen sein könnte. «Gibt es hier auf dem Hof einen Hund?», erkundigte ich mich dann. Eigentlich eine blöde Frage, denn kein Hund lässt sich die Gelegenheit entgehen, einen Tierarzt anzubellen.

«Wir haben einen Hund», antwortete der Bauer, «aber der ist lange nicht groß genug, um so eine Menge Nachgeburt zu fressen. Auch wenn sie noch so lecker ist.»

Ich versuchte es anders. «Gibt es vielleicht einen anderen Hund, der in den Stall gelangen kann?»

«Nein, der nächste Hof ist zu weit weg.»

«Wo ist denn Ihr Hund im Augenblick?», fragte ich nach.

Der Bauer und seine Frau schauten sich an. Beide hatten den Hund seit dem Melken am frühen Morgen nicht mehr gesehen, was sehr ungewöhnlich war, und plötzlich kam nicht nur bei mir ein leiser Verdacht auf.

Der Hof war nicht groß, und da ich es nicht eilig hatte, suchten wir gemeinsam nach dem Helden, den wir in der Scheune entdeckten. Er lag auf dem Rücken und bewegte sich nicht. Als wir näher traten, blinzelte der Hund, er war also lebendig. Ums Maul war er ganz verschmiert, weshalb ich sofort wusste, was da in seinem Magen so drückte. Der Bauch des Hundes war sehr stark geschwollen, weshalb er nur auffallend flach atmen und nicht mehr aufstehen konnte. Einen Tierarzt brauchte er jedoch nicht. Irgendwie kam mir der Zustand sehr vertraut vor, denn dieselben fürchterlichen Krankheitszeichen verspürte ich, wenn ich eine gute Portion meiner geliebten Käsespätzle gegessen hatte.

Nachdem der Verbleib der Nachgeburt geklärt war, lachten wir erleichtert los. Die Kuh war gesund, der Hund würde wahrscheinlich noch den ganzen Tag schwer krank und trotzdem sehr zufrieden sein.

«Ihr Held muss für den heutigen Tag wohl einen gelben Schein einreichen», scherzte ich. «Aber den stelle ich ihm in voller Überzeugung aus.»

Ich fuhr gerade vom Hof, als Rolf mich anfunkte und mich zu meinem nächsten Patienten lotste. Es ging um ein älteres Bullenkalb, Fresser genannt, das sehr stark abgenommen hatte und schon richtig mager war. Noch während ich es untersuchte und innerlich alle gefährlichen Krankheiten aufzählte, mit denen ich dieses Bild verwechseln könnte, hob das klapprige Tier den Schwanz und musste Kot absetzen. Nachdem es ungewöhnlich kräftig gepresst hatte, kam eine Masse heraus, die mindestens zur Hälfte aus Spulwürmern bestand. So viele Würmer habe ich während meiner ganzen Tätigkeit seither nie mehr gesehen. Absolut unfassbar, wie das Tier damit noch leben konnte. Da die

Diagnose damit feststand, gab ich dem armen Bullen die nötige Entwurmungsspritze und ein Mittel gegen Bauchschmerzen.

Der Bauer hatte so was auch noch nicht gesehen. «Jetzt können wir den armen Fresser liebevoll und reichlich aufpäppeln, um alles wiedergutzumachen», sagte er.

«Keine Sorge, dem jungen Herrn geht es bald wieder gut», sagte ich und verabschiedete mich.

Tatsächlich erwartete mich ein paar Wochen später bei der Routinekontrolle ein fast schon wohlgenährter Fresser. Unglaublich, was Tiere manchmal noch ausheilen können.

Je mehr Rolf mich zu den Bauern fahren ließ, desto mehr Spaß hatte ich bei der Sache, und ich entwickelte zunehmend Selbstvertrauen. Eines Tages schickte er mich zu einem Bauern, der die Lage wie so oft umfassend beschrieben hatte. «Die Kuh frisst nicht», lautete der einzige Hinweis. Diese Diagnose leitete damals wie heute die meisten Anrufe ein.

Mal frisst die Kuh nicht, mal das Schwein, mal das Schaf und so weiter. Der Landwirt, dem das sonderbare Verhalten morgens und abends bei der Fütterung auffällt, will dem Tierarzt nicht vorgreifen und traut sich daher keine Diagnose zu. Erst im Gespräch vor Ort auf dem Hof beschreibt er den Fall und die Vorgeschichte genauer, und auf Nachfrage kommen sogar oft sehr genau beobachtete Symptome zur Sprache. Letztlich ist der Tierhalter unser wichtigster Hinweisgeber.

Damals bei dem Bauern war der Fall schnell klar. Die Kuh hatte vor acht Wochen ihr Kalb zur Welt gebracht und wollte auf einmal kein Kraftfutter nicht mehr fressen. Wir besprachen die Krankheitszeichen, und nach der eingehenden Untersuchung des Körpers machte ich zusätzlich einen Urintest. Dazu musste ich mit einem Katheter erst mal Urin gewinnen, ehe ich diesen mit einem Teststreifen prüfen konnte. Das Anzeigefeld des Streifens verfärbte sich sofort dunkelviolett. Damit war klar: Die Kuh hatte ihren Energiebedarf nicht ganz decken können, weshalb sie aus dem Körperfett Energie gewinnen musste. Da sie trotzdem weiterhin Milch bildete, hatte sich ein Vergiftungszustand verschärft.

Bei der Umwandlung von Fett in Zucker in der Leber bleiben Moleküle übrig, die wir Ketonkörper nennen und die wie Aceton, also Nagellackentferner riechen. Diese Stoffe können nur langsam ausgeschieden werden und stauen sich bei anhaltender Produktion im Körper an, was im Extremfall zu zentralnervösen Störungen führen kann. Beim Menschen kann zu viel Aceton rauschähnliche Zustände hervorrufen. Die Bauern kennen diese Krankheit unter der Bezeichnung «Stoffwechsel». Dieses Wort steht hier nur für die Krankheit, nicht wie in unserer Alltagssprache für den gesamten Stoffumsatz im Körper.

Der Patientin konnte ich mit einer Infusion mit Glucose, Aminosäuren und einigen anderen Mitteln helfen, welche die Arbeit der Leber unterstützen. Schon gleich danach wirkte sie etwas frischer und munterer. Die Bauersfrau, die mir etwas Gutes tun wollte, gab mir zum Dank handgemachte Butter von der erfolgreich behandelten Kuh mit. Da die erkrankte Kuh immer noch Milch gab, hatte sie es nicht übers Herz bringen können, diese zu entsorgen. Die Molke gab sie den Schweinen, aber da sie vermutete, dass sich die Krankheit im Fett der Butter nicht mehr auswirkte, stellte sie diese unbesorgt her. Grundsätzlich eine prima Idee, nur sind Ketonkörper fettlöslich und halten sich daher in der Butter besonders gut.

Wieder zu Hause, stellte ich bei Heidrun in der Küche fest, dass die Butter die gesammelte Geschmacks- und Geruchskraft der Milch der kranken Kuh enthielt. Allein von dem Geruch wurde mir ganz übel. Die Butter war absolut ungenießbar, aber das konnten die netten Leute nicht wissen, denn sie hatten sie zuvor nicht probiert. Da ich nur ungern Lebensmittel fortwerfe, unternahm ich am Wochenende zu Hause in Gießen einen weiteren Versuch und erhitzte die Butter, um das reine Butterfett zu erhalten. Die Ketonkörper waren bei dieser Hitze schnell verdunstet, nur der eklige Gestank wollte eher widerstrebend aus dem offenen Fenster verschwinden. Als ich probierte, war der Geschmack genau wie bei normalem Butterfett leicht nussig, sonst war nichts mehr zu merken. So konnte ich mich an dem lieb gemeinten Geschenk doch noch erfreuen – und hatte Jutta wie jedes Wochenende viel zu erzählen.

Erste Erfahrungen als Assistent

Meine Kuh ist aufgelaufen!» So nennen Bauern die Pansenblähung.

Das hört sich erst mal lustig an, meint aber leider Böses. Es bedeutet nämlich, dass sich der Bauch der armen Kuh immer mehr aufbläht. Ohne schnelle ärztliche Hilfe kann sich ein so starker Gasdruck im Pansen entwickeln, dass das Tier nicht mehr richtig atmen kann und deshalb erstickt.

Der Pansen des Wiederkäuers ist derart wichtig für die Gesundheit der Kühe, dass ich mir manchmal vorstelle, der ganze Körper wäre nur zur Unterstützung der Pflanzenverdauung um den Pansen herum konstruiert. So wie Pferde für mich das Bild entstehen lassen, sie bestünden außer der Seele vor allem aus Beinen, die mit den Flügeln der Lunge beschwingt sind. Der Pansen reagiert extrem sensibel auf Futterwechsel oder Stress und ist daher sehr anfällig. Im Normalfall frisst ein Wiederkäuer in der Natur Gras, manchmal auch Blätter, Rinde oder ein paar Früchte. Wiederkäuer wissen oft so genau, was sie in welcher Kombination fressen sollten, dass sie sich ihre Futterpflanzen entsprechend aussuchen, wenn sie die Möglichkeit dazu haben. Auf kleineren Weiden und bei Stallhaltung ist die Möglichkeit zur Auswahl jedoch begrenzt.

Kuhweiden sind ursprünglich dort entstanden, wo kein

Ackerbau möglich war. War die Weide für Kühe zu mager oder zu unwegsam, hielt man Schafe darauf, die ganz zufrieden damit waren. Wo nicht mal mehr Schafe hinwollten oder konnten, da kletterten die Ziegen und pflückten sich die besten Kräuter und sogar Blätter. Und dort, wo nichts von alldem möglich war, ließen unsere Vorfahren Wald wachsen. So konnte das Land sinnvoll genutzt werden.

Heute haben wir in allen Bereichen gewaltige Fortschritte gemacht. Wir pflanzen Wald auf ehemals besten Ackerböden, wenn Ausgleichsflächen für große Baumaßnahmen gebraucht werden. Wir lassen die Tiere ihr Futter nicht mehr selbst pflücken, sondern setzen dazu beeindruckende Maschinen mit solidem Dieselverbrauch ein. Wir halten Kühe in aufwendigen Ställen, statt auf bewährtes Wissen aus Hunderten von Jahren zurückzugreifen und die Ställe nur für die harte Winterzeit bereitzustellen. Dafür muss der Kot später mit viel Arbeitsaufwand dort hingebracht werden, wo er sonst von alleine gefallen wäre.

Kühe erhalten heute maschinell kleingehäckseltes Futter, das so gut vermischt wurde, dass sie nichts mehr aussortieren können. Zusätzlich scheint die moderne Kuh unbedingt Schrot von genmanipulierten Sojabohnen zu benötigen, für deren Anbau wir, modern wie wir sind, unbedingt Regenwald in Südamerika abholzen müssen. Dieses «fortschrittliche» Futter führt zu vielen Krankheiten, gegen die wir viele fortschrittliche Futterzusatzstoffe und tiermedizinische Behandlungen entwickelt haben. Nur so können die Kühe von heute so viel Milch geben, dass sie im Durchschnitt schon nach drei Laktationen (das sind die Phasen nach der Geburt), in denen sie Milch geben, also mit ungefähr fünf Jahren, geschlachtet oder eingeschläfert werden.

In den meisten Betrieben, die ich betreue, werden die Kühe

hingegen weit über zehn, manchmal sogar achtzehn Jahre alt. Obwohl unmodern, sind die Tiere genau deshalb wirtschaftlich, und die Bauern können von ihrer Haltung leben. Die vermeintlich fortschrittliche Art der Kuhhaltung ist unter anderem schuld daran, dass sich Kühe vorhalten lassen müssen, sie seien Mitverursacher der Klimaveränderung. Rinder, die so natürlich wie möglich gehalten werden, brauchen sich diesen Vorwurf bestimmt nicht anzuhören, da er dann nicht stimmt.

Die moderne Hochleistungskuh von heute würde bei reiner Weidehaltung ohne Zusatzfutter allerdings grausam verhungern, auch wenn sie noch so viel frisst. Ihr extrem hoher Bedarf an Energie und Eiweiß kann aus Gras nicht gedeckt werden. Die alten, inzwischen leider seltenen Haustierrassen haben diese Genügsamkeit noch, da sie ihr Futter viel besser verwerten als die modernen Kühe. Einzig deren Milchleistung ist ein enorm großer Fortschritt, denn die Mengen an Milch, die eine Kuh am Tag bilden kann, sind schier unfassbar.

Zu Beginn meiner praktischen Tätigkeit konnte ein Bauer mit Kühen, die eine vorübergehende Spitzenleistung von zwanzig Litern erbrachten, vor anderen auftrumpfen. Heute gilt dieser Wert als untere Leistungsgrenze, jenseits deren auch schon an mal ans Schlachten gedacht werden muss, weil sich dieses Tier in den meisten Betrieben nicht rechnet. Schon vor mehr als zehn Jahren habe ich mal eine Kuh betreut, die in ihrer Spitzenzeit mit einer Tagesleistung von dreiundsechzig Litern Milch glänzen konnte. Das Tier hat diese Höchstleistung deshalb so gut ausgehalten, weil es bei einem erfahrenen Züchter aufwuchs und stets aufmerksam betrachtet und verwöhnt wurde. Diese Menge Milch muss man sich mal in Wassereimern vorstellen. Mehr als drei Zehnlitereimer Milch hatte die Kuh bis zum Melken zweimal an Tag in ihrem riesigen Euter, das von außen gesehen nicht mal zehn Liter Inhalt vermuten ließ, weil der Rest des Euters bei Kühen an der Bauchwand unsichtbar verteilt ist.

Solche Kühe sind auch heute noch besonders, obgleich einige ganz besondere Tiere inzwischen weit über achtzig Liter Milch am Tag geben. Eine Kuh, die weniger Milch gibt, ist nicht nur weniger anfällig für Beeinträchtigungen ihrer Gesundheit, sondern auch weit weniger schädlich für die Umwelt. Schließlich lebt sie von nachwachsenden Rohstoffen und kann das um einiges besser und effektiver als jede sogenannte Biogasanlage, die den Pansen nur nachahmen will.

Ohne Zusatz von Sojaschrot fehlt den modernen Kühen jedoch Eiweiß. Früher haben die Landwirte statt dieser umweltbelastenden Saat das verfüttert, was ihr Land hergab und was auf Biohöfen den Wiederkäuern auch heute noch angeboten wird: Erbsen, Saubohnen, andere Hülsenfrüchte oder Luzerne. Letztere duftet als Grünschnitt genauso wie als Silage, dieses dem Sauerkraut ähnliche, konservierte saftige Winterfutter für die Kühe. Als Heu duften Luzerne und Klee sogar so gut, dass selbst der Kot der Kühe noch angenehm riecht.

In viel zu großen Mengen können frische Luzerne und andere Kleearten genauso wie anderes eiweißreiches Futter im Kuhpansen jedoch zu einer schaumigen Gärung führen. Der Schaum schwappt die ganze Zeit im Magen der Kuh umher und wird immer mehr. Irgendwann kann die Kuh den Druck nicht mehr durch Rülpsen abbauen, weil der Mageneingang nur dann die Tür freigibt, wenn entweder richtiges Gas oder ein Ballen Futter zum Wiederkäuen davor wartet. Steht dagegen bloß schaumiger Panseninhalt vor dem Magenpförtner, ist keine Erleichterung möglich. Der im Pansen entstehende Druck kann tödlich sein, wenn er nicht schnell abgelassen wird und ein schaumhemmendes Mittel die Oberflächenspannung herabsetzt.

Für diesen Zweck verwende ich bestimmte Silikonöle, die ich der Patientin mit Wasser versetzt ins Maul schütte. Bald nachdem sie die Mischung geschluckt hat, platzen die vielen Schaumbläschen, woraufhin größere Blasen entstehen, die ebenfalls platzen, woraufhin das Gas über die Speiseröhre entweichen kann. Die allerletzte Maßnahme, wenn die Kuh beidseitig kugelrund aufgebläht dasteht oder liegt, ist ein spektakulärer Stich mit einem speziellen, dreißig Zentimeter langen Trokar. Dieses Instrument besitzt innen einen an der Spitze scharf angeschliffenen Metallstab, der exakt in eine dünnwandige, stabile Metallhülse passt. Zusammengesetzt ergibt das einen dicken Dorn, mit dem ich dann in der Hungergrube, die sich auf der linken Seite über dem Pansen befindet, wie mit einer Kanüle in den Pansen steche. Sobald ich den inneren Metallstab herausziehe, spritzt mit gewaltigem Druck und unter Sprudeln und Fauchen der schaumige Panseninhalt aus dem etwa drei Millimeter dicken Hülsenröhrchen. Nachdem der Druck etwas nachgelassen hat, kann ich in diesem Fall durch das Röhrchen das mit Wasser versetzte Silikonöl mit einer Spritze in den Pansen einbringen, und dann strömt bald hauptsächlich freies Gas heraus. Wenn der Druck im Bauch endlich richtig nachlässt, atmet die Kuh erleichtert auf.

Das Ganze hört sich kompliziert an und ist bei der heutigen, ganzjährig gleichbleibenden Futterzusammensetzung eher selten, aber damals bei Rolf waren wir häufiger damit konfrontiert.

Einen solchen Notruf erhielt ich auf meiner abendlichen Runde über das UKW-Funkgerät.

«Eine Kuh ist aufgelaufen. Da musst du sofort hin», sagte Rolf und gab mir die Adresse durch.

«Alles klar», sagte ich und wendete auf der Stelle.

Ein solcher Notruf bedeutet für einen jeden Großtierarzt,

dass er sofort alles stehen und liegen lässt, weil es um jede Minute geht. Zum Glück musste ich nur zwölf Kilometer weit fahren, und als ich den Hof erreichte, erwartete mich die komplette Familie voller Angst vor dem Stall.

«Wir waren auf den Wiesen zum Heumachen, daher wären wir fast zu spät auf die Not der Kuh aufmerksam geworden», erklärten sie mir.

Schon beim ersten Blick auf die Kuh wusste ich auch ohne lange Berufserfahrung, dass es allerhöchste Zeit war. Ich rannte zurück zum Auto, um den Trokar, ein Desinfektionsmittel für die Haut, eine Spritze und das Antischaummittel zu holen. Die Kuh stand noch, konnte aber nur ganz schnelle, kurze Atemzüge machen, weil ihr Bauch links und rechts extrem aufgebläht war. Starr vor Angst und Not stierte sie vor sich hin und bekam fast nichts mehr von ihrer Umwelt mit. Zeit für eine örtliche Betäubung blieb mir nicht, ich musste die Kuh sofort anstechen, da die Atemluft nicht mehr ausreichte. Nicht mal das Fell konnte ich rasieren. Hygiene hin oder her, der Trokar musste rein, damit das Gas endlich entweichen konnte.

Mit einer Skalpellklinge machte ich einen kleinen Schnitt durch die dicke, zähe Lederhaut an der mächtig gewölbten linken Seite der Kuh, die davon schon gar nichts mehr mitbekam. Dann rammte ich den Trokar mit ganzer Kraft in die pralle Kugel, die der Pansen inzwischen war. Kaum hatte ich den Dorn herausgezogen, schoss zur Bestätigung, dass ich den Pansen getroffen hatte, aus der künstlichen Öffnung ein übelriechender Strahl an meinem Kopf vorbei in den Stall. Erst kam es mir so vor, als wollte der Druck gar nicht nachlassen, als würde genauso schnell neuer Schaum gebildet, wie alter rausspritzte. Nachdem ich aber die mit genügend Wasser verdünnte «Schaumbremse» mit einer langen Kanüle und dem nötigen Gegendruck durch den Trokar in den Pansen gespritzt hatte, trat immer mehr Gas und immer weniger Schaum aus der künstlichen Öffnung.

Die Patientin, die endlich wieder frei atmen konnte, bekam zum Abschluss noch eine Injektion mit einem schmerzstillenden und krampflösenden Mittel. Schließlich musste der verdorbene Brei aus dem Pansen noch die ganze Passage durch den Darm zurücklegen, anders kann er ja nicht raus. Das zwickt und schmerzt ganz schön, und das Tier hätte ohne Hilfe heftige Bauchschmerzen bekommen.

Als ich fertig war, atmeten wir alle auf. Ich hätte nicht erwartet, dass gleich die erste schaumige Gärung, die ich alleine behandelte, so extrem verlaufen würde. Jetzt aber hatte ich auch diese Feuertaufe hinter mir und brauchte in Zukunft bei einem ähnlichen Fall nicht mehr unsicher zu sein. Mit jeder bewältigten Not wächst schließlich auch das Vertrauen in die eigenen Fähigkeiten.

Die Bauersleute luden mich noch auf einen hofeigenen Apfelsaft ein, den wir im Stall im Stehen zusammen tranken. Danach fuhr ich zufrieden vom Hof und machte mich gleich auf den Weg zu meinem nächsten Patienten.

Nachdem ich Rolf beim Abendessen von der aufgelaufenen Kuh erzählt hatte, bekam ich von ihm dafür noch ein Lob und schlief daher in der Nacht besonders gut. Es wurde so langsam Herbst, und mittlerweile verdiente ich sogar schon etwas Geld, weil ich Rolf immer häufiger ablösen durfte. Das war für uns beide vorteilhaft, denn ich brauchte nicht mehr für die Speditionen zu fahren, um meinen bescheidenen Lebensbedarf zu decken, und er konnte auch mal ausspannen.

Selbstverständlich gehörte zur Vertretung des Chefs die Kleintiersprechstunde, und auch da gab ich stets mein Bestes – das war ich den Tieren schuldig.

Die Tage vergingen wie im Flug, zu tun gab es schließlich mehr als genug, und ehe ich mich's versah, war es Winter, und ich fühlte mich inzwischen richtig wohl bei der Arbeit.

Die wunderschöne Landschaft lag in prachtvollem Gewand vor mir, wenn ich über die Dörfer von einem Patienten zum nächsten fuhr. In Gießen war der Schnee meist grau und schmutzig, hier dagegen schaute ich auf die tief unter mir hängenden Nebelwolken, die das Tal verdunkelten, während hier oben die Sonne lachte. Die Fahnen des Raureifs verliehen den Zweigen weiße Flügel, und wenn ich tief einatmete, klebten die Nasenflügel vor Kälte ganz kurz zusammen.

Eigentlich ist mir jede Jahreszeit recht, wenn ich nur nach draußen darf. Die Unannehmlichkeiten des Winters sind mir aber willkommener als die brütende, schwüle Hitze im Hochsommer. Im Auto oder wenn sich die Luft im Stall kaum bewegt, heizt einem der Sommer deutlich schlimmer ein als am Baggersee. Der Hauptvorteil des Sommers liegt für mich darin, dass ich nicht so viele Schichten anziehen muss und mich deshalb leichter drehen oder bücken kann. Die Großtierpraxis bietet mir die Möglichkeit, jede Jahreszeit direkt zu spüren. Die Belohnung für die harte Arbeit draußen liegt nicht zuletzt an dem echten, direkten Erleben. Genau das brauche ich. Keine künstlichen Probleme, sondern die Sicherheit, in der Wirklichkeit des eigentlichen Lebens zu stehen. Nur im vollen Kontakt mit der Natur weiß ich, was tatsächlich wichtig ist.

All das zu erleben gab mir weitere Sicherheit im Beruf, worüber wir uns eines Abends am Küchentisch unterhielten.

«Ich fühle mich deutlich besser, auch wenn ich natürlich noch lange nicht so gut bin wie du», sagte ich.

Da zeigte er mir auch die andere Betrachtungsweise. «Stell dir mal vor, die Vertretung wäre besser als der Chef und der arme

Kerl müsste sich immer mal wieder anhören, wie toll sein Zögling dieses oder jenes Problem gelöst hat. Na, vielen Dank auch!», sagte er ehrlich und lachte.

Aber zum Glück standen die natürlichen Verhältnisse dagegen, denn der Jungspund sollte dem Platzhirsch gewiss nicht die Schau stehlen und konnte das logischerweise auch noch lange nicht. Dennoch hatte ich inzwischen schon viele schwierige Situationen gemeistert. An jenem Abend redeten wir auch über meinen Wunsch, als Praxisvertreter in ganz Deutschland meine Wanderjahre abzuleisten, entweder als Urlaubs- oder Krankheitsvertretung.

«Im Grunde kann man dich allmählich mal auf den Rest der Menschheit und Tierwelt loslassen», sagte er grinsend.

«Für mich kommt aber erst mal nur eine Krankheitsvertretung in Frage», sagte ich.

«Warum nicht? Probiere es einfach aus», redete er mir Mut zu.

Die Vertretung im Krankheitsfall erschien mir aus mehreren Gründen sehr attraktiv. Zum einen war der Chef mit seinem gebrochenen Arm oder Bein oder was auch immer anwesend und als Berater greifbar. Zum anderen betreut er den Vertreter, der ihn in allen Funktionen ersetzen soll, viel intensiver als ein vielbeschäftigter Mediziner seinen Assistenten. Nicht zuletzt hat so ein plötzlich stillgelegter Schwerstarbeiter viel Zeit, was er gar nicht gut verträgt, deshalb wird er der Aushilfe schon im Interesse seiner Kunden intensiv unter die Arme greifen und seine speziellen Kenntnisse gerne auspacken, wenn sie gebraucht werden.

«Mach ich», sagte ich, denn so konnte ich mir meine nächsten Schritte auf dem Weg zur eigenen Praxis gut vorstellen.

Ich sollte den Entschluss nicht bereuen, denn dank meiner Wanderschaft durfte ich herausfinden, dass es in unserer Heilkunst sehr viele unterschiedliche Möglichkeiten gibt, Gesundheitsstörungen zu behandeln. Ein Antibiotikum, das in einer bestimmten Gegend bei einer bestimmten Krankheit sehr gut hilft, wirkt fünfhundert Kilometer weiter kaum. Da die Tierhaltung und Fütterung und damit auch die Ursachen für Störungen je nach Region sehr verschieden sind, lernte ich im Laufe der Zeit immer mehr Wege zur Heilung kennen – und davon profitiere ich bis heute.

Lehr- und Wanderjahre

Bevor ich mich aber guten Gewissens für Vertretungen anbieten konnte, musste ich meine Fertigkeiten in künstlicher Besamung auffrischen. Rolf ließ diese durch einen Besamungstechniker durchführen, daher hatte ich bisher kaum Erfahrung damit – von meinem Praktikum bei Dieter und meinem Studium einmal abgesehen. An der Uni hatten wir das Thema sehr gründlich durchgenommen, zunächst in einer ausführlichen theoretischen Abhandlung, bei der es um Fragen à la «Wie kommt das Sperma von dem riesigen Zuchtbullen in das kleine Röhrchen, das in flüssigem Stickstoff ganz lange aufbewahrt werden kann?» ging.

Anschließend teilte man uns in kleinen Gruppen zur praktischen Übung ein, die mit der Präsentation der künstlichen Scheide für den Bullensprung anfing, mit der das Sperma des Spenders aufgefangen werden kann. Danach zeigte man uns eine künstliche Kuh, auf die der Bulle springen sollte. Das Gerät sah aus wie das Pferd, das wir in der Schule im Sportunterricht für den Bocksprung benutzt hatten, nur viel größer. Alles klar, dachte ich damals, das war sehr interessant. Vielen Dank und tschüs. Dabei kam jetzt erst die Hauptsache, denn jede Gruppe sollte den Sprung eines Zuchtbullen mit eigenen Augen erleben. Und nicht nur das: Wir sollten ihm die künstliche Scheide anbieten und dafür sorgen, dass er sie auch traf.

Das mag sich vielleicht einfach anhören, ist es aber nicht. Dazu muss man wissen, dass die Bullen, die wir in Gruppen auf den Weiden stehen sehen, alle noch kleine Jungs sind, die meist schon im Alter von knapp zwei Jahren geschlachtet werden, damit wir ihr Fleisch essen können. Nur die allerbesten – und das sind die wenigsten – werden zur Zucht ausgewählt, und wenn die Stiere ausgewachsen sind, wiegen sie meist eine Tonne oder mehr. Wird einer dieser sympathischen Verehrer nun zuerst an einer brünstigen Kuh vorbeigeführt, die für den Bullen lecker riecht, und er bekommt wirklich Lust auf den Deckakt, dann ist diese Naturgewalt für den unerfahrenen Studenten anfangs nur sehr schwer zu ertragen.

Unsere Ausbilder bereiteten uns jedoch gründlich vor, nur leider wählten sie ausgerechnet mich als Freiwilligen aus. Als Fänger eingeteilt, sollte ich mich etwa zwei Meter neben das Bockgestell stellen und warten, bis ein Pfleger den Stier am Halfter und zur Sicherheit mit einer Führstange am Nasenring zu der künstlichen Kuh führte.

«Genau in dem Moment, wenn der Stier auf den Bock aufspringt, achtet er nicht so sehr auf den Menschen», erklärte mir der ältere Herr, der sich damit auszukennen schien. «Diesen Augenblick musst du nutzen. Du näherst dich ihm mit ruhigen Bewegungen, ergreifst entschlossen seinen Penis und beförderst ihn in sein Ziel.»

Ich nickte nur, während die anderen Studenten grinsten.

«Dabei musst du unbedingt darauf achten, dass du den Bullen ja nicht erschrickst oder ihn gar an seinem besten Stück verletzt», erklärte er weiter. Den Schutz der Tiere legte man uns an der Uni mehrfach mit Nachdruck ans Herz.

Ich hatte die Theorie verstanden und wartete am richtigen Punkt. Noch war ich ganz ruhig.

«Du hast Glück, dass du mit Paul üben darfst. Das ist unser ruhigster Stier, nur ein bisschen groß vielleicht», hatte der Pfleger zu mir gesagt, ehe er das Tier holen ging.

Doch ehe ich über den letzten Teil des Satzes nachdenken konnte, ging auch schon die große Tür in dem hohen Raum auf, und der Pfleger trat mit einem riesigen Stier auf mich zu, der Schaum kaute, während er laut prustete und vernehmlich schnaubte. Je näher die beiden kamen, desto größer erschien mir der Stier. Kurz vor dem Bock erhoben sich blitzartig mehr als eintausend Kilo Muskelmasse auf die Hinterbeine, und der Kerl legte sich mit der vorderen Körperhälfte auf die Ersatzkuh, sodass nur noch die Hinterbeine auf dem Boden standen. Ich hätte längst neben dem Monster stehen sollen, aber meine schlackernden Beine wollten einfach nicht auf das Kommando meines Gehirns hören. Tierschutz ist ja schön und gut, schoss es mir durch den Kopf, aber wie sieht das mit dem Studentenschutz aus? Immerhin rannte ich nicht laut schreiend davon – ich hatte ohnehin keine Stimme mehr –, sondern spulte tatsächlich die vorher genau beschriebenen Bewegungen ab, auch wenn die Kommandos meine Beine mit Verzögerung erreichten.

Ich sollte nun also den aus meiner Perspektive riesigen Penis in die vorgewärmte und mit Gleitgel versehene künstliche Scheide einführen. Angesichts einer ganzen Tonne entfesselten Muskelfleisches den Penis in die Hand zu nehmen war jedoch alles andere als einfach – und romantisch schon gar nicht. Ich musste mich beeilen, denn so ein Bulle führt beim Geschlechtsakt nur ein paar wenige Stöße aus. Für mich war die Situation der reine Stress, und ich hatte richtig Angst, nicht nur Respekt. Letzten Endes konnte ich die künstliche Scheide mit meinen zitternden Händen nur im letzten Moment über den Penis schieben und genügend Sperma auffangen, aber dem Stier war das völlig egal. Ich hatte eher den Eindruck, dass er über seinen Job als unser Versuchsstier nicht unglücklich war, zumal er länger leben durfte als ein Mastbulle. Unsere Übungsbullen waren natürlich keine wirklich wertvollen Vererber für die Zucht, sondern wurden extra für uns Studenten gehalten.

Nach der Aufregung ging es ins Labor, wo wir das Sperma unter dem Mikroskop auf mögliche Defekte oder Schwächen untersuchen sollten. Im Streitfall kann so die Qualität des jeweiligen Bullen und seines wertvollen Produktes überprüft und nachgewiesen werden. Wir wussten schon aus der Vorlesung, dass das gewonnene Sperma in ganz exakt einzuhaltenden Schritten bis auf minus einhundertsechsundneunzig Grad Celsius heruntergekühlt werden musste. Davor wurde das Sperma allerdings verdünnt, mit Nährstoffen angereichert, mit einem gut verträglichen, natürlichen Frostschutzmittel versetzt, um dann portioniert in beschriftete Kunststoffröhrchen, Pailletten genannt, abgefüllt zu werden. Tut man dies nicht, bedeutet die Reise in den flüssigen Stickstoff, der solche tiefen Temperaturen ermöglicht, für das Sperma eine Reise in den Tod.

Rolf hatte damals so viel Arbeit, dass der Besamungstechniker ihm eine große Hilfe war. Für Dieter dagegen waren die Besamungen eine gute Ergänzung, weil er einen großen Anteil Milchvieh betreute und die Besuche auf den Höfen im Rahmen der Besamung oft auch eine gute Gelegenheit zur Behandlung von Krankheiten boten. Frei nach dem Motto «Wenn Sie schon mal da sind ...»

Diese einleitenden Worte höre ich auch heute noch sehr häufig, wenn sich ein Bauer nicht ganz sicher ist, ob bei einem seiner Tiere tatsächlich eine Krankheit oder nur eine harmlose vorübergehende Störung der Gesundheit vorliegt. Früh erkannt und behandelt, haben diese oft einen leichteren Verlauf, und die Heilung geht schneller vonstatten.

Um mein Wissen aufzufrischen, bat ich Dieter um Hilfe, der mich gern unterstützte.

«Besamungen musst du sehr gut beherrschen, sonst kannst du nur in ganz wenigen Praxen aushelfen», erklärte er mir.

«Würdest du mich wirklich noch mal ertragen?», fragte ich prompt zurück.

«Na klar», lautete die Antwort, «du brauchst das doch.»

Kurz darauf nahm ich wieder neben ihm auf dem vertrauten Beifahrersitz Platz und durfte fast jede Besamung durchführen, zu der er gerufen wurde, außer bei den ganz wertvollen Tieren. Ich bereitete alles bis zum entscheidenden Moment vor, platzierte das Besamungsbesteck dort, wo ich die Gebärmutter erreicht zu haben glaubte, und zog den Arm heraus, wobei ich das Besteck noch festhielt. Nun fasste Dieter in den Darm der Kuh und kontrollierte, ob ich alles richtig gemacht hatte. Erst dann drückte er auf den Dorn des Besteckes, woraufhin der kleine Spermatropfen in die Gebärmutter der Kuh floss. Damit konnten die Landwirte sicher sein, dass ich nicht auf ihre Kosten lernte, und die Kuh wurde mit größerer Wahrscheinlichkeit trächtig, als wenn ich ohne Erfolgskontrolle gearbeitet hätte.

Genau diese Sicherheit brauchte ich, um mich an die anstrengenden Praxisvertretungen heranzutrauen. Nach zwei Wochen, inzwischen beherrschte ich die häufig ausgeführte Tätigkeit fast im Schlaf, gab Dieter mir endlich grünes Licht für meine Wanderjahre.

Nun musste ich nur noch an die Tierärzte herankommen, die mich benötigten. Über Kollegen hatte ich von einem Fachtierarzt für Pharmazie erfahren, der Veterinärmedikamente vertrieb und mit seinen Kunden intensiv im Kontakt stand. Nebenbei vermittelte er Tierärzten in Not, etwa bei vorübergehender Arbeitsunfähigkeit, den passenden Ersatz. Damals gab es noch keine professionellen Vermittlungen für Praxisvertreter. Das Telefonat mit dem Inhaber der Firma dauerte nicht sehr lange, die Informationen waren schnell ausgetauscht.

«Ehrlich gesagt wäre es mir recht, wenn der Praxisinhaber für Rückfragen erreichbar wäre», teilte ich ihm als Erstes mit.

«Das klingt doch mal vernünftig», freute er sich über meine Vorsicht und befragte mich intensiv nach meiner bisherigen praktischen Tätigkeit.

Ich erzählte ihm von meiner Arbeit bei Rolf.

«Im Augenblick weiß ich keine Praxis, die für Sie in Frage kommen könnte, aber wenn Sie etwas Geduld haben, vermittle ich Ihnen gerne einen Job.»

Schon nach zwei Wochen klappte es mit der ersten Vermittlung, und auch nach deren Ende wandte ich mich weiterhin an die Pharmafirma, deren Service allen Beteiligten half. In den folgenden drei Jahren, die ich vor der Übernahme meiner jetzigen Praxis als Vertretungsarzt arbeitete, kam ich viel herum: Die Eifel, das Weserbergland, die Schwäbische Alb, das Fichtelgebirge, den Steigerwald und einige Gebiete im eher flachen Teil Bayerns durfte ich bereisen. So lernte ich die verschiedensten Formen der Landwirtschaft und der Tierhaltung gründlich kennen.

Mein erster Auftrag führte mich zu einem Kollegen am Fuß der Schwäbischen Alb, der schon neunundsechzig Jahre alt war und mit großer Energie seine Gemischtpraxis mit Schwerpunkt Nutztierhaltung führte. Später durfte ich diesem Tierarzt noch mehrmals aushelfen – so zeigt sich Zufriedenheit.

Der Mann musste wahrlich harte Zeiten durchgemacht haben, jedenfalls hatte er nicht die geringste Lust, ans Aufhören auch nur zu denken.

«Ist die schwere Arbeit für Sie denn nicht zu anstrengend?», fragte ich ihn am Abend des ersten Tages.

Er lachte nur und erzählte mir von seinen Anfängen. «Die Arbeit ist inzwischen sehr leicht», sagte er dann. «Schließlich habe ich heute ein geräumiges Auto, sogar mit Heizung. Das ist der blanke Luxus gegenüber früher. Außerdem habe ich endlich alle nötigen Instrumente und Medikamente zur Verfügung.»

«Wie meinen Sie das?», fragte ich nach.

«Sie können sich ja nicht vorstellen, wie armselig meine Ausstattung am Anfang war und wie oft ich improvisieren musste, um jene Ergebnisse und Heilungserfolge zu erhalten, die heute ganz selbstverständlich sind. Außerdem fasziniert mich die moderne Tiermedizin, mit der ich sogar in meiner schönen Kleintierpraxis Heimtiere behandeln kann.»

Ich hörte ihm aufmerksam zu.

«Wahrscheinlich können Sie, der Sie in diesem Luxus groß geworden sind, meine Erleichterung gar nicht nachempfinden, aber allein die Möglichkeit, eine Auszeit zu nehmen und einem Urlaubsvertreter die Praxis zu überlassen, das genieße ich in vollen Zügen.»

Anfangs fuhr er noch mit mir auf die Höfe, um mich seinen Kunden vorzustellen. Außerdem konnte ich ihm so am lebenden Objekt vorführen, wie ich mit Mensch und Tier umging. Bei dieser Gelegenheit überzeugte er sich auch davon, ob ich das für ihn so wichtige Auto sorgfältig behandelte. Eine Woche blieb er noch, dann verabschiedete er sich nach Teneriffa, hinterließ mir aber für den Notfall eine Telefonnummer. Die Kleintierkundschaft hatte der Kollege zum Glück zur Nachbarpraxis geschickt, sodass ich nur die Großtiere betreuen musste.

Seine Frau hielt unterdessen zu Hause die Stellung und den Vertreter – also mich – unter Kontrolle. Sie unterstützte mich, indem sie mir per Funkgerät all jene Aufträge meldete, die nach Beginn der Vormittags- oder Abendtour eintrafen, wenn ich schon unterwegs war. Dies war damals die einzige Möglichkeit, den Tierarzt draußen zu erreichen, denn nicht mal auf der Hälfte der Höfe gab es in jenen Tagen ein Telefon. Da es im Notfall oft schwierig war, mich telefonisch zu erreichen, empfand ich das Funkgerät als große Hilfe.

Nach ungefähr zehn Tagen musste ich die Notfallnummer auf Teneriffa zum ersten Mal anrufen, obwohl ich es unter allen Umständen hatte vermeiden wollen. Aber bei der hustenden Kuh, die ich behandeln sollte, wusste ich einfach nicht mehr weiter. Als ich in den Stall kam, wo mir der Bauer die Patientin zeigte, schlug mir feuchtwarme Luft entgegen. Nur wenn die Tür aufging, konnte ich die Kälte am entstehenden Dampf erkennen. Die Kuh stand schwer atmend da, hatte schon richtig Atemnot.

«Seit gestern ist sie krank, aber man hofft ja doch immer, dass die Unpässlichkeit schnell vorbeigeht. Nun hab ich Sie heute aber doch bestellen müssen», sagte er.

Die arme Kuh kämpfte mit dem ganzen Körper, um gerade eben nicht zu ersticken.

«Ich werde erst mal Fieber messen», sagte ich und begann mit der Behandlung.

Das Thermometer zeigte 41,9 °C, und als ich der Patientin beim Abhören der Lunge vertraulich eine Hand auf den Rücken legte, war ich schockiert. Die Kuh hatte unter der Haut am Rücken extrem viel Gas eingelagert, das laut und vernehmlich knisterte, sobald ich mit der Hand darüberfuhr. Letzteres war das sichere Zeichen für eine ganz schlimme Krankheit, Rauschbrand oder auch Gasbrand genannt, die früher viele verletzte Menschen und Tiere als Kriegsfolge ertragen mussten. Nicht wenige starben daran, weil es seinerzeit noch kaum passende Antibiotika gab.

Zuallererst musste ich der Kuh helfen, dass sie wieder besser atmen konnte, also spritzte ich ihr ein stark abschwellendes und entzündungshemmendes Mittel, kombiniert mit einem hochdosierten Antibiotikum, nacheinander direkt in die Blutbahn. Dann hieß es erst mal abwarten.

Nach ein paar letzten Anweisungen für den Bauern machte ich mich auf den Weg, da der nächste Patient, ein neugeborenes Ferkel mit schweren Quetschwunden, bereits wartete. Auf der Heimfahrt nach dem Ende meiner Tour kamen mir allerdings Zweifel, ob meine Behandlung bei der Kuh mit Gasbrand ausreichend war. Da ich nicht darauf vertrauen konnte, dass am nächsten Tag alles gut wäre, entschloss ich mich nach langem Überlegen, die Urlaubsruhe des Kollegen zu stören.

Interessiert hörte der Kollege meinen Bericht an. «So ein Gasödem habe ich in meiner ganzen Laufbahn höchstens zwei-, vielleicht dreimal erlebt», sagte er dann. «Da keine größere Verletzung mit faulem Fleisch vorliegt, hat sich die Atemluft vermutlich aufgrund des enormen Widerstandes beim Ausatmen über die Lymphbahnen bis unter die Rückenhaut gepresst. Sie haben auf jeden Fall das Richtige getan. Bis morgen müsste sich der Zustand der Kuh daher deutlich gebessert haben.»

«Ich danke Ihnen sehr, und bitte entschuldigen Sie die Störung», sagte ich und verabschiedete mich.

Kurz vorm Einschlafen musste ich noch einmal an das leidende Tier denken. Bei Atemnot kann ich vor lauter Mitempfinden oft selbst nur noch ganz flach atmen, ebenso wie bei Verletzungen am Auge eines Tieres die meinen oft ebenfalls tränen. Je häufiger ich über die Krankheitszustände meiner Patienten nachdenke, umso mehr kann ich mir diese am eigenen Körper vorstellen, da ich mich in die Rolle des Leidenden versetze. Die Art, wie das Tier dasteht oder liegt, wie es atmet und die Muskeln anspannt oder locker lässt, hilft mir, seine Leiden besser zu verstehen. So kann ich noch gezielter helfen.

Die Vormittagstour am nächsten Tag führte mich als Erstes zu meinem Sorgenkind. Die Kuh war noch krank, stand aber nicht mehr kurz vor dem Tod und atmete erheblich leichter. Das Gas war zwar immer noch da, aber dank der Unterstützung durch den Praxisinhaber konnte ich dem Besitzer erklären, dass es noch ungefähr eine Woche dauerte, bis es ganz verschwand. Das Knistern unter der Haut war schon weniger geworden, das war ein gutes Zeichen. Der Bauer fand den unglaublichen Zustand gar nicht so besonders, für ihn hatte die Kuh eben eine Lungenentzündung, und damit hatte es sich. Schließlich ging es ihr jetzt besser. Das Knistern, das ihm rein gar nichts sagte, habe ich bis heute im Ohr. In sehr viel geringerer Ausprägung habe ich das später nur noch wenige Male bei Kälbern erlebt.

Ich unterstützte den Heilungsprozess weiter, und als ich nach einer Woche aus anderem Grund in dem Betrieb vorbeischauen musste, war bei der Kuh kein Knistern mehr festzustellen. Damit war sie vollständig ausgeheilt.

Ein Pferdebändiger und trächtige Jungkühe

Während meiner Vertretungszeit auf der Schwäbischen Alb durfte ich auch eine äußerst seltsame Begebenheit erleben. Ein erfahrener Pferdebesitzer rief mich an, weil eines seiner Pferde an einer mittelschweren Kolik litt. Der Mann hatte die Anzeichen sofort erkannt und konnte sie mir ganz genau schildern, weshalb ich mich sofort auf den Weg zu ihm machte.

Vor Ort konnte ich den extrem unruhigen Patienten, der immer wieder stechende Schmerzen hatte, gerade noch abhören und seine Temperatur messen, was beides die Diagnose klar bestätigte. Ab da stand ich vor einem Problem.

«Der Wallach akzeptiert auf normale Weise keine Spritzen», warnte der Besitzer mich vor.

«Kennt das Pferd denn eine Nasenbremse?», fragte ich. Das ist ein Holzgriff mit einer Schlinge aus einem kurzen Seil, das man um die Oberlippe des Pferdes legt, um diese umsichtig einzuschnüren. Dadurch ist das Tier zum einen abgelenkt, zum anderen spürt es so weniger Schmerzen.

«Ja», so die Auskunft, «aber damit brauchen wir ihm gar nicht erst zu kommen.»

Anscheinend kannte der Wallach bereits alle Tricks der Pferdebändigung aus eigener Erfahrung – vermutlich wohl weit mehr Kniffe, als ich bisher gelernt hatte.

«Dieses Pferd kann keiner festhalten. Nur ich», so der Besitzer. Dann erfuhr ich, dass er etliche Jahre in der Fremdenlegion gedient hatte, wo er zum Teil genauso «teuflische Gäule» hatte beherrschen müssen. «Der hier ist eigentlich noch ganz lieb, er will sich nur nicht mehr festhalten lassen.»

«Wie soll ich ihm dann die Medikamente verabreichen?» Ich war ratlos.

«Sobald Sie bereit zur Injektion sind, werde ich dafür sorgen, dass die Medizin in den Patienten gelangen kann», versicherte er mir glaubhaft.

Bei seinen Worten schwante mir schon, dass er sich auf die Vorführung seiner Fähigkeiten freute. Ich zog also die notwendigen Arzneimittel in die Spritzen und legte Alkoholtupfer sowie eine frische Kanüle bereit. «Ich wäre dann so weit», sagte ich.

Der Pferdehalter mit seinen einen Meter sechzig stand neben dem großen, verängstigten und extrem angespannten Patienten, der mit weit aufgerissenen Augen alle Gefahren zu erkennen versuchte. Dieser zähe, kleine Mann will diesen explosiven Riesen tatsächlich irgendwie bändigen, dachte ich beeindruckt. Nur was sollte ich tun, wenn er es nicht schaffte? Der Besitzer gab mir ein Zeichen, noch mal kurz zurückzutreten, während er das Pferd am Halfter festhielt. Er vergewisserte sich, ob ich tatsächlich bereit war, dann zog er sich blitzschnell am Halfter hoch und biss dem Tier in das linke Ohr. Der Wallach stand vor Schreck stocksteif da. Rasch staute ich die Halsvene, gab die Injektionen flott, aber trotzdem nicht zu schnell für den Kreislauf des Tieres, zog die Nadel aus der Vene und war fertig mit der Behandlung. Schon öffnete der kampferprobte Held seine Zähne, ließ von dem Wallach ab und kam elegant auf dem Boden auf.

«Ich werde wirklich mit jedem Pferd fertig», erklärte er mir lässig.

Mittlerweile konnte ich mir vorstellen, dass dieses mit allen Wassern gewaschene Pferd in ihm tatsächlich seinen Meister gefunden hatte. Andererseits wusste ich jetzt auch, warum dieses Pferd so schreckliche Angst hatte. Vermutlich wäre ein einfühlsamer Besitzer mit viel Arbeit, Geduld und etlichen vertrauensbildenden Maßnahmen auch so weit gekommen, dass ein Arzt dieses Tier behandeln konnte. Allerdings ist das oft ein sehr weiter Weg, erst recht wenn man zuvor alle harten Kniffe an dem armen Kerl ausprobiert hat.

Einerseits bewunderte ich diesen artistischen Pferdebändiger, weil ich dem kranken Tier sonst nicht hätte helfen können, andererseits nahm mir fest vor, andere, schonendere Wege zu ergründen, damit sich ein derart schwieriger Patient von mir behandeln ließe. Wenn ein Tier erst alle Register des Zwangs kennengelernt hat, ist es manchmal unmöglich, danach überhaupt noch Vertrauen aufzubauen. Diese armen Kreaturen sind in Ausnahmesituationen dann leider oft eine Gefahr für sich selbst und den Menschen.

Eine weitere Überraschung wartete im kalten Januar auf mich, als ich oben auf der Alb zwei Besamungen durchführen sollte. Zum Glück hatte der Schneepflug seine Arbeit schon früh erledigt, und ich gelangte problemlos zu dem abgelegenen Hof, den ich bisher nicht kannte. In dem ziemlich neuen, aus Holz gebauten Laufstall konnten sich die Kühe frei bewegen, und auch die Färsen, die weiblichen Tiere, die noch kein Kalb hatten und getrennt standen, durften in ihrem Abteil herumlaufen.

«Hier sind die Färsen, die besamt werden sollen», sagte der Landwirt und führte mich zu den beiden Rindern, die in der trockenen, kalten Januarluft dampfend beieinanderstanden.

«Die sind ganz schön verschwitzt, aber ist ja kein Wunder»,

sagte ich und beobachtete, wie die beiden sich abwechselnd besprangen, genau wie sonst der Bulle.

Das war zweifelsohne anstrengend, aber die Hormone treiben unsere Tiere manchmal zu Höchstleistungen an. Deutlich waren die Spuren des Brunstschleims außen an der Scheide, den Hinterbeinen und am Schwanz zu sehen. Während der Bauer die Färsen für mich festband, taute ich das Sperma auf und machte mich an die Arbeit. Allerdings wollte der Muttermund des ersten Rindes mein Besamungsstäbchen nicht durchlassen. Normalerweise liegt das daran, dass der Muttermund bei Jungtieren noch sehr eng ist und zur Besamung viel Geschick gehört. Da ich mich noch zu den Anfängern zählte, nahm ich zunächst an, es liege an mir. Als ich jedoch auch mit mehr Mühe keinen Erfolg hatte, ließ ich die Hand ein wenig tiefer hineingleiten. Ich ertastete erst die Gebärmutter und dann ...

«Ob Sie es glauben oder nicht», sagte ich zu dem Bauern, «da ist ein Kälbchen drin. Ich schätze mal, es ist ungefähr sechs Monate alt.» So etwas ist eigentlich erfreulich, nur war das wertvolle Sperma jetzt schon aufgetaut.

«Die beiden Färsen sind vor ungefähr sechs Monaten besamt worden, aber wegen der deutlichen Brunstzeichen habe ich geglaubt, sie hätten verkalbt. Deshalb habe ich Ihnen nichts davon gesagt», erklärte mir der Bauer daraufhin.

Da zwei Schwaben nichts wegwerfen können, beschlossen wir, die beide Portionen einfach dem anderen Rind zukommen zu lassen. Doch das zweite Mädchen war, wie ich diesmal gleich zu Anfang prüfte, auch schon knapp sechs Monate trächtig. Damit fand sich für die beiden Spermaportionen im ganzen Betrieb keine Abnehmerin mehr, und mir blieb nichts anderes übrig, als sie zu verwerfen. Da wir Tierärzte das Sperma nicht kaufen, sondern im Auftrag der Besamungsstation mit deren Eigentum arbeiten, musste ich das verworfene Sperma mit Angabe der genauen Umstände schriftlich dokumentieren.

So etwas hatte ich noch nicht erlebt, deshalb sprach ich den älteren Kollegen bei seiner Rückkehr aus dem Urlaub darauf an.

«Was war mit den beiden Jungtieren denn eigentlich los?», fragte ich. «Sie hatten doch alle Zeichen einer richtigen Brunst.» Ich hatte bisher keine Erklärung dafür.

Interessiert lauschte ich den Ausführungen des Praxisinhabers, der mir erklärte: «Während der Trächtigkeit muss im Körper der Mutter jemand dafür sorgen, dass der Nachwuchs im Leib der Kuh bleibt und nicht, wie in der Brunst, mit dem Schleim herausgespült wird. Diese Aufgabe übernimmt der sogenannte Gelbkörper, der auf dem Eierstock gebildet wird, sobald sich das befruchtete Ei in der Gebärmutterwand eingenistet hat. Im Gelbkörper wird ein Hormon gebildet, das die Trächtigkeit erhält und zugleich dafür sorgt, dass keine Brunst mehr erfolgt.»

«Aha», sagte ich, «daran ist es wohl gescheitert.»

«Nein, nein», widersprach der Ältere. «Der Gelbkörper hat vermutlich sein Bestes getan. Nach sechs Monaten übernimmt allerdings die stark gewordene Wand der Gebärmutter diese sehr wichtige Aufgabe, und bei dieser Übergabe kann in seltenen Fällen eine winzige Verzögerung auftreten. Dabei kann das Kälbchen viel zu früh und noch nicht lebensfähig auf die Welt kommen, oder die werdende Mutter weist erneut alle Anzeichen einer Brunst auf.»

«Das ist ja spannend. Und das Kälbchen kann trotzdem gut im Schutz der Gebärmutter verbleiben?», hakte ich nach.

«Die Trächtigkeit geht ganz normal weiter, bis Kalb und Kuh für die Geburt bereit sind», erklärte er mir abschließend.

Jahre später, in meiner eigenen Praxis sollte ich in einem ähnlichen, wenngleich noch seltsameren Fall eine erwachsene

Milchkuh behandeln, die schon vier Kälber ganz normal ausgetragen hatte. Während der gesamten Trächtigkeit zeigte sie exakt alle drei Wochen eine Brunst, die so überzeugend wirkte, dass ich in den neun Monaten, bis das Kälbchen endlich gesund auf die Welt kam, insgesamt sechsmal eine Trächtigkeitsuntersuchung durchführte. Immer wieder hatten wir zwischendurch geglaubt, die werdende Mama habe nun doch ihr Kälbchen verloren.

Die Kuh, die alle drei Wochen brünstig war, und die beiden jungen Damen von der Schwäbischen Alb waren mit der Deutlichkeit ihrer Zeichen in meiner Laufbahn bisher einmalig und sind daher unvergessen.

Bis der Praxisinhaber jedoch aus dem Urlaub zurückkam, gab es noch so manche brenzlige Situation zu bewältigen, und ich war bis zum letzten Tag gefordert. Da meine bisherigen Lehrmeister alle weit jünger waren als er, waren auch ihre Behandlungsmethoden um einiges moderner. Oft ist die althergebrachte Herangehensweise nur anders und daher gleichwertig, aber in einigen Fällen ist sie den modernen Heilmethoden tatsächlich deutlich unterlegen. Diese Erfahrung sollte mir offensichtlich nicht vorenthalten bleiben.

«Eine meiner Kühe hat gekalbt und liegt jetzt fest», erklärte mir ein Bauer eines frühen Morgens am Telefon.

Ich wollte mich zwar gerade mit meiner Tasse Kaffee an den gemütlichen Tisch setzen, aber dieser Fall musste ohne Frühstück angegangen werden, denn er war dringend. Also raus aus der warmen Stube, schnell die Jacken übergezogen und rein ins eiskalte Auto.

Die erkrankte Kuh hatte Untertemperatur und einen müden Kreislauf, zudem war der Pansen sehr lahm, und auch alle weiteren Anzeichen unterstrichen die Diagnose: Gebärlähmung aufgrund von Kalziummangel. Mit einer eigens dafür hergestellten Infusionslösung, die in jeder Nutztierpraxis zur Grundausstattung der Apotheke gehört, konnte ich dem Tier schnell und wirksam helfen. Zur Vorsicht band der Bauer die Kuh mit einem Halfter an, damit sie nicht so heftige Abwehrbewegungen machen konnte, wenn ich mit einer Kanüle in die dicke Halsvene stach. Danach ließ ich das im Wasserbad auf Körpertemperatur angewärmte Mittel langsam in das Blut der Kuh laufen. Sofort fing das Tier an, tiefer zu atmen, und der vorher völlig abwesende Blick meiner Patientin kehrte zurück in die Wirklichkeit. Immer klarer wurde der Blick, immer kräftiger war die Atmung, dann fingen die ersten Muskelgruppen an zu zittern, womit der Kuh wieder warm wurde. Die Rückkehr in den normalen Gesundheitszustand ging, im Verhältnis zu der vorher lebensbedrohlichen Situation betrachtet, ziemlich schnell vonstatten. Ich genieße es auch heute noch, wenn bei reinem Kalziummangel die Rettung so elegant und zügig erfolgt.

Die Behandlung selbst war reibungslos verlaufen, allerdings hatte mir der Bauer zwischendurch gehörig auf den Zahn gefühlt.

«Was wollen Sie mit dem komischen Schlauch?», fragte er. «Der richtige Tierarzt nimmt dazu immer eine große Spritze mit Nadel und spritzt das Kalzium unter die Haut.»

In dieser Situation musste ich mit viel Feingefühl vorgehen, damit ich nicht als Besserwisser dastand oder gar die Behandlungsweise des Kollegen als überholt darstellte.

«Sind Sie sicher, dass meine Kuh Ihre modernen Methoden unbeschadet überlebt?», fragte er gleich weiter.

«Diese Art der Behandlung habe ich mir bei einigen sehr erfahrenen Kollegen abgeschaut, und sie war bisher immer erfolgreich», erklärte ich ihm.

Daraufhin durfte ich an seiner Kuh «ruhig mal probieren»,

wie er sich ausdrückte. Als das Rind ganz bald nach der Infusion wieder aufstehen konnte, bestand am Erfolg meiner Herangehensweise kein Zweifel mehr.

Abschließend wies ich noch mal darauf hin, dass die Heilweise meines Kollegen genauso gut war wie meine und nur ein klein wenig langsamer wirkte.

«Diesmal ist die Kuh echt schnell wieder zu sich gekommen», stimmte der Bauer mir zu. Bisher war er immer sehr zufrieden gewesen mit seinem Tierarzt, aber ein wenig seltsam erschien es ihm nun schon, dass die Kuh diesmal gleich nach dem frühzeitigen Aufstehen wieder gefressen hatte.

So konnte ich mit einer normalen Infusion, die für mich längst zur Routine geworden war, auf diesem Hof ein kleines Wunder geschehen lassen. Selbstverständlich erzählte ich meinem Kollegen von dem Fall, der mir daraufhin erklärte, dass er in seinem Alter nicht mehr die nötige Geschicklichkeit habe, um die Vene mit der Kanüle zu treffen. Einen halben Tag später setze ja auch bei seiner Technik die erwartete Wirkung ein, argumentierte er weiter. In dem Punkt hatte er durchaus recht, allerdings erlitten die Tiere aufgrund der Menge, die für eine erfolgreiche Behandlung nötig ist, bei der Anwendung unter der Haut zum Teil heftige Schmerzen. Ich tröstete mich mit dem Gedanken, dass der Kollege vermutlich nicht mehr allzu viele Jahre arbeiten würde, und verzichtete darauf, als junger Anfänger mit diesem altgedienten Urgestein der Tiermedizin darüber zu diskutieren.

Tatsächlich schaffte die Frau des altgedienten Kollegen es im darauffolgenden Jahr, ihren Mann dazu zu überreden, die Praxis an einen Nachfolger zu übergeben. Ich kam dafür nach meiner Einschätzung noch nicht in Frage. Schließlich verlangt so eine Praxis außer tiermedizinischem Können auch einen kaufmännischen Überblick, Erfahrung in der Verwaltung sowie im Umgang mit den ganzen Anforderungen der Behörden. Ich wollte in den nächsten Jahren vor allem meine medizinischen Kenntnisse erweitern und erst danach dann eine eigene Praxis übernehmen. Mit den Empfehlungen des älteren Tierarztes, der mit meiner Arbeit sehr zufrieden war, war ich in Großtierpraxen jedenfalls vielseitig einsetzbar.

Verhandlung mit Schweinedame

Der Kollege, für den ich als Nächstes einsprang, hatte sich den Arm gebrochen und war außer Gefecht, weil er während der Heilungszeit nicht behandeln durfte, wenn er seinen Versicherungsschutz nicht riskieren wollte. Er war ungefähr fünfzig Jahre alt und bei seinen Bauern sehr beliebt und angesehen. Unmittelbar nach der Eingewöhnung, die deutlich kürzer war als bei meiner ersten Vertretung, bekam ich den Auftrag, einer Muttersau zu helfen, die nicht mehr fressen wollte.

Dank der genauen Wegbeschreibung des Kollegen fand ich den Hof sehr schnell. Der Schweinezüchter erwartete mich bereits an der Stalltür und führte mich gleich zu meiner Patientin.

«Früher hatte ich viel mehr Muttersauen», erklärte er mir, «aber aus Altersgründen sind es jetzt nur noch zwei.»

Die beiden Tiere durften sich ziemlich frei bewegen, und weil so viel Platz da war, gönnte der Bauer seinen beiden Schweinen jeweils eine eigene Bucht, die mit etwa sechzig Zentimeter hohen Holzwänden umgeben waren. Die Buchten waren ungefähr fünf mal vier Meter groß, das war weit mehr, als einer Muttersau sonst in den Ställen zugesprochen wurde. Allerdings war es hier drinnen recht kühl, wie mir sofort auffiel, die vielen Körper, die früher mit ihrer Abwärme das Gebäude erwärmt hatten, fehlten spürbar.

Die meiste Zeit ihres Lebens verbrachten die Sauen im Wartestall, in den sie gestellt wurden, sobald ihre Nachkommen im Alter von zwei bis drei Wochen in den Ferkelaufzuchtstall verlegt wurden. Die Sauen wurden kurz darauf wieder vom Eber oder per künstliche Besamung befruchtet und verbrachten hier die Zeit bis kurz vor der Geburt. Im Wartestall waren die Sauen mit einem Brustgurt so kurz angebunden, dass sie sich kaum rühren konnten. Außer Aufstehen und Hinlegen, einen halben Schritt vorwärts oder rückwärts war keine Bewegung möglich. Zur Geburt trieb man die Sauen dann in den sogenannten Abferkelbereich. Dort kam die zukünftige Mutter in ein Metallgestell, das verhindern sollte, dass sie die Ferkel beim Ablegen totquetschte. Die armen Tiere hatten bei dem Leben, das sie führen mussten, ja keine Möglichkeit, ihren Körper so geschmeidig und kräftig zu erhalten, dass sie sich vorsichtiger hinlegen und dabei auf ihre Ferkel achten könnten.

In den neu gebauten Ställen von heute dürfen die Sauen nicht mehr angebunden werden, sondern sollen sich möglichst in kleinen Gruppen frei in größeren Abteilen bewegen dürfen. Der Kastenstand im Abferkelbereich ist aber immer noch erlaubt.

Da ich die Behandlung solcher Patienten inzwischen gewohnt war, gingen mir die einzelnen Verrichtungen am Tier leicht von der Hand.

Mehr Platz, das fand ich wunderbar, immerhin war ich schon immer der Meinung, dass unsere Nutztiere dringend mehr Platz zum Leben brauchten. Leider wird auch ein besser gehaltenes Schwein hin und wieder krank.

Vielleicht ist ja der plötzliche Kälteeinbruch von gestern schuld?, überlegte ich und beschloss, bei meiner Patientin zunächst die Körpertemperatur zu bestimmen. Schon auf den ersten Blick fiel mir allerdings auf, dass die Sau sehr schnell, kurz und hart atmete, außerdem sahen die Bewegungen der Flanke irgendwie eckig aus statt weich und gleichmäßig, wie es sein sollte. Sofort keimte in mir der Verdacht, dass es sich um eine schwere Lungenentzündung handeln könnte. Natürlich kann eine ungewöhnlich flache Atmung noch jede Menge andere Ursachen haben, hohes Fieber kann den ersten Verdacht jedoch erhärten.

Als ich zur Tat schreiten wollte, schloss ich mit den Schattenseiten der freien Haltung einer ausgewachsenen Sau mit ungefähr zweihundertzwanzig Kilogramm Körpermasse Bekanntschaft. Ich hoffte, der Züchter könnte das Schwein irgendwie festhalten oder vorsichtig einzwängen, damit ich, wie bei den angebundenen oder jenen Sauen, die in einem Kastenstand gehalten wurden, ohne Probleme zum Fiebermessen an es herankam. Doch ein derart schweres Tier hat außer Lebenserfahrung auch jede Menge Muskeln, einen tiefen Schwerpunkt und dank seiner Masse eine gehörige Durchsetzungskraft.

«Festhalten oder irgendwo einklemmen kann ich sie nicht», sagte der Bauer zu meiner Enttäuschung.

«Wie macht das denn der Herr Kollege sonst so?», fragte ich.

«Der setzt in so einem Fall einfach schnell die Nasenbremse ein», erwiderte er und holte die geflochtene Stahlseilschlinge herbei, um sie der Sau zwischen die Zähne zu legen.

Ähnlich wie beim Pferd wird diese aber beim Schwein zunächst über Oberkiefer und Nasenrücken geschlungen, ehe man sie festzieht. Normalerweise brüllt das arme Schwein daraufhin wie am Spieß, verkrampft sich und steht steif vor Schreck regungslos da, was Sinn und Zweck der Sache ist. Diese Methode wollte ich wirklich nur anwenden, wenn es überhaupt nicht mehr anders ging. Wenn ich bei Schweinen Blutproben nehmen muss, weiß ich zum Beispiel keinen anderen Weg, es sei denn, die

Blutprobe wird – ganz tierfreundlich – erst nach dem Schlachten genommen.

So wollte ich bei dieser Sau nicht arbeiten, zumal ich für den nächsten Tag eine Nachbehandlung einplante. Ausgewachsene Schweine sind richtig schlau, weshalb ich die Schlinge niemals ohne massive Gewaltanwendung noch ein zweites Mal über die Schnauze meiner Patientin bekommen hätte.

«Nein, danke», sagte ich daher zu dem Bauern mit der Nasenbremse in der Hand, «ich will es anders versuchen.»

Ausreichend Zeit hatte ich, da die meisten Aufträge der Vormittagstour bereits abgearbeitet waren. Also ging ich ganz ruhig und langsam vor. Schrittweise wollte ich die Fluchtdistanz verringern, das heißt jenen Abstand, ab dem das Tier entweder abhauen oder kämpfen muss. Letztlich nutzte ich dabei auch aus, dass die Sau krank war und deshalb eigentlich müde sein müsste. Ich hatte gerade mein Bein über die Bande gehoben und wollte den ersten Gummistiefelabsatz auf den Boden stellen, da drohte die Sau mir sehr laut und sehr deutlich. Der kurze Drohlaut, bei dem das Tier gleichzeitig die Luft ausstößt, klingt einem Husten nicht unähnlich: «Hufff.» Dabei versteifte sie ihren Körper und stellte sich quer zu mir. Ich verharrte reglos, bis die Sau sich beruhigt hatte, ehe ich auch das andere Bein in die Bucht setzte, in der jetzt nur noch wir zwei waren. Erneut folgte sofort lauter Protest.

«Alles klar», sagte ich und bewies dem Schwein, dass ich auf es achtete und seine Forderung verstand, indem ich wieder stehen blieb. Nach jedem weiteren Schritt folgte eine Anstandspause, und manchmal musste ich sogar wieder einen Schritt zurückgehen. Die ganze Zeit über redete ich in ruhiger, tiefer Stimmlage mit der Sau und achtete genau darauf, wie sie reagierte.

«Ich habe beliebig lange Zeit», erklärte ich ihr immer wieder und fügte hinzu: «Du wirst sowieso zuerst die Geduld verlieren.

Außerdem brauchst du meine Hilfe, sonst kannst du nicht gesund werden.»

Ob sie meine Worte verstand, war mir nicht klar, trotzdem rede ich in solchen Situationen lieber in ganzen Sätzen, die Sinn ergeben. Das ist selbst für den Tierhalter lange nicht so blöd, wie irgendwelche sinnlosen Laute von sich zu geben. Irgendetwas von dem Gesagten musste allmählich doch in den Kopf meiner Patientin dringen, denn wenn ich ihr genug Zeit ließ, regte sie sich zwischendurch immer wieder bis zur entspannten Ruhe ab – um bei meiner nächsten Bewegung natürlich gleich wieder aufzubrausen. Das Schwein benutzte seinen großen «Wortschatz» und die Körpersprache, um mir seine Stimmung genau mitzuteilen. Diese Tiere können Laute von sich geben, die einen Menschen allein durch ihren Klang ahnen lassen, ob sie nun Zorn, Angst, Freude, Hunger oder Langeweile bedeuten sollen.

Ich verstand jedenfalls genug für unser Gespräch, und bald kam mir kam das Ganze vor, als feilschte ich in einer Fremdsprache mit einem Händler auf dem Basar. Mal gab mein Gegenüber ein Stück nach, dann musste ich wieder Zugeständnisse machen, wobei jeder sich bemühte, die Würde des anderen zu respektieren. Ich achtete genau darauf, bei wiederholten, sich steigernden zornigen Lauten keinen weiteren Versuch zu unternehmen, da der aufgestaute Zorn zu heftigen Attacken führen kann. Sobald ich die Fluchtdistanz zu früh unterschritt, lief meine Patientin einfach ein Stück nach vorne, und der ursprüngliche Abstand war wiederhergestellt. Nach schier endlosen fünfzehn Minuten erlaubte mir das edle Tier, es anzufassen, ohne gleich auszurasten.

Wie angekündigt hatte ich die besseren Nerven gehabt und begann mit der Untersuchung, indem ich ihm das Thermometer in den Po steckte. Tatsächlich, die Sau hatte Fieber, und zwar nicht zu knapp: 41,8 °C waren keine harmlose Unpässlichkeit, sondern der Beweis für eine ausgewachsene Lungenentzündung. Damit hatte ich das Problem des Schweins erkannt, doch dadurch wurde mein Problem nicht geringer. Die Diagnose war klar, die zur Behandlung nötigen Medikamente standen fest. Doch wie sollte ich dieser ausgewachsenen Sau, die mir locker den Gummistiefel durchbeißen und dabei schreckliche Verletzungen an meinem Unterschenkel zurücklassen könnte, die nötige Medizin mit der Spritze verabreichen? So leicht wie das Fiebermessen würde die Angelegenheit nicht werden, da war ich mir sicher, denn ich musste ganze zwei Mal durch die zarte, dünne Haut direkt hinter der Ohrmuschel bis in die Muskulatur stechen und abdrücken.

Da wir uns nun schon ein wenig kannten, durfte ich beim zweiten Annäherungsversuch deutlich schneller in den Sicherheitsbereich meiner Patientin vordringen. Als ich sie hinter dem Ohr kraulte, war ihr das wie den meisten anderen Schweinen sehr angenehm. Nur wie würde sie auf meinen Vertrauensbruch reagieren, wenn ich ihre Freundschaft hinterhältig ausnutzte, um sie schmerzhaft zu piksen? Egal, ich musste es wagen.

Nach der ersten Spritze blickte ich in ein empörtes Schweinegesicht. Sofort entschuldigte ich mich, kratzte ihr liebevoll den Rücken, wartete kurz und gab ihr schnell die zweite Spritze. Die gleiche empörte Reaktion, mit der sie mir deutlich zu verstehen gab, dass es jetzt wirklich reichte, sonst müsste sie echt böse werden. Zum Glück brauchte sie keine weitere Injektion und war sofort wieder besänftigt. Schließlich sollte sie am nächsten Tag die gleiche Bereitschaft zeigen und mich möglichst noch mal so nahe heranlassen. Dabei war es wichtig, dass ich nicht gleich fortging, sondern mich auch nach der Behandlung mit dem Schwein befasste. Indem ich sie ausgiebig für ihre Mitarbeit belohnte, konnte sie mich nun von einer viel netteren Seite kennenlernen. Natürlich durfte ich dabei keine Spritze mehr in der Hand halten!

Mit einer kleinen Getreideschaufel bot ich meiner Patientin, nach Rücksprache mit ihrem Besitzer, grob gemahlene Gerste an. Ich schüttete etwas von dem Gerstenschrot in ihren Futtertrog, und sie war so gnädig, alles gierig wegzuputzen, nicht ohne zwischendurch immer wieder zu kontrollieren, ob ich vielleicht doch noch mal zudringlich werden wollte. Ich verließ die Bucht und gab ihr von draußen den Rest des Schrotes, womit ich zweimal hintereinander etwas Nettes getan hatte. Das müsste der Sau bis zum nächsten Tag genauso in Erinnerung bleiben wie die Zumutung, dass ich trotz ihrer Krankheit so gemein war, sie auch noch frech zu piksen.

Am nächsten Tag war ich schon beim Frühstück total gespannt, ob sich meine Überlegungen und Maßnahmen auszahlten. Die ganz dringenden Fälle besuchte ich bei meiner Morgentour zuerst, um danach mit der nötigen Ruhe den zweiten Annäherungsversuch mit so wenig Zwang wie nur möglich zu unternehmen. Mit Hektik im Bauch würde es jedenfalls ganz sicher nicht klappen.

Endlich war ich so weit und machte mich auf den Weg zu meiner resoluten Patientin.

«Ich bin auch schon ganz gespannt, ob Sie noch mal nah genug an meine Sau herankommen, um die Nachbehandlung durchzuführen», begrüßte der Bauer mich freudig.

«Wir werden es sehen», erwiderte ich auf dem Weg zum Stall.

«Ich habe Ihnen vorsorglich schon mal die kleine Schaufel mit Schrot gefüllt und bereitgelegt», sagte er, und ich freute mich, dass er so prima mitgedacht hatte.

Natürlich schüttete ich meiner Patientin, die schon deutlich gesünder wirkte, eine kleine Portion als Anzahlung in ihren

Trog. Gierig stürzte die Sau sich darauf, denn ihr Besitzer hatte ihr die morgendliche Ration «aus Versehen» noch gar nicht gegeben. Damit hatte ich schon mal ganz gute Karten bei ihr und durfte daher ohne großen Protest, natürlich noch ohne die vorbereitete Spritze, zu ihr in die Bucht, um ihre Körpertemperatur zu bestimmen. Wie schon am Vortag unterschritt ich stufenweise, und diesmal um einiges schneller, die Fluchtdistanz des Tiers.

«Klasse, das geht ja viel besser als gedacht», sagte ich.

Der Bauer grinste. «Noch haben Sie ja auch keine Spritze in der Hand.»

Die Sau hatte 37,5 °C, also kein Fieber mehr. Das hätte ich mir gleich denken können, denn meine große Freundin war erheblich flinker auf den Beinen als am Tag davor. Ihr Blick war ebenfalls klarer und irgendwie erwartungsvoll. Ich bemühte mich, nicht alle Möglichkeiten im Geiste durchzugehen, was sie mit mir vorhaben könnte. Dann wurde es ernst: Zug um Zug näherte ich mich der Dame, diesmal mit der Spritze in der Hand. Zug um Zug wich sie mir immer wieder aus. Ich verstand: Diesmal wollte sie meine Nerven auf die Probe stellen. Diesmal war ich ihr Versuchstier, das seine Geduld unter Beweis stellen musste.

Das Schwein war wieder fast im Vollbesitz seiner Kräfte und strotzte nur so vor Selbstbewusstsein, was ich daran erkannte, dass es den Ablauf unseres Spiels alleine bestimmen wollte. Wieder und wieder bemühte ich mich, höflich und möglichst nicht allzu aufdringlich mit dem Tier umzugehen. Ich konnte auch gar nicht anders, denn hätte ich mich nicht zumindest ein wenig auf ihr Spiel eingelassen, hätte ich sie nicht behandeln dürfen. Sie war heute wirklich groß und stark. Doch auch dieser herausragenden Persönlichkeit wurde, wie vielen anderen später auch, das Spielchen irgendwann so langweilig, dass ich endlich zum Zug kam.

Auf einmal war die Spritze gar kein Horrorteil mehr, sondern einfach nur mein Werkzeug, das ich bei ihr benutzte und das ganz kurz einen Schmerz verursachte. Die Zeit, die ich mit der Sau in ihrem Stallabteil verbrachte, war der Preis für meinen Wunsch, ihr möglichst nahe zu kommen. Das erschien mir irgendwie menschlich und vertraut. Tapfer ertrug meine Lehrmeisterin in Sachen Schweinehöflichkeit den raschen Stich hinters Ohr und den Schmerz, den das Medikament danach noch verursachte. Anschließend bekam sie von mir noch eine Extraportion leckeres Schrot. Die freundliche Sau nahm meine Entschuldigung und meinen Dank für dieses überaus lehrreiche Kapitel wohlig schmatzend an.

Der Bauer verstand mein Glück und strahlte mich an. «Wie schön, dass endlich mal kein durchdringendes Gebrüll die Behandlung begleitet hat», freute er sich.

Für ihn hatte das Spiel, das seine Sau mit mir veranstaltet hatte, sogar noch einen Unterhaltungswert. Schließlich war er nur der Zuschauer. Er brauchte mir weder bei der Spritze zu helfen, noch musste er die Schmerzen ertragen, die der Piks auslöste. Dennoch konnte er als erfahrener Schweinezüchter meinen erfolgreichen Versuch sehr wohl einschätzen. Daher lobte er mich nicht nur für die schnelle Genesung der Mutter seiner zukünftigen Ferkel.

«Dieser Zwang mit der Nasenbremse war für meine Schweine schon immer der blanke Schrecken», sagte er. «Schön dass Sie mal einen anderen Weg versucht haben.»

Und das auch noch zur vollen Zufriedenheit seiner Sau ...

Am Nachmittag sollte ich den Hund des Tierarztes und Jägers, bei dem ich aushalf, mit auf Praxistour nehmen. Es war eine sehr elegante, gut trainierte Jagdhündin, die jeden Tag ihren Auslauf brauchte. Da der Chef für ein paar Tage unterwegs war, gehörte es zu meinen Aufgaben, dafür zu sorgen. Dazu hatte er mir eine genaue Anweisung erteilt, damit auch alles glattging. Außerhalb einer bestimmten kleinen Ortschaft sollte ich die Hundedame aus dem Auto lassen, damit sie mitlaufen konnte.

«Bitte beachte, dass Selma herzkrank ist. Du darfst sie auf keinen Fall überfordern», wies er mich an. «Fahr also bloß nicht schneller als fünfzig Stundenkilometer, ja?», sagte er.

Ich dachte erst, ich hätte mich verhört. «Wie bitte, so schnell?», fragte ich noch mal nach. Das war für Hunde doch eine extreme Geschwindigkeit. Nun ja, dachte ich, der Hundebesitzer ist ein bisschen länger Tierarzt als ich, er wird es wohl besser wissen.

«Im Prinzip regelt Selma die Geschwindigkeit selbst», fügte er noch hinzu. «Du musst nur darauf achtgeben, dass du nicht schneller als fünfzig fährst.» Damit überließ er uns unserem Schicksal.

Selma hielt mich offenbar für einen würdigen Ersatz, denn sie stieg begeistert ein, als ich ihr die Tür aufhielt. Am frühen Abend, nachdem ich fast alle Aufträge erledigt hatte, fuhr ich zu der genannten Stelle. Anhalten, Beifahrertür auf, und schon konnte es losgehen. Erst war ich skeptisch, da ich wusste, dass man Hunde nicht hinter einem Auto herrennen lassen soll, weil sie sich dabei leicht anstrengen, aus lauter Angst, ihren Besitzer zu verlieren. Selma verrichtete zuerst in aller Ruhe ihr Geschäft und rannte dann los. Ich fuhr hinter ihr her und musste tatsächlich fünfzig Stundenkilometer schnell sein, um mit ihr mithalten zu können.

Plötzlich musste Selma am Wegesrand dringend schnüffeln und blieb stehen. Ich wollte gerade die Geschwindigkeit verringern, weil ich immer noch fünfzig fuhr und ihr nun ein ganzes Stück voraus war, aber da raste die herzkranke Dame auch schon los und überholte mich im Grasstreifen neben dem Weg. Bei dieser hohen Geschwindigkeit rannte sie extra seitlich voran, um mich zum Gasgeben aufzufordern. Zur Sicherheit schaute ich noch mal auf den Tacho, der genau fünfzig anzeigte. Ich fuhr nicht schneller.

Meine neue Freundin versuchte es nicht nur an diesem, sondern auch am nächsten und übernächsten Tag, mich zu einer höheren Geschwindigkeit zu verführen, dabei wäre ich mit ihr eigentlich am liebsten nur dreißig gefahren. Doch keine Chance! Sobald ich vom Gas ging, lief sie so weit voraus, dass ich Angst hatte, sie könnte mir entwischen. So hatte meine Freundin ihren Spaß mit meiner Not, dabei wollte ich bloß alles richtig machen. Ab dem zweiten Tag wusste ich um die Zuverlässigkeit von Selma. Sie wollte wirklich nur mal richtig rennen, das Jagdfieber packte sie dabei nie, und selbst Wildspuren waren ihr in diesen Momenten unwichtig.

Der Lohn für die gemeinsamen Ausflüge bestand darin, dass die Hündin abends vor dem Zubettgehen noch vertraulich bei mir lag und mit mir schmuste. Sonst galt diese Liebe ihrem Herrchen, aber der hatte sie ja im Stich gelassen – jedenfalls in ihren Augen. Da ich bei den Vertretungen auf die Zuneigung meiner eigenen Lebensgefährtin verzichten musste, die in Gießen ihrer Arbeit nachging, genoss ich die Freundschaft zu Selma sehr.

Eine ungewöhnliche Schweinegeburt

Die Wochen zogen ins Land, und bald stand die nächste Vertretung an. Ich freute mich auf neue Herausforderungen, und gleich in der ersten Woche verbrachte ich eine sehr interessante Nacht, als ich einer Sau bei der Geburt helfen sollte.

Als der Anruf kam, lag ich schon todmüde im Bett und quälte mich aus den Federn.

Der Bauer am anderen Ende der Leitung schilderte mir kurz, was passiert war. «Ein Ferkel ist schon da, aber seit einer Stunde geht es nicht mehr weiter», schloss er seinen Bericht.

«Stellen Sie bitte schon mal warmes Wasser bereit, ich bin gleich bei Ihnen», sagte ich und legte auf.

Der Bauer, der mich in jener Nacht aus dem Bett geholt hatte, war schon achtundsiebzig Jahre alt, hatte jedoch immer noch eine Muttersau.

«Ich brauche doch noch eine Aufgabe», sagte er, als ich ihn darauf ansprach. «Schweine habe ich immer schon gehalten. In früheren Zeiten natürlich weit mehr, heute reicht meine Kraft gerade noch für meine Rosa.»

«Na, dann will ich mir die gute Dame mal ansehen», sagte ich und ließ mich in den Stall führen.

Rosa lag auf der Seite und schnaufte angestrengt, als wir eintraten. Immer wieder gab sie sich Mühe und presste, um das nächste Ferkel auf die Welt zu bringen, aber es tat sich einfach nichts. Schnell band ich mir meine Gummischürze um und wusch mit warmem Wasser erst mal die Scheide ab. Dann hockte ich mich hinter das Muttertier, gab etwas Gleitgel auf meine Hand und führte sie vorsichtig in den Geburtskanal. Erst als mein Arm schon bis zum Ellbogen in der Sau verschwunden war, trafen meine Finger auf den Körper eines Ferkels. Das Kleine lag quer vor dem inneren knöchernen Beckenring und blockierte so den Weg für alle nachfolgenden Geschwister.

Zum Glück habe ich lange, dünne Arme und kleine Hände. Für die Schweinegeburt war das ideal, schließlich ist der Geburtskanal sehr empfindlich, und jede unnötige Bewegung schmerzt. Ganz vorsichtig drehte ich das falsch liegende Ferkel in der Gebärmutter um, sodass ich es mit dem Kopf voraus in den Muttermund ziehen und über die Scheide hinaus in die Welt geleiten konnte. Das Kleine lebte und zeigte muntere Reflexe, weshalb ich mich nach einem prüfenden Blick um seine Geschwister kümmerte. In der Gebärmutter, kurz vor dem Ausgang, warteten noch zwei, die ich gleich auch noch auf die Welt holte. Weiter spürte ich keine Ferkel mehr, doch das musste nichts heißen.

Die Gebärmutter einer Sau ist riesig und weit länger als ein menschlicher Arm. Der Bauch der Mutter war noch so dick, dass der Bauer und ich uns sicher waren, dass noch etliche Geschwister nachkommen würden. Wir warteten eine halbe Stunde, doch nichts passierte, also fasste ich noch mal vorsichtig hinein: immer noch nichts! Normalerweise hätte nach dieser langen Zeitspanne das nächste Ferkel längst da sein müssen oder wenigstens vor dem Gebärmutterausgang auf meine Hilfe warten sollten. Aber da war niemand zu spüren, auch wenn mein Arm bis zur Schulter in der Sau steckte.

«Ich würde gerne ein wehenunterstützendes Mittel anwenden», schlug ich dem Bauern vor.

«Einverstanden», sagte er sofort.

Bis das Mittel wirkte, verging eine weitere halbe Stunde, aber in dieser Nacht, das ahnten wir beide, sollten wir so schnell nicht zur Ruhe kommen. Inzwischen war ich schon mehr als eine Stunde auf dem Hof, aber dann tat sich endlich was, und ich konnte ein viertes Ferkel herausholen. Für jedes weitere Ferkel brauchte die Sau wieder fast eine halbe Stunde, daher setzten wir uns in der kühlen Nacht zwischendurch in die Küche. Der Bauer bot mir einen Hagebuttentee an, den ich gerne annahm. Irgendwie mussten wir uns ja die Wartezeit vertreiben. In der einfachen, aber gemütlichen Küche mit dem alten, holzbefeuerten Herd herrschte die richtige Atmosphäre für die Weisheiten aus dem Leben dieses unauffälligen, zufriedenen Mannes.

«Wieso machen Sie sich noch die Arbeit mit Rosa?», fragte ich. «Ganz einfach, Bub. Stell dir mal vor, wie mein Tag sonst aussehen würde. Dank Rosa habe ich seit dem Tod meiner Frau jeden Morgen einen Grund zum Aufstehen, auch wenn sich meine müden Knochen manchmal schmerzhaft melden. Es ist einfach schön, wenn Rosa mich erwartet.»

«Das glaube ich Ihnen gern.» Ich wurde ganz wehmütig.

«Da hat der Tag gleich Schwung, und die anstehenden Aufgaben gehen mir leichter von der Hand.»

Zwischendurch durfte ich ein weiteres Ferkel auf die Welt bringen. Gleich nachdem wir das Neugeborene mit einem Tuch trockengerieben und es unter die gemütliche Strahlung einer Wärmelampe gelegt hatten, gingen wir wieder in die Küche. Der Bauer hatte in seinem Leben so schwer gearbeitet, dass seine Hände mit dicken, harten Hornhautschwielen geschützt waren. Solche Hände brauchen keine Arbeitshandschuhe, egal welche

Arbeit sie leisten. Der betagte Mann spürte, dass ich ihm sehr gerne zuhörte, und erzählte immer weiter. Natürlich kamen wir auch auf die schweren Zeiten im Krieg, auf den Mangel und die Leistung seiner Vorfahren zu sprechen.

Zu diesem Hof, so erfuhr ich, gehörte ein großes Stück Wald. «Die Buchen, die heute geschlagen werden, hat mein Großvater und die Eichen teilweise sogar mein Urgroßvater gepflanzt. Jede Generation hat von der Arbeit ihrer Vorfahren gelebt, allerdings sollte für die nachfolgenden Generationen auch noch Wald wachsen. Deshalb ist es üblich, für jeden gefällten Baum neue Setzlinge zu pflanzen. In der Stadt denken die Menschen, wie auch die Politiker, immer nur von Jahr zu Jahr, vielleicht noch von einer Wahlperiode bis zur nächsten. Weiter nicht. Bei Waldbauern ist eine lange Kette von Generation zu Generation gespannt, denn nur so können die Betriebe überhaupt bestehen.»

«So habe ich das noch gar nicht gesehen», sagte ich erstaunt und fragte dann: «Haben Sie denn Kinder, die eines Tages hier weitermachen?»

«Ach, die wohnen in der Stadt und haben einen richtigen Beruf gelernt. Die werden den kleinen Hof später auf gar keinen Fall weiterbetreiben. Hier geht nach mir das Licht aus, so viel steht fest. Aber vielleicht behalten meine Kinder nach meinem Tod wenigstens den Wald und verpachten ihn, damit er weiterhin in der Hand der Familie bleibt, statt alles zu verkaufen.»

Wir gingen noch mal in den Stall, und erneut konnte ich ein lebendiges Ferkel tasten und vorsichtig herausholen. Danach setzten wir uns gleich wieder in die Küche, da die Sau ihre Ruhe brauchte.

«Wie ist die Tierbehandlung denn früher erfolgt?», fragte ich neugierig.

Liebevoll schaute er mich mit seinem wettergegerbten Gesicht an und erzählte. Dabei nannte er mich dauernd «Bub», was ich total angebracht fand. Mit ihm hatte ich die Weisheit und Lebenserfahrung vieler harter Jahre vor mir, und er war bereit, mich daran teilhaben zu lassen. Zeit hatten wir genug, die Geburt war sicher noch länger nicht vorbei.

«Also, Bub», fing er an, «früher gab es gar keinen richtigen Tierarzt, sondern nur einen Doktor vom Amt, der die Seuchenkontrollen vorgenommen und die damals immer mal wieder nötigen Maßnahmen bei der Seuchenbekämpfung geleitet hat. Ansonsten war mein Vater und später ich selbst der Geburtshelfer für die Kühe und Schweine der meisten Bauern hier in der Gegend. Mein Vater hat mir alle wichtigen Kniffe gezeigt. Inzwischen bin ich aber so alt, dass ich mir Hilfe holen muss. Meine Hände und der Rücken können eben nicht mehr so. Aber zum Glück stellst du dich gar nicht so ungeschickt an, Bub.»

Als das nächste Ferkel das Licht der Welt erblickte, hatte ich zu diesem menschlichen Vorbild so viel Vertrauen gefasst, dass ich ihm eine schwierige Frage stellen wollte.

«Ich habe inzwischen viele verschiedene Umgangsformen mit Tieren gesehen. Können Sie mir vielleicht erklären, warum so viele Bauern meiner Ansicht nach mit ihren Tieren so brutal umgehen und andere, wie Sie zum Beispiel, so rücksichtsvoll und lieb?» Diese Frage brannte mir schon länger auf der Zunge.

«Na, das ist doch ganz einfach», sagte er. «Zum einen gibt es nun mal Menschen, die spüren, wie andere sich fühlen, und Menschen, die das nicht können. Genauso verhält es sich beim Umgang mit dem Vieh. Zum Zweiten musst du dir mal überlegen, Bub, was diese Leute für eine Vergangenheit haben. Meist haben ihre Eltern sie von klein auf sehr streng und brutal erzogen, manchmal aus wirtschaftlicher Not, manchmal aber auch nur aus Familientradition.»

«Sie meinen frei nach dem Motto ‹Was mir nicht geschadet hat, wird auch meinem Kind guttun. In dieser rauen Welt darf man nicht schwach sein›?», hakte ich nach.

Er nickte. «Genau. Außerdem hat meine Generation schlimme Zeiten mit zwei Kriegen und schwere Not erlebt. Wer so viele Menschen leiden und sterben gesehen hat, der kann kein Mitleid mit dem Vieh haben.»

«Sie selbst haben diese harten Zeiten doch auch erlebt», hielt ich dagegen.

«Ja», meinte er lächelnd, «ich habe auch unbeschreiblich schlimme Dinge durchgemacht, aber manche Menschen müssen das ihnen widerfahrene Leid eben nicht weitergeben. Das gehört zur geistigen Entwicklung, die nicht jeder erfährt.»

Für mich waren seine Worte erneut ein Zeichen seiner großen Weisheit.

Wieder holte ich ein Ferkel auf die Welt, und als wir danach erneut zusammensaßen, fragte ich ihn: «Wie sind denn früher die kranken Tiere behandelt worden? So ohne richtigen Tierarzt?»

«Die Leute haben sich eben oft mit Heilkräutern geholfen.»

Da ich mit diesem Thema vertraut war, bat ich ihn um ein Beispiel.

«Damals gab es für die Tiere noch kein Penicillin. Wenn nun eine Muttersau einige Tage nach der Geburt vor lauter Fieber kaum noch Milch für die Ferkel hatte, dann haben ihr die Leute hier in der Gegend mit einem Pfriem eine Ohrmuschel durchstochen, um eine Christrosenwurzel hindurchzuziehen. Die beiden Enden der Wurzel hat man danach zusammengebunden, damit sie nicht wieder herausfiel. Spätestens wenn die Wurzel nach ungefähr einer Woche abgefault und vom Ohr abgefallen ist, war das Schwein wieder ganz gesund.»

«Wie das?» Ich war völlig fasziniert.

«Vermutlich ist irgendein Wirkstoff in der Zeit über die Haut in den Körper gedrungen. Schließlich haben die Sauen schon ganz bald wieder gefressen und auch genügend Milch gebildet.»

Ich nahm mir vor, daheim in Gießen erst mal nachzusehen, was es damit auf sich hatte. Tatsächlich verfügte die Christrose über Wirkstoffe, die bei durch Bakterien verursachten Gebärmutter- und Gesäugeentzündungen Linderung verschaffen konnten.

Dieses Thema, nämlich wie mein Beruf auch ohne die heutzutage übliche Hilfe der pharmazeutischen Industrie ausgeübt werden könnte, treibt mich nach wie vor um. Sollte die Versorgung mit all den Mitteln, auf die ich mich bei den Behandlungen so selbstverständlich verlassen kann, irgendwann einmal nicht mehr möglich sein, was dann? Wüsste ich auch noch Wege, anders zu heilen? Natürlich wünsche ich mir sehr, dass ich dieses Wissen niemals benötige. Es ist schon sehr bequem, Medikamente einfach am Telefon zu bestellen, und bald darauf kommt das Paket an.

Um drei Uhr nachts kamen endlich die Nachgeburten der Ferkel, ein Zeichen, dass sie nun höchstwahrscheinlich alle auf der Welt waren. Nach einer weiteren halben Stunde waren der Bauer und ich uns dann endgültig sicher, dass die Geburt vorüber war.

Solche intensiven Gespräche unter vier Augen wie mit ihm liebe ich. Wieder hatte ich neben meiner Arbeit so vieles erfahren dürfen, worüber ich noch lange nachdenken musste. Wahrlich einen tollen Beruf habe ich da, bei dem ich so nah an andere Menschen und Tiere herankomme.

Am nächsten Morgen war ich sehr froh, dass das Telefon vorerst noch keine Aufgaben für mich hatte. Wegen der ewig langen Geburt hatte ich kaum Schlaf bekommen und war entsprechend müde. Trotzdem musste ich die übliche Runde fahren, da es in dieser Praxis in einigen Orten noch einen Zettelbriefkasten gab, der geleert werden wollte.

Der Kollege, den ich vertrat, hatte die Bewohner vieler kleiner Bauernhöfe als Kunden, die damals noch nicht über den Luxus eines Telefonanschlusses verfügten. Wenn nun der Tierarzt geholt werden musste, warf der Bauer einen Zettel mit seinem Namen und dem Grund für den Auftrag in den aufgestellten Briefkasten. Mein Kollege fuhr deshalb täglich einmal die Runde ab, auch wenn kein telefonisch erfolgter Auftrag für diese Orte vorlag.

Genau so machte ich es an diesem Morgen auch. Ein Schlüssel, der für alle Briefkästen passte, lag griffbereit im Praxisfahrzeug. Allerdings arbeitete ich unter erschwerten Bedingungen, denn ich kannte die meisten Bauern nicht und konnte auch so manchen Zettel nicht lesen. Einige Nachrichten waren sauber geschrieben, einige andere jedoch in einer nicht zu entziffernden Krakelschrift verfasst. In einigen Fällen konnte ich gerade noch Sätze wie «Kalb krank, bitte kommen» entziffern. Bei wieder anderen stand noch nicht mal ein Name dabei. Dank einiger hilfsbereiter ortsansässiger Bauern gelang mir die Entschlüsselung aber stets. Der eine schrieb immer mit Bleistift, der andere hatte Mühe, mit seiner Gicht den Stift zu halten, weshalb wir den unleserlichen, mit Kugelschreiber geschriebenen Zettel diesem Bauern zuordnen konnten. Diese Aufgabe wurde immer einfacher, je mehr Leute ich kennenlernte.

Am meisten faszinierte mich an der ganzen Sache jedoch, dass ich hier eine alte Methode der Nachrichtenübermittlung hautnah erlebte. So mussten die Tierärzte in Zeiten ohne Telefon praktiziert haben.

«Wie wird denn in ganz dringenden Fällen vorgegangen?», fragte ich die Landwirte einmal, als sie mir wieder mal beim Entschlüsseln halfen.

«Na, heutzutage gibt es im Ort doch einige Telefonanschlüsse. Da muss man im Notfall eben einen Nachbarn fragen, ob man seinen Apparat benutzen darf.»

Früher, so erfuhr ich, als der Ort noch ohne Telefon war, musste jemand extra zum Tierarzt fahren, um ihm die dringende Nachricht zu übermitteln. Und davor, als motorgetriebene Fahrzeuge noch selten waren, musste für diesen Zweck jemand zur Praxis reiten oder den Weg mit dem Fahrrad auf sich nehmen.

Wie leicht hatten wir es da alle inzwischen.

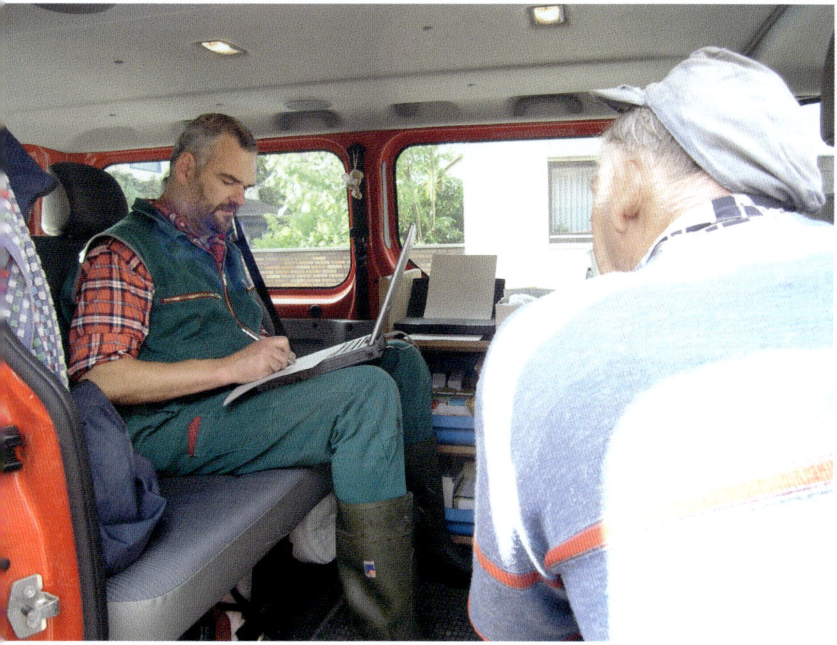

Mein mobiles Büro

Brahmanen vor der Frankfurter Skyline

Glucke mit Anhang

Dromedar Sultan fühlt sich pudelwohl

Unsere Geisfurthmühle

Ein Lämmchen auf unserer Weide

Große Zuneigung

Unser Mühlenhahn

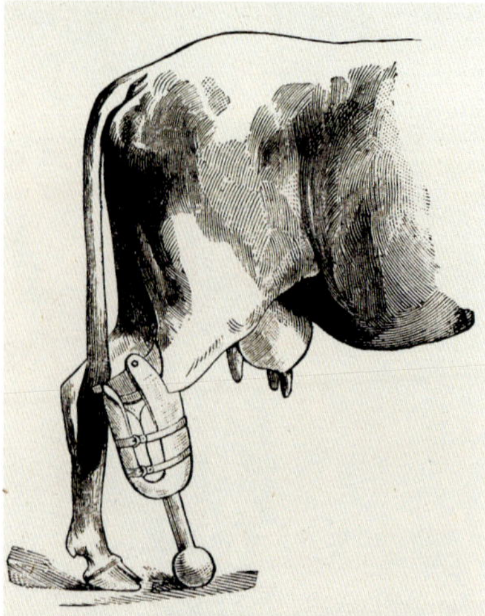
Fig. 315.

1901 waren Nutztiere sehr viel wert – hier eine Kuh mit «Bein-Prothese.

Stall einer Berliner Milchkur-Anstalt

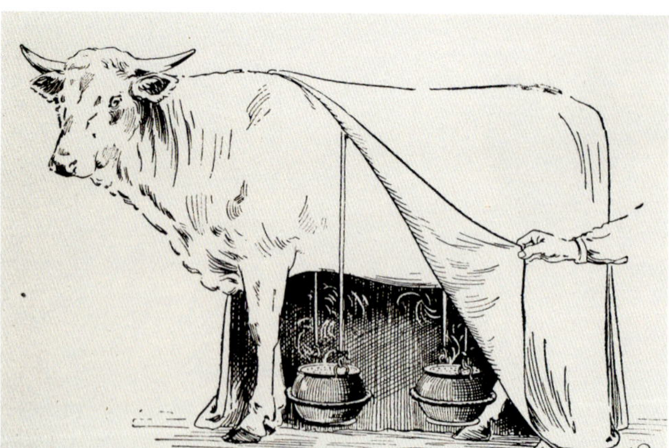
Fig. 323. Dampfbad für Kühe.

Dampfanwendung bei Kolik

Fig. 437. Die Halspackung beim Huhn.

Die «Halspackung»
beim Huhn

Fig. 321. Richtig eingeführte Schlundsonde.

Schlundsonde
in den Pansen

Eine träumende Gans

Ein Gebärmuttervorfall und ein zersägtes Kalb

Inzwischen hatte es mich nach Bayern verschlagen, wo ich nun seit gut zehn Tagen Dienst tat. Land und Leute gefielen mir sehr gut, und ich fühlte mich ausgesprochen wohl, auch wenn ich jeden Tag so viel zu tun hatte, dass ich abends todmüde ins Bett fiel und wie ein Stein schlief.

Nach einem extrem anstrengenden Vormittag hatte ich immerhin in Ruhe zu Mittag essen können und saß noch eine Weile am Tisch. Nach dem guten Essen umfing mich eine leichte Müdigkeit, und da ich für den Abend noch eine große Tour im Auftragsbuch hatte, genoss ich diese kurze Zeit der Ruhe. Ich hatte mir gerade einen Kaffee eingeschenkt, da klingelte das Telefon, und die Ruhe war zerstört.

«Meine Kuh hat den Leib herausgeschafft», erklärte mir der Landwirt, und ich verstand erst gar nicht, was er damit meinte.

Dennoch fuhr ich sofort los, da es sehr dringend klang. Als ich einer Viertelstunde später vor seiner Kuh stand, wusste ich, dass es sich um einen Vorfall der Gebärmutter handelte. Erschöpft lag das arme Tier zwischen seinen Nachbarinnen auf dem Boden. Von außen sah es wirklich so aus, als hätte die Kuh einen Teil ihres Körpers aus sich herausgeschafft. Die Gebärmutter, die mit der Innenseite nach außen gestülpt war, hing weit aus der Scheide und lag auf dem Boden.

Meist ist so ein Gebärmuttervorfall eine Folge einer anstrengenden Geburt mit einem größeren Kalb. Wenn der Geburtskanal noch geweitet ist und die Kuh den Druck der gerade vollbrachten Geburt fühlt, hält sie die Nachgeburt manchmal für ein zweites Kalb und drückt, so fest sie kam, bis das unangenehme Gefühl in der Scheide nachlässt. Zu einem Vorfall der Gebärmutter kommt es aber nur bei einer Störung, im Normalfall lässt der Druck nach, sobald die Kuh aufsteht.

Die Kuh konnte jedoch gar nicht mehr aufstehen, weil sie einen massiven Kalziummangel hatte. Zuerst umhüllte ich die etwa einen halben Meter aus der Kuh heraushängende Gebärmutter mit einem Leintuch, das mir der Bauer sogleich brachte. So konnte einer meiner Helfer die glitschige, extrem empfindliche Gebärmutter gut festhalten, falls die Kuh sich herumwerfen oder einen Aufstehversuch starten sollte. Wenn die Kuh in dieser Situation mit einer heftigen Körperbewegung an der nach außen gestülpten Gebärmutter zerrt, sind die stark überdehnten Blutgefäße der Gebärmutter in Gefahr. Ein kurzer Ruck, und die Arterie, die für die Versorgung des Kalbes zuständig war, zerreißt. Wenn das geschieht, gibt es keine Rettung mehr. Aus der etwa daumendicken Arterie würde das unter Druck stehende Blut schlagartig austreten. Das Blutgefäß ist so groß, dass die Kuh innerhalb von zwei Minuten verbluten kann.

Nachdem die notwendige Sicherung der Gebärmutter erfolgt war, musste die Kuh ihre Infusion mit einer Kalziumverbindung erhalten, denn ihr Kreislauf erlahmte zusehends. Der Bauer hielt sie am Halfter, damit ich in die Halsvene stechen konnte, während sein Sohn die Gebärmutter sicherte. Die Kuh war sehr brav, dennoch hatten wir ein Problem, denn sie durfte nur dann versuchen aufzustehen, wenn der Helfer das Eigengewicht der umgestülpten und mit Darmschlingen gefüllten Gebärmutter tragen konnte. Nach der Infusion konnte sich die Kuh allerdings immer noch nicht hochstemmen.

Ich hatte die Rückverlagerung einer Gebärmutter bis dahin nur bei stehenden Kühen vorgenommen. Diese Kuh lag jedoch mit ihren Hinterteil sogar leicht bergab, weil sich die Steh- und Liegefläche der Kühe in dem Anbindestall nach hinten neigte, damit alle Flüssigkeiten ablaufen konnten und der Liegeplatz meist trocken war. Um die Gebärmutter gegen die Kraft der Kuh, die sich vermutlich mit Pressen wehrte, in den Körper zurückzuschieben, war ich vermutlich nicht stark genug. Zuerst musste ich also die sogenannte Bauchpresse unterbinden, also die Kraft, ein Kalb herauszupressen.

«Ich werde dem Tier gleich ein Betäubungsmittel in den Rückenmarkskanal spritzen. Damit spürt sie keinen Schmerz mehr, und der Reiz, sich gegen meine Bemühungen zu wehren, ist geringer.»

Der Bauer nickte, zum Zeichen, dass er einverstanden war.

Weil ich davon ausging, dass diese große, schwere Fleckviehdame über große Gegenkräfte verfügte, bat ich um eine Holzpalette, die wir vor die Wand legten, damit ich mich daran abstützen konnte. Jetzt zog ich meinen Gummimantel an, um mich gegen jede Form von Nässe zu schützen. Danach ging ich hinter der Patientin in die Hocke. Das ganze Elend lag wie ein praller Sack im Tuch auf dem schmutzigen Stallboden, während die Kuh total erschöpft auf der Seite lag, die Beine weit von sich gestreckt. Schwer schnaufte sie in ihrem Unglück.

Dieses Tier würde ohne unsere Hilfe keinen Tag mehr leben. Jemand, der sich nicht auskennt, würde es sofort erlösen wollen. Aber so schnell gab ich nicht auf.

«Los geht's», sagte ich zu den anderen. «Wir schaffen das.»

«Na klar!», rief der Sohn des Bauern.

Mit einem zuvor bereitgelegten Gartenschlauch spülten wir allen Dreck ab, der an der mit Schleimhaut bekleideten rosaroten Innenseite der Gebärmutter klebte. Dazu legte ich mir den ganzen Tragsack auf den Schoß und löste vorsichtig die Nachgeburt, soweit dies möglich war. Damit war alles war vorbereitet, jetzt ging der Kampf los. Mit viel Gefühl schob ich das empfindliche Gewebe, das sehr mürbe war, halb zurück durch die Scheide in den Bauchraum. Dabei spürte ich jeden tieferen Atemzug der Kuh. Dann ein kurzes, leises Stöhnen, und schon war alles wieder draußen. Ich wog siebzig Kilogramm, die Kuh ungefähr siebenhundert. Ich wollte nicht wahrhaben, dass ich eigentlich keine Chance hatte, die Gebärmutter auf diese Weise komplett zurückzuschaffen.

Nach einer Stunde sah ich ein: So konnte ich nur scheitern. Viermal hatte ich das Ziel fast vor mir gehabt, viermal hatte die Kuh intensiv eingeatmet, um das unangenehme Gefühl loszuwerden, das sie irgendwo dahinten spürte. Tatsächlich war dieses unangenehme Gefühl für die Kuh sofort vorbei, wenn sie mal tief durchatmete. Da ich meine Patientin nicht überreden konnte, das Pressen sein zu lassen, wollte mir nichts mehr einfallen, um das Problem zu lösen. Irgendwann zitterte ich vor Erschöpfung am ganzen Körper und hatte doch nur die Vorbereitungen geschafft, nicht jedoch den Hauptakt der Zurückverlagerung. Ich konnte machen, was ich wollte, so konnte das nicht klappen. Mit dem Wissen, das ich hatte, war der Kuh nicht mehr zu helfen.

Zufällig ereignete sich dieser kleine Kampf ausgerechnet am Ende meiner Vertretungszeit bei diesem Tierarzt. Der Kollege war bereits aus dem Urlaub zurück und genoss die letzten drei Tage zu Hause. Also nichts wie ans UKW-Funkgerat im Praxisauto und in der Praxis angerufen. Verzweifelt schilderte ich ihm die Lage.

«Ja, da können Sie noch lange probieren, das kann man auch mit mehr Kraft nicht lösen, weil dabei bloß die Gebärmutterwand zerreißt. Ist die Kuh denn sonst schon versorgt?»

«Na klar doch.»

«Dann sollen beide Helfer bei der Kuh bleiben und die Gebärmutter sichern. Und Sie holen mich jetzt zu Hause ab.»

Eine halbe Stunde später standen wir zu zweit wieder im Stall.

«Jetzt kann Ihnen die Situation keine Angst mehr einjagen. Tun Sie einfach, ich sage Ihnen, was», bestimmte er.

Dann musste der Bauer zwei Stricke über den Klauen der Kuh befestigen, und wir zogen sehr vorsichtig erst ein Hinterbein nach hinten und befestigten den Strick an der Wand. Dann drehten wir die Kuh so um, dass wir das andere Hinterbein ebenfalls gestreckt nach hinten ziehen konnten. Ganz behutsam mussten wir dabei sein, weil das knöcherne Becken der frischgekalbten Kuh bei diesem Akt sogar zerreißen kann. Als die Kuh in Bauchlage mit nach hinten gestreckten Beinen dalag, erkannte ich den Vorteil dieser Lage, denn jetzt hatte das Becken der Kuh eine Neigung in Richtung Bauch.

Also noch einmal von vorne: Ich legte mir die Gebärmutter auf den Schoß, cremte sie mit viel Gleitgel ein und schob den Vorfall zurück. Diesmal war keine Gegenwehr der Kuh zu spüren. Natürlich dauerte das Ganze trotzdem fast zwanzig Minuten, aber ich musste lange nicht mehr so viel kämpfen wie zuvor. Der Erfolg war endlich da, nun musste ich ihr nur noch ein Schmerzmittel verabreichen und ihr ein Antibiotikum in Form von Schaumstäbchen in die Gebärmutter legen, die jetzt wieder an ihrem Platz war. Mit einem Band sicherte ich das Gewebe gegen die Gefahr eines weiteren Vorfalls, und damit war die Behandlung für den Moment abgeschlossen. Am Abend sollte die Kuh eine weitere Infusion erhalten, falls sie bis dahin noch nicht allein aufstehen konnte.

Auf der Rückfahrt nach Hause ließ mich mein Lehrmeister noch kurz bei einer guten Bäckerei anhalten, dann rief er über Funk seine Frau an und bat sie, Kaffee zu kochen. So konnten wir am Kaffeetisch meine erfolgreiche Lehrstunde feiern.

Am Abend brauchte die Kuh tatsächlich noch mal eine Portion Kalzium. Zehn Minuten nach der Infusion versuchte sie endlich aufzustehen. Frisch gestärkt, schaffte sie es gleich beim ersten Versuch. Auch unsere Patientin war sehr zufrieden und musste sofort ganz dringend etwas fressen und trinken. Da waren wir glücklich und freuten uns, dass die Kuh nicht sterben musste.

Dank Erlebnissen wie diesem fühlte mich immer sicherer in meinem Beruf, und trotzdem geriet ich nach wie vor in Situationen, in denen ich Neuland betrat. Zu diesen einschneidenden Erfahrungen gehört der Einsatz bei einer Kuh, die ein viel zu großes, aber schon totes Kalb in sich trug. Es war Herbst, der Nebel hatte fast den ganzen Vormittag lang die Täler ausgefüllt, nur die höheren Lagen genossen die Sonne. Zur Abwechslung mal wieder ohne Frühstück war ich unterwegs zu einem Bauernhof mit ungefähr fünfzehn Milchkühen in Anbindehaltung. Der Hof lag von einer weißen Wand umgeben im Tal.

Als ich den Stall betrat, lief der Kuh Schleim aus der Scheide, der Bauch war noch ganz dick, die Geburt stand unmittelbar bevor.

«Aber irgendwie ist alles ganz komisch», so die Auskunft des Bauern. «Der Schleim riecht schlecht, und die Kuh ist auch so unruhig.»

«Das sieht in der Tat nicht nach einer normalen Geburt aus», sagte ich mit besorgter Miene.

Wasser und Seife zum Abwaschen der Scheide stand schon bereit, mein Gleitgel war schnell aus dem Auto geholt. Nach der

Reinigung führte ich meine Hand vorsichtig in den Geburtsweg ein. Die Kuh war schon erschöpft und zappelte daher nicht mehr herum. Sie hatte es in der letzten Nacht wohl immer wieder probiert und sich sehr bemüht. Solche Augenblicke, in denen ich noch nicht wusste, was los war, regten mich auf, weil mir dann immer unheimlich viel einfiel, was ich vielleicht nicht beherrschen könnte. Also schnell weitergerutscht bis zur Gebärmutter, dann stieß ich an das Kalb.

Zu meinem Erstaunen lag es gar nicht falsch. Vielmehr war es, wie leicht zu tasten war, einfach nur viel zu groß, um auf natürlichem Weg zur Welt zu kommen. Das Fruchtwasser roch tatsächlich anders als sonst. Ein süßlicher, leicht fauliger Geruch zog mir in die Nase. Einige Male hatte ich den Todesgeruch bei Geburten schon wahrgenommen, allerdings hatte das Kalb immer gerade noch gelebt und war gesund auf die Welt gekommen. Meistens bestimmte die Nase in solchen Fällen schon die Diagnose «totes Kalb», und auch in diesem Fall prüfte ich vergebens auf Lebenszeichen.

Da gibt es mehrere Signale, die dem Tierarzt Gewissheit geben können. Wenn man dem Kalb einen Finger zwischen zwei Klauen drückt und es so reizt, müsste es das Beinchen zurückziehen – nichts. Wenn man die Zunge anfasst und kurz hineinzwickt – nichts. Wenn man vorsichtig auf den Augapfel drückt, müsste das ein Zwinkern oder eine Abwehrbewegung auslösen – nichts. Noch einiges andere versuchte ich an jenem Tag mit dem gleichen Ergebnis – nichts.

Zuletzt war ich sicher, dass dieses Kälbchen nicht nur so roch, sondern tatsächlich tot war. Leider hatte die Kuh nicht richtig mit der Geburt anfangen können, daher war es im Mutterleib gestorben. Kühe spüren genau, wenn etwas nicht stimmt, aber sie können sich nicht immer selbst helfen. Diesmal, das erkannte ich sofort, durfte ich keinen Kaiserschnitt machen, weil die leicht jauchig riechende Flüssigkeit anzeigt, dass schon eine Infektion der Gebärmutter begonnen hatte.

Wenn in einem solchen Fall bei einem Kaiserschnitt die Flüssigkeit in den Bauchraum fließt, erleidet die Kuh eine fürchterliche Bauchhöhleninfektion, die leicht zum Tod führen kann. Nun gibt es in unserer Heilkunst für solche Fälle noch eine andere Möglichkeit, die Leibesfrucht der Kuh herauszuholen, ohne die Mutter zu gefährden. Dabei musste ich das tote Kalb in der Gebärmutter in mehrere Teile zersägen, natürlich ohne die Mama dabei auch nur zu ritzen. Dafür gibt es ein Gerät namens Fetotom, das ein Tierarzt erfunden hat. Ich führe es nicht immer im Auto mit, dafür braucht man es zu selten.

«Ich muss leider noch mal kurz zurück in die Praxis fahren», sagte ich zu dem Bauern, nachdem ich ihm die Lage erklärt hatte.

«Hauptsache, Sie retten meine Kuh», lautete die Antwort.

Sogleich entdeckte ich das sperrige Fetotom in seiner auffälligen Spezialtasche, prüfte kurz, ob die Sägeausrüstung komplett war, und raste zurück zur Problemgeburt. Da die Bauersleute das seltsame Gerät nicht kannten, erklärte ich ihnen erst mal alles. Dabei setzte ich die zwei glatten Rohre zusammen, die mit Versteifungen genau nebeneinander verliefen. Die eine Seite, die in die Kuh sollte, hatte an den Enden der beiden Rohre einen glatten, runden Wulst, an der anderen Seite, die später aus der Kuh herausragte, befand sich der Griff, an dem ich die beiden Führungsrohre festhalten konnte. Jetzt musste ich einen ganz besonderen Sägedraht von der Außenmündung des einen Rohrs zur späteren inneren Seite hindurchfädeln. Dieser besteht aus drei Drähtchen, die miteinander verflochten sind, von denen wiederum drei erneut miteinander verschränkt werden. Dieser Draht kann mir durch die Finger rutschen, ohne dass es zu einer Verletzung kommt. Bei kräftigem Zug kann dieser Draht jedoch sogar ein Wasserrohr durchschneiden, erst recht einen toten Körper aus Fleisch und Knochen.

Jetzt musste ich das eine, bereits durchgefädelte Ende des Sägedrahtes mit einem schonenden Schlingenführer so über die eine Schulter des Kälbchens legen, dass ich Kopf und Schulter mit einem Schnitt abtrennen konnte. Das Anlegen des Drahtes war schon anstrengend genug, schließlich war alles sehr glitschig und die Kuh bewegte sich zwischendurch auch mal. Als der Draht endlich richtig lag, führte sein Ende durch das zweite Rohr wieder nach außen, ehe ich die beiden Enden an speziellen Handgriffen befestigte. So führte der Draht von dem einen Handgriff außen über das eine Rohr hinein zum Kalb, am richtigen Punkt um das Tier herum und zum anderen Rohr wieder heraus bis zu dem anderen Handgriff. Nachdem ich mich vergewissert hatte, dass ich nicht aus Versehen ein Stück Schleimhaut der Gebärmutter unter dem Draht eingeklemmt hatte, konnte ich diesen straffen.

«Könnten Sie bitte die Griffe anfassen und unter Spannung halten?», bat ich den Bauern.

«Klar!» Vorsichtig nahm er sie mir aus der Hand.

Ein letztes Mal überprüfte ich die richtige Lage, dann bat ich meinen Assistenten: «Ziehen Sie jetzt bitte mit weit ausholenden Bewegungen den Draht unter Spannung hin und her.»

Das war so anstrengend, dass mein Helfer froh war, als einige Nachbarn in den Stall kamen, die das Tierarztauto bemerkt hatten. So konnten sie sich abwechseln, denn mit dem erfolgreichen ersten Sägeschnitt war es noch lange nicht getan. Ich holte den ersten Brocken aus der Kuh und legte den Draht mit dem Schlingenführer um den nächsten Teilabschnitt. Dabei packte der Tierbesitzer noch selbst mit an, beim dritten Schnitt durfte dann der erste Nachbar helfen. Leider war das Kalb derart groß, dass wir sogar einen vierten Schnitt benötigten, bei dem mir ein weiterer Helfer assistierte. Erst danach konnte ich das allerletzte Stück des Riesenkalbes aus der Mutter herausziehen.

So viele Schnitte sollte ich in den ganzen achtundzwanzig Jahren, die ich nun als Tierarzt arbeite, nicht mehr benötigen, aber im Verhältnis zum Geburtsweg war dies auch das größte Kalb, zu dem ich je gerufen wurde.

Nun musste ich unbedingt noch untersuchen, ob wir in diesen zweieinhalb Stunden, die inzwischen vergangen waren, nicht doch die Mama innerlich verletzt hatten. Ich konnte aufatmen, sie war unverletzt. Die teilweise spitz aus den einzelnen Teilen ragenden Knochenreste, die ich unter dem Schutz meiner Hand vorsichtig herausgeholt hatte, hatten die Kuh genauso wenig erwischt wie der Sägedraht. Letztlich war der Akt für uns Menschen erheblich anstrengender als ein Kaiserschnitt, aber für die Kuh war es sehr viel schonender, denn sie brauchte sich nur helfen zu lassen. Ich legte der Kuh, die gar nicht mehr nach dem Kalb sah, noch zwei antibiotische Schaumstäbe ein und gönnte ihr ein Schmerzmittel. Danach legte der Bauer ihr noch extra leckeres Futter vor, was sie erleichtert annahm.

Wir waren fix und fertig, aber glücklich, dass wir diese Extremsituation zusammen so gut gemeistert hatten. Die Bauersleute luden mich nach der Behandlung noch zum Frühstück ein, schließlich hatten sie auch noch nichts gegessen, und die hilfsbereiten Nachbarn fanden auch noch Platz am großen Tisch in der alten Bauernküche.

Derart gestärkt, begann ich meine Vormittagsrunde um kurz vor zwölf Uhr mittags. Die Kunden, die geduldig auf mich gewartet hatten, akzeptierten jedoch alle meine Entschuldigung. Den meisten war ohnehin klar, dass so etwas bei jedem passieren konnte, und in dem Fall hätten sie auch nicht im Stich gelassen werden wollen. Auf der Fahrt zu den nächsten Kunden löste sich die Erschöpfung langsam, und der Stolz, eine gute Lösung erreicht zu haben, füllte meinen Kraftspeicher.

Vier Monate später durfte ich noch einmal in dieser Praxis aushelfen, und natürlich stattete ich der unvergesslichen Kuh einen Besuch ab.

«Wieso, war Ihnen nicht klar, dass es unserer Kuh gutgeht?», fragte mich die Bäuerin verwundert.

«Die Geburt war für mich absolut außergewöhnlich, deshalb bin ich sehr froh, dass die Dame immer noch so munter mit dem Schwanz nach Fliegen schlagen kann.»

Die Bäuerin lachte. «Das ist ja noch gar nicht alles, die Kuh hat nämlich nach der ersten Besamung aufgenommen und ist wieder trächtig. Diesmal haben wir aber einen ganz besonders kleinen Bullen ausgesucht, damit sie nicht noch mal in Not kommt.»

Da war ich erst recht stolz, denn nach dieser schlimmen Geburt hätte ich durchaus mit einigen Schwierigkeiten gerechnet, auch damit, dass diese Kuh nicht mehr trächtig würde.

Wenn aus einer Albtraumsituation am Schluss etwas Gutes wird, dann fühlt sich das für mich jedes Mal so an, wie ich mir ein kleines Wunder vorstelle.

Mit Kamillendampf gegen eine Viehseuche

Eine Viehseuche zu erkennen, hatte ich mir immer sehr schwierig vorgestellt, bis mir eines Tages bei einer weiteren Vertretung eine solche zum ersten Mal begegnete.

Im Winter steht auch jenes Vieh im Stall, das bei günstigem Wetter sonst auf der Weide ist. Deshalb ist die Besatzdichte des Stalles, wie der Fachmann das bezeichnet, höher und die Anfälligkeit für Krankheiten größer. Hinzu kommen die häufig starken Schwankungen der Außentemperatur. Die bei der einen Wetterlage ausgekühlten Stallwände lassen bei einem Anstieg der Temperatur die feuchtwarme Luft an der kalten Fläche kondensieren, und die Wände «schwitzen». Durch diese feuchten Bedingungen werden die Kleider der Tiere, also ihr Fell, feucht und klamm, wodurch es, genauso wie ein nasser Pulli, die Fähigkeit zu isolieren verliert. Deshalb wird ein feuchtes Tier schneller krank als ein trockenes. Strenge Kälte können unsere Haustiere besser ertragen als den Bereich um null Grad, denn strenge Kälte bedeutet trockenes Wetter, im Bereich um null Grad dagegen ist im Stall meist alles feucht.

In jenem Winter, es war schon Februar, herrschte noch trockene Kälte. Deshalb war ich schon überrascht, als ich noch im Bett einen Anruf erhielt, der Übles ahnen ließ. Gleich vier Kühe, die am Abend zuvor noch unauffällig gewesen waren, schnauften schwer und hatten alle über vierzig Grad Fieber. Ich stand schnell auf und konnte natürlich nicht die Ruhe aufbringen, zuerst noch zu frühstücken. Etliche Kilometer später war ich auf der Hochfläche im Fichtelgebirge angelangt. Beide Bauersleute warteten in der großen Stalltür, durch die das Futter mit dem Traktor auf den Tisch der Kühe, den Futtergang, gebracht werden konnte.

Völlig aufgeregt kam mir der Bauer entgegen. «Jetzt ist schon die fünfte Kuh krank. Wir haben doch bloß fünfundzwanzig, das ist ja ein Fünftel.»

«Ich sehe sie mir sofort an», sagte ich und ging wie immer vor. Nicht groß reden, sondern möglichst schnell eine Diagnose erstellen.

Ich holte mein Stethoskop und lauschte, was der Körper der ersten Patientin mir sagen wollte. Die Kuh atmete sehr schnell, kurz und angespannt. Die Geräusche aus der Lunge und den Bronchien waren extrem laut und rau, fast schon fauchend. Volle Ausprägung einer Lungenentzündung, lautete meine Einschätzung. Allein das Atmen war damit schmerzerfüllte Schwerstarbeit für das Tier. Routiniert steckte ich den Thermometer in den Po der Kuh, um die Entwicklung zu überprüfen, und erschrak, denn das Messgerät zeigt knapp über 42 °C. In der Stunde seit dem Anruf war das Fieber in jenen Bereich gestiegen, in dem Eiweiß gerinnen kann. In diesem Fall musste ich daher massiv Medikamente einsetzen.

«Was kann denn nur der Grund sein, dass die anderen Kühe auch so krank sind?», überlegte ich, während ich die vier Patienten untersuchte: gleicher Befund, ähnliches Krankheitsbild, alle mit mehr als 41 °C. Bei Zugluftproblemen können auch schon mal mehrere Tiere krank werden, allerdings stehen diese meist in der Nähe der anderen Kranken. Diesmal waren die Patienten an verschiedenen Stellen im Stall angebunden.

«Kann Zugluft als Auslöser für die Lungenentzündung in Frage kommen?», fragte ich die Bauersleute trotzdem.

Beide verneinten. «Darauf achten wir immer sehr.»

«Waren vielleicht fremde Personen im Stall? Oder haben Sie einen Neuzugang an Vieh?»

«Ach», sagte die Bauersfrau, «die Kuh hier zwischen den anderen, die haben wir vor vier Tagen gekauft. Der Viehhändler hat uns das Prachttier zu einem guten Preis angeboten.»

«Haben Sie das Tier gleich in die Milchkuhreihe gestellt?», hakte ich nach.

«Ja, aber sie kann keine Krankheit mitgebracht haben, weil sie putzmunter dasteht und mit vollem Maul frisst. Und ihre beiden Nachbarinnen sind ja auch gesund.»

Jetzt wollte ich es genau wissen. Ich überprüfte die Körpertemperatur der beiden und stellte entsetzt einen Wert von über 40 °C fest. Augenscheinlich ging es ihnen noch gut, doch nun hatte ich die Neue erst recht im Verdacht, die Krankheit mitgebracht zu haben. Vor allem die Tatsache, dass sie gesund war, sie hatte vorbildliche 38,5 °C, machte sie verdächtig. Wenn sie die Krankheit schon durchgemacht hatte, so konnte sie sich gegen die Erreger wehren und wurde davon nicht mehr belästigt. Ich war schwer beunruhigt und entschloss mich für ein stark entzündungshemmendes Mittel, ein Antibiotikum und einen Schleimlöser, die ich direkt ins Blut spritzte.

«Am Abend komme ich noch mal vorbei und schaue nach den fünf Kranken», verabschiedete ich mich von den Bauern.

Der Tag war voller Arbeit, wie meist im Winter, und die erste Fahrt auf meiner Abendtour führte mich wieder auf diesen Hof. Den erkrankten Kühen ging es kein bisschen besser, außerdem pumpten inzwischen drei weitere Kühe, die alle ebenfalls über 42 °C hatten. Sofort behandelte ich die neu erkrankten, diesmal jedoch jede mit einem anderen Antibiotikum, die fünf Damen vom Morgen hingegen versorgte ich mit einen anderen abschwellenden Mittel. Mehr konnte ich nicht tun.

Am nächsten Tag erwartete mich noch Schlimmeres. Mittlerweile waren elf Kühe erkrankt, alle sehr schlimm. Kein Medikament, das ich bisher verabreicht hatte, hatte mehr als eine kurze Linderung gebracht. Den zuerst erkrankten Kühen lief dicker Eiter aus der Nase und behinderte die Atmung zusätzlich. Für die Bauersleute, die so stolz auf ihre ordentliche, gesunde Tierhaltung waren und sich um einen anständigen Umgang mit ihren Kühen bemühten, brach eine Welt zusammen. Was wäre, wenn es jetzt so weiterginge und kein Medikament helfen wollte? Erneut machte ich mir große Sorgen. Am Abend hatte ich all meine Waffen gegen Bakterien, also sämtliche im Auto befindlichen, für Großtiere zugelassenen Antibiotika, bei jeweils einem anderen Tier eingesetzt, um schnellstmöglich ohne eine Laboruntersuchung herauszufinden, mit welchem Mittel ich Erfolg haben könnte. Nun, am Morgen danach, musste ich erleben, dass keines davon den Kühen geholfen hatte.

Grundsätzlich können Antibiotika nur gegen Bakterien helfen, nicht aber gegen Pilze oder Viren. Bei Grippe bekämpft der Arzt lediglich die Begleitinfektionen auf der vom Virus zerfressenen Schleimhaut, den Virus selbst kann allein der Körper bekämpfen. Aus dem Versagen der Medikamente gegen Bakterien konnte ich schließen, dass ein Virus diese furchtbare Krankheit verursacht hatte, der noch nicht einmal die zerstörende Kraft der Bakterien brauchte, um schwer zu schädigen.

Das erklärte ich auch den Tierhaltern und stellte ihnen meinen Plan vor, wie es weitergehen könnte. Da eindeutig ein Virus an der Infektion schuld war, wollte ich die Patienten nicht länger mit den Nebenwirkungen der Antibiotika belasten. Wir mussten jetzt alle Möglichkeiten ausschöpfen, die ich aus der Naturmedizin schon kannte, um die Körperabwehrkräfte zu unterstützen. Dazu wollte ich jeder Patientin zweimal täglich ein homöopathisches Kombinationsmittel direkt unter die Haut spritzen, außerdem ordnete ich für zweimal am Tag eine Behandlung mit Kamillendampf an. Kamille lässt die wunden Atemwege abschwellen und lindert zudem Schmerzen. Bei Kühen hatte ich das noch nie ausprobiert, ich kannte diese Methode nur von mir selbst und von einigen Kälberbehandlungen.

Zusammen überlegten wir, wie man das bei so vielen Patientinnen realisieren könnte. Ausreichend Kamille für die erste Behandlung war zum Glück noch im Haus. Wir erhitzten Wasser in großen Töpfen, warfen eine Handvoll Kamille in einen Plastikeimer und schütteten zwei Liter kochendes Wasser darüber. Nachdem der Sud zwei Minuten abgedeckt gezogen hatte, setzten wir ihn der ersten Kuh vor. Das Tier sollte sich aber nicht die Nase verbrennen, da es sonst nie mehr mitmachte, daher legten wir auf den Eimer ein Kuchengitter. Nun mussten wir nur noch die Kuh dazu überreden, ihre Nase auch da hinzuhalten, wo es dampfte. Die erste wollten wir noch anbinden, aber da hielt sie auch schon freiwillig den Kopf über den Eimer und atmete den Dampf ein, als hätte sie nie etwas anderes gemacht. Die beiden nächsten waren genauso anständig und schnauften kurz darauf im Dampf.

Aus eigener Erfahrung wusste ich, dass der Dampf sehr angenehm ist und das Atmen schnell erleichtert. Deshalb hielten unsere Patientinnen ihre großen Köpfe auch so brav still. Als das Wasser langsam kälter wurde, lief bei zwei Kühen schon massiv Eiter aus der Nase, damit war bei ihnen die Atembehinderung vorübergehend schon mal weg. Natürlich waren die Tiere immer noch extrem krank, aber der erste Schritt in Richtung Besserung darf durchaus klein sein und erfreut trotzdem. Alle Kranken erhielten diese Behandlung.

Bei meinem Besuch am nächsten Tag zeigten mittlerweile alle Kühe Krankheitssymptome. Jenen Kühen, die in den Genuss der Dampfbehandlung kamen, ging es etwas besser, sie hatten sogar schon wieder ein wenig Hunger, aber immer noch Fieber. Milch gab inzwischen keine einzige Kuh mehr, die Tiere brauchten ihre ganze Kraft selbst. Dass überhaupt eine Besserung eintrat, stimmte uns sehr hoffnungsvoll. Wir freuten uns über jeden kleinen Schritt, weil wir am Anfang doch damit rechnen mussten, bei dem schnellen, schweren Krankheitsverlauf vielleicht kein Tier retten zu können.

Bei zwei der zuerst erkrankten Kühe nahm ich je eine Blutprobe und schickte sie mit der Verdachtsdiagnose einer bestimmten Rinder-Herpesvirusinfektion ins zuständige staatliche Untersuchungsamt. Nach drei Tagen voller Sorgen waren die Betroffenen so weit genesen, dass sie trotz Rotznase fast den gewohnten Appetit hatten und mit der Milchproduktion ganz langsam anfangen konnten. Nach einer Woche war der ganze Kuhstall durchseucht, alle Tiere hatten die schlimmste Phase der Infektion hinter sich und mussten sich nur noch von der schweren Krankheit erholen. Die Familie war froh, nur die ganze Milch dieser Woche verloren zu haben, keine einzige Kuh musste den Stall verlassen. Zwei Kühe verloren ihr Kalb, sie hatten gerade noch Kraft für sich, nicht mehr für den Nachwuchs in ihrem Bauch.

Als das Ergebnis der Laboruntersuchung vorlag, bestätigte sich mein Verdacht. Die Krankheit war in Norddeutschland schon bekannt, und die dortigen Milchviehzüchter wollten alle Tiere loswerden, die diese Erreger im Körper trugen. Die Infektion konnte außer Lungenentzündungen auch schwere Fruchtbarkeitsstörungen hervorrufen.

Da der Preis für Schlachtvieh deutlich geringer ist als der Preis für Zuchtvieh, kamen einige findige Viehhändler auf die Idee, ganz tolle schwarzbunte Zuchtkühe zum Schlachtpreis aufzukaufen und sie dann weit in den Süden, unter anderem nach Bayern, zu verkaufen. Dank der vornehmen Abstammung, die in den Papieren dokumentiert war, und weil norddeutsche Züchter damals Kühe mit deutliche höherer Leistung hatten als die süddeutschen, waren die Bauern in Bayern froh, ein solches Juwel zum Schnäppchenpreis zu ergattern. Da nun schon so mancher auf Betrüger im Tierhandel hereingefallen war, lieferten die Händler stets eine gute Geschichte mit, warum sich der Züchter von einer solch guten Kuh trennen wollte.

Bei den Schilderungen des Bauern wurde mir vieles klar. «Mein Viehhändler hat mich nur selten betrogen, deshalb wollte ich ihm glauben, als er mir erzählte, dass der Vorbesitzer sich schweren Herzens von diesem guten Stück trennen müsste, weil das Tier aus jeder Weide ausbräche. Kein Zaun kann die Kuh aufhalten, hat er gesagt. In einem Stall mit Anbindehaltung kann dieses liebe Tier zum Glück für alle ja weiterleben», erzählte er und fügte hinzu: «Und ich Depp bin darauf reingefallen!»

«Natürlich haben wir gehofft, aus dieser Kuh viele Kälber mit guter Abstammung ziehen zu können. Und dass sie uns viel Milch schenkt», ergänzte seine Frau.

Der Bauer seufzte. «Der Preis für die Kuh war wirklich sehr günstig, trotzdem habe ich keinen Verdacht geschöpft. Ich wollte dem Kerl glauben, dabei darf Viehhändlern doch niemand was glauben.»

Diese und ähnliche Verkaufsgeschichten hörte ich in den nächsten Tagen noch von einigen anderen Bauern, deren Herden sich ebenfalls angesteckt hatten. Noch aufregender für mich war aber, dass sich die Familie dieses Hofes mit der auf dem knapp zweihundert Meter entfernten Nachbarhof überhaupt nicht verstand. Beide waren so sauer aufeinander, dass seit Jahren überhaupt kein Kontakt bestand. Trotzdem musste ich auf dem Nachbarhof wenige Tage später die gleichen Zustände bekämpfen.

Natürlich ist in solchen Fällen die tierärztliche Schweigepflicht besonders wichtig. Ich wusste, dass sich die Krankheitserreger über feinste Tröpfchen in der Luft verbreiten. Die Viren mussten die ganze Strecke durch die Luft geflogen sein, um den Nachbarbestand zu infizieren. Da die Familien so sehr zerstritten waren, konnte keiner den Hof des anderen betreten, ohne echt Probleme zu bekommen. Deshalb musste ich sofort an den aggressiven Virus denken, der so weit durch die Luft fliegen konnte und trotzdem krank machte.

Damals während meiner Praxisvertretungen sah ich viele Ställe, die sauber, luftig und hell waren, aber auch viel zu oft solche, in denen die Tiere allein wegen der schlechten Bedingungen krank werden mussten. Dabei war es egal, ob viel oder wenig Vieh im Stall stand, ob ein Stall groß oder klein war. Oft war die Haltung ein Grund für die Krankheiten. Vor allem die Ställe, in denen die Tiere zum späteren Schlachten gemästet wurden, waren deutlich unangenehmer als die Ställe für die wertvolleren Tiere, mit denen gezüchtet werden sollte. Deshalb waren mir Besuche bei Mästern grundsätzlich unangenehmer als jene bei Züchtern. In vielen Mastbetrieben wurde nur das Allernötigste investiert und gepflegt, und die Luft war oft schwer von Ammoniak und anderen Schadgasen.

Das hatte ich schon im Studium gelernt, als man uns die Probleme der massiven Betonbauweise von Milchviehställen anschaulich erklärte.

«Warum müssen die Kühe in so einer feuchtkalten, zugigen Umgebung stehen?», fragte ich damals meinen Professor.

«Dieser Stall ist nach modernsten Erkenntnissen gebaut. Allerdings gibt es noch zu wenige Ställe in dieser Bauweise, weshalb es bisher kaum Erfahrungswerte gibt. Die zeigen sich nun mal erst bei der echten Nutzung.»

In den modernen Ställen kühlte der Beton in kalten Wetterphasen nur langsam aus, allerdings wärmten sich die dicken Wände bei der nächsten Warmfront aber auch nur langsam wieder auf. Somit bildete sich aus der Atemluft der Kühe Kondenswasser, das sich an den nasskalten Wänden niederschlug. Dies verschlechterte die Stallluft, weshalb die Kühe sich weniger wohlfühlten. Kühe bevorzugen trockene, zugluftarme Räume, denn sie wollen beim Wiederkäuen gemütlich liegen und bequem aufstehen können. Das hatte ich mir gründlich eingeprägt.

Mittlerweile wusste ich aus eigener Erfahrung, wie ich in schlimmen Beständen atmen musste. Beim Betreten des Stalles konzentrierte ich mich daher so intensiv wie möglich auf den scharfen Schmerz, der entsteht, wenn ich von der sauberen Außenluft in die stechende Luft im Stallinnern wechselte. Meerrettich brennt ähnlich scharf in der Nase, Peperoni im Mund. Die meisten Mäster bemühten sich, solche Zustände zu verhindern, aber manchen ist es einfach egal, schließlich gibt es dafür Medikamente. Nur eine Gruppe von Mästern konnte sich solche Nachlässigkeiten nicht erlauben: jene, die sich auf die Kälbermast spezialisiert hatten.

Hier in Bayern war der Transportweg nach Italien, wo die Menschen sehr gerne Kalbfleisch aßen, viel kürzer als von anderen Bundesländern aus. Deshalb lohnte sich dort dieser Zweig der

Landwirtschaft, obwohl im Süden unserer Republik die Futtermittel, die von den norddeutschen Importhäfen über den Rhein oder den Main herbeigeschafft werden müssen, wegen der Transportkosten teurer sind als für die riesigen industriellen Kälbermastfirmen nahe der Nordsee.

Dort werden männliche Kälber aus vielen unterschiedlichen Betrieben im Alter von zwei bis drei Wochen als Gruppe zusammengestellt. Die Tiere müssen von jetzt auf gleich verkraften, dass sie von ihrer Mama im Herkunftsbetrieb getrennt wurden, dass sie sich mit neuen Gefährten auseinandersetzen müssen, dass sie nur noch künstlichen Milchersatz zu trinken bekommen und dass das Klima hier ganz anders ist als zu Hause. Wenn eine solche Gruppe zusammenkommt, tauschen sie ihre Krankheitserreger aus und stecken sich an, wie kleine Kinder im Kindergarten. In dieser Zeit der großen Umstellungen werden die Kälber oft sehr krank, was bei Kälbern jedoch nicht Kinderkrankheiten heißt, sondern Händlerseuche oder Transportfieber.

Deshalb muss die Stallluft gut sein, und Zugluft muss um jeden Preis vermieden werden. Meist werden den Kälbern in der ersten Woche Antibiotika mit der Milch verabreicht, damit die Bakterien den Kampf der Viren nicht ausnutzen können. Die Angriffe der verschiedenen Virusinfektionen können aber auch alleine bitterböse ausgehen.

Genau deshalb rief mich eines Morgens ein verzweifelter Bauer an. Zehn von seinen fünfundzwanzig neuen Kälbern standen gar nicht mehr auf, so schwer war ihre Lungenentzündung.

«Das Mittel, das mir der Herr Doktor gegeben hat, wirkt überhaupt nicht.»

«Was war das denn?», fragte ich nach und wusste Bescheid.

Das Mittel war ein Antibiotikum, also ein Bakterientöter. Trat nach dessen Anwendung keine Verbesserung ein, war entweder das Antibiotikum nicht wirksam, weil die Bakterien dagegen unempfindlich waren oder weil wie in diesem Fall die Schädigung hauptsächlich von den Viren verursacht wurde. Die Tiere mussten also vielmehr beim Kampf gegen die Viren unterstützt werden, und zwar mit speziellen Impfstoffen, die eingesetzt werden mussten, bevor die Viren sich vermehren konnten. Dafür war es in diesem Fall zu spät, aber bei der nächsten Kälbergruppe könnte die Impfung das Schlimmste verhindern. Die Impfung erfolgt durch Versprühen auf die Nasenschleimhaut beim Einatmen.

Jetzt aber hatte ich Kälber mit einer massiven Lungenentzündung und teilweise Durchfall vor mir. Ich wusste nicht, wie der abwesende Praxisinhaber solche Probleme normalerweise löste, und musste mir selbst etwas einfallen lassen. Ich benötigte ein homöopathisches Mittel und ein abschwellendes, entzündungshemmendes Medikament. Letzteres durfte nicht die Abwehr des Körpers unterdrücken, die als Einzige die Viren bezwingen kann. Ein anderes Antibiotikum mussten wir jenen Tieren über die Milch verabreichen, die noch genügend Kraft zum Trinken hatten. Die übrigen behandelte ich mit der Spritze, da die geschwächten Kälber sonst von innen schnell vergiftet wären.

Dem besorgten und für jeden Ratschlag offenen Bauern war auch die ganze Arbeit mit dem Kamillendampf nicht zu viel. Er hatte für die Kälber so viel Geld bezahlt, dass er es wirtschaftlich nicht verkraften würde, wenn die Hälfte der Tiere verendete. Die Therapie schlug zum Glück an, auch wenn ich manchen Tieren mit einer Infusion auf die Beine helfen musste. Nach einer Woche waren alle Kranken wieder gesund, nur ein Kalb hatte ich nicht retten können. Sein Körper war einfach zu schwach gewesen, es war gleich am Abend des ersten Tages gestorben.

Der Landwirt war sehr zufrieden mit meinen Ratschlägen und deren Wirkung, obwohl er ursprünglich nichts von Homöopathie und «diesem Naturheilerkram» hielt. Als wir uns zu Beginn der Behandlungen über die Ursache seines Problems unterhielten, erklärte ich ihm, wie sich die Viren und Bakterien aus verschiedenen Herkunftsställen gegenseitig dabei helfen, die Krankheit zu verschlimmern. Dagegen kämpft die Abwehr des Körpers an, sofern noch Kraft dafür da ist. Diese Kraft zu unterstützen liegt nicht alleine in der Hand des Tierarztes oder der Medikamente. Hier ist es nötig, sämtliche schädlichen Einflüsse zu erkennen und diese möglichst zu beseitigen.

Gemeinsam überlegten wir, was die Kälber wohl so geschwächt hatte, dass die Erreger der Krankheit so schwer zuschlagen konnten. Der Wechsel der Umgebung, die andere Milchzusammensetzung, der Stress des Transportes, fremde Kameraden, fremde Menschen und die Angst eines gerade mal zwei Wochen alten Tieres – da kam einiges zusammen. Abschließend schauten wir uns noch mal den Stall an.

«Ich habe mit dem Hochdruckreiniger alle Oberflächen bis in den letzten Winkel ausgewaschen, den die Kälber ablecken könnten», erklärte mir der Landwirt.

Danach desinfizierte er alle Oberflächen mit einem speziell dafür zugelassenen Mittel, ebenso alle Tränkeeimer. Also konnten kaum mehr Keime der vorher hier aufgewachsenen Tiere übrig sein. An frischem Stroh hatte er ebenfalls nicht gespart. In der Hinsicht gab es hier nichts zu verbessern. Allerdings spürte ich an einer Seite des Raumes Zugluft, woraufhin wir mit dem Rauch einer Zigarette die Luftströmungen prüften. Das geht im Notfall auch schon mal ohne spezielles Messgerät.

Da Januar war und schneidender Ostwind herrschte, was hier eher selten war, offenbarte sich uns eine Schwäche des Stalles. Wir konnten genau erkennen, wie die kalte Luft hereinkam, an der Mauer herabfiel und über die Kälber strömte. Dadurch war nicht nur die Mauer kalt und feucht vor Kondenswasser, sondern die Kälber hatten keinen Ort im ganzen Raum, wo sie zugluftfrei ruhen konnten. Das war problematisch. Wenn die Kälbchen tagsüber munter herumtobten, war ihnen so warm, dass sie sogar nassgeschwitzt waren. Nachts bewegten sie sich kaum, und da das feuchte, klamme Fell fast gar nicht isolierte, kühlten die Jungtiere zu stark aus.

Gemeinsam dachten wir nach, dann fand der Bauer die Lösung. Oben, wo die Luft hereinkam, konnte er erst mal nichts ändern, im Bereich der Kälber dagegen schon.

«Wie wäre es mit einer Wärmetankstelle mit starken Infrarotlampen?», schlug ich vor.

Der Landwirt ließ sich sofort anstecken. «Ich könnte aus Strohballen und einigen darübergelegten Holzstangen eine Art Iglu in die Ecke bauen, den ich dann mit Rotlichtstrahlern aufheize.»

«Wenn Sie dabei auf die Brandgefahr achte, ist das durchaus möglich», entgegnete ich.

Am Abend des ersten Tages fuhr ich noch mal vorbei und bestaunte das Ergebnis. Die Wärmeburg war so gemütlich, dass ich mich gerne selbst zu den Kälbern gelegt hätte, wenn sie nicht schon voll gewesen wäre. Alle Kälber hatten das Angebot angenommen und drängten sich unter den Lampen. Wenn die Gruppe älter war und mehr Platz benötigte, brauchten die Kälber diese Unterstützung nicht mehr, dann konnte er die Burg wieder abbauen und das Stroh zum Einstreuen verwenden. Der kluge Landwirt ließ seit diesem schlimmen Ereignis jede neue Kälbergruppe gleich am ersten Tag zum Schutz impfen, wenn noch keine Krankheit zuschlagen konnte.

Bei meiner nächsten Vertretung in dieser Praxis knapp acht Monate später sollte ich diese Impfung durchführen.

«Unser Gespräch damals war sehr wichtig für mich», erklärte mir der Bauer. «Sie haben mit fremden Augen erkannt, was ich im Alltagsablauf nicht mehr gesehen habe.»

Ich lächelte. «Dafür gibt es sogar ein Wort: Betriebsblindheit», sagte ich nur.

«Seither hatte ich nur vereinzelt mal kranke Kälbchen», berichtete er weiter. «Die viele Arbeit macht jetzt wieder richtig Freude.»

So soll es sein!

Schlachtung trotz Antibiotika und Fieber

Nur wenig später erlebte ich auch einen Fall, der mich in einen moralischen Zwiespalt versetzte. Und das kam so:

Eines Frühlingstages erreichte mich früh am Morgen der Notruf eines Milchbauern.

«Kommen Sie bitte schnell vorbei, meine Kuh pumpt ganz schlimm», rief er völlig außer sich in den Hörer.

«Bin so gut wie unterwegs», versicherte ich ihm, nachdem ich mir alle wichtigen Fakten hatte durchgeben lassen.

Inzwischen kannte ich diese Bezeichnung schon, mit der er vermutlich eine Lungenentzündung beschrieb. Ich fuhr gleich zu Beginn der Vormittagsrunde bei ihm vorbei, und als ich in die Einfahrt einbog, wurde der schöne große Hof mit ungefähr zwanzig Milchkühen und einer riesigen alten Scheune neben dem Stall schon von der Sonne erwärmt. Die größeren Stallfenster ließen viel Licht herein, wie mir sofort auffiel.

«Da, die da drüben frisst nicht mehr und hatte heute früh auch keine Milch im Euter», sagte er.

«Na, dann will ich mir die Dame mal ansehen.»

Die Kuh stand gleich auf dem ersten Platz in Richtung Stalltüre und versuchte angestrengt Luft zu bekommen. Mit hängendem Kopf atmete sie laut hörbar ein und gepresst wieder aus. Da musste schnell gehandelt werden, denn sie hatte hohes Fieber.

«War das Tier gestern schon krank?», fragte ich.

«Nein, am Abend ist mir noch nichts aufgefallen.»

Nachts hatte ein starker, extrem kalter Ostwind die Temperaturen sinken lassen, tagsüber war es dagegen in vielen Ställen und so auch in diesem so warm, dass die Kühe selbst im Winter schwitzten. Da wird eine offene Tür, etwa wenn der Bauer die volle Schubkarre auf den Misthaufen bringt, schnell mal zum Problem. Vermutlich hatte die Tür etwas länger offen gestanden, und der eiskalte Ostwind hatte die Kühe am Eingang voll erwischt.

Daher fragte ich: «Stand gestern Abend die Tür länger offen?»

Kurzes Nachdenken, dann bestätigte der Bauer meinen Verdacht, und die Krankheitsursache war eingekreist. Der Kuh spritzte ich die nötigen abschwellenden, schmerzlindernden und schleimlösenden Medikamente zusammen mit einem starken Antibiotikum direkt in die Blutbahn. Ein wenig entspannter wirkte sie danach schon, aber die Behandlung verlangte am nächsten Tag eine weitere Injektion. Danach sollte es der Kuh dann aber deutlich besser gehen.

Als ich beim nächsten Mal auf den Hof kam, traf ich nur die Bäuerin an. Ich begrüßte die Frau, die seltsam nervös wirkte und mir sofort das Gefühl gab, dass hier etwas nicht stimmte. So war es auch. Allerdings war nicht der Gesundheitszustand der Kuh das Problem, wie ich befürchtete, sondern etwas ganz anderes.

«Ja», so die Bäuerin, «mein Mann ist in die Stadt gefahren, auf den Schlachthof ...»

«Wie? Mit der Kuh, die ich gestern behandelt habe?» Plötzlich verstand ich gar nichts mehr. «Warum bringt Ihr Mann die Kuh denn mitten in der Behandlung zum Schlachten?», fragte ich.

Der Landwirtin war es sehr peinlich, mir zu verraten, was los war. «Die Kuh ist halt nicht mehr da», sagte sie.

Am nächsten Tag fuhr ich noch mal hin, um den Tierhalter

selbst zu fragen. Er druckste ebenfalls herum, aber nach einiger Zeit hatte ich so ungefähr verstanden, was geschehen war. Die Kuh hatte sich in der Nacht so weit erholt, dass sie morgens fast gesund ausgesehen hatte. Da das Tier bei Besamungen nicht mehr trächtig geworden und zudem fast abgemolken war, versprach sie keinen Gewinn mehr für den Bauern. Da er befürchtete, dass der Zustand der Kuh sich nur vorübergehend gebessert hatte und danach die Krankheit wiederkommen könnte, und da zudem der Preis für Schlachtkühe sehr verlockend war, hatte er sie schlachten lassen.

«Sie wäre eh bald dran gewesen», sagte er entschuldigend.

Vermutlich hatte er sich gedacht, dass er sich so sowohl die Kosten für die zweite Behandlung sparen als auch das Risiko eines Rückfalls in die Krankheit vermeiden konnte.

«Super Lösung», sagte ich, «nur haben Sie da eine Kleinigkeit vergessen: Die Kuh hätte gar nicht geschlachtet und verwertet werden dürfen. Sie war krank und war obendrein voller Medikamente.»

Ich war wütend, schließlich hatte ich den Bauern deutlich auf die einzuhaltenden Wartefristen hingewiesen. Die Dollarzeichen hatten wohl zu sehr in den Augen des Mannes geleuchtet, und so war er frühmorgens mit dem Traktor samt Kuh im Anhänger aufgebrochen, um mehr als einhundert Kilometer in die übernächste Stadt zu fahren. Natürlich wusste er ganz genau, dass die Schlachtung streng verboten war.

«Deshalb bin ich ja die vielen Stunden mit dem Traktor gefahren», erklärte er mir allen Ernstes. «In der Nachbarstadt sind alle so gründlich, aber auf dem übernächsten Schlachthof fällt das nicht weiter auf. Man muss nur dem richtigen Mann einhundert Mark geben.»

«Das ist ja wohl nicht Ihr Ernst!» Mir blieb die Spucke weg.

«Was wollen Sie denn? Die Kuh ist vom Fleischbeschauer angeschaut worden, und der hat das Fleisch für tauglich befunden.»

Ich musste bei der Vorstellung, solches Fleisch verkauft zu bekommen, fast kotzen. Krankheitskeime, garniert mit Antibiotika und den anderen Medikamenten.

Eigentlich hätte ich diese Leute anzeigen müssen. Das spricht sich leicht aus, aber ich war in einer fremden Praxis und hatte keine Ahnung, wie der Kollege selbst reagiert hätte. Ich wusste nur eines: Als Mittler zwischen den Welten im Kopf der Landwirte und dem Gesetz war ich hier überfordert. Wenn ein Tierarzt einen seiner Bauern anzeigt, verliert er nicht nur dessen Hof, sondern viele andere gleich mit, da die Bauern nicht dulden werden, dass eine Vertrauensperson wie der Tierarzt die eigenen Kunden verpfeift. Ich konnte den Kollegen leider nicht erreichen, denn er war im Ausland.

Natürlich erklärte ich dem oberschlauen Tierbesitzer als dreißigjähriger Jungtierarzt trotzdem die möglichen Konsequenzen und sagte ihm, warum ich sein Vorgehen auch als Mensch absolut schlimm fand. Er versuchte sich damit zu verteidigen, dass die Menschen früher auch viele kranke Schlachttiere gegessen hatten, und erwähnte sogar die Freibank. An diese Metzgerei für Arme wurden früher notgeschlachtete Tiere zum Verzehr verkauft. Aber diese Zeiten waren lange vorbei, und das Angebot an Fleisch war groß genug, dass diese Maßnahme gegen Hunger nicht mehr gebraucht und auch nicht mehr geduldet wurde.

In der folgenden Nacht quälte ich mich mit der Frage, ob ich falsch reagiert hatte. Der Tierkörper konnte damals im Schlachthof ganz sicher nicht mehr identifiziert werden. Außerdem hatte ich keine Beweise, außer der ehrlichen Aussage des Bauern. Das Fleisch würde früher oder später beim Verbraucher landen, das konnte ich nicht verhindern. Aber gar nichts machen ging auch nicht. Ich beschloss, dem Kollegen nach seiner Rückkehr aus dem Urlaub alles zu erzählen und ihm die Konsequenzen zu überlassen. Er konnte die Bauersleute sicher besser einschätzen als ich und hatte außerdem viel mehr Lebenserfahrung. Sicher wollte er in seinem Revier selbst aufräumen, jedenfalls wäre es mir so gegangen. Von einem langjährigen Praxisinhaber ertragen die Bauern sicher eher Kritik als von einem Jungspund mit modernen Ideen im Kopf, überlegte ich.

Der Kollege zeigte den Bauern übrigens auch nicht an, versprach mir aber, ihm ordentlich den Kopf zu waschen. Auf dem Schlachthof sollte so etwas jedenfalls nicht noch mal passieren, deshalb informierte er das Veterinäramt schriftlich per Einschreiben über das Vorkommnis. Später kam heraus, dass einer der Mitarbeiter schon seit längerem im Verdacht stand, bestechlich zu sein. Da gegen ihn keine Beweise vorlagen, wurde er in die Verwaltung versetzt, zusätzlich sollte der Schlachthof immer wieder unangemeldet überprüft werden.

Zum Glück war ich nicht mehr lange in dem Gebiet, denn in der Eifel wartete schon der nächste Kollege auf mich, der vertreten werden wollte. Dieses gar nicht so hohe Mittelgebirge ist bei Westwind für die Regenwolken vom Atlantik das erste Hindernis, weshalb es hier öfter regnet als in anderen Gegenden. Die alten Höfe, mit riesig hohen Hainbuchenhecken umgeben, sprechen die Sprache des heftigen Windes, der dort oft und anhaltend bläst. Wie alle Mittelgebirge fordert auch die Eifel von ihren Landwirten schwere, harte Arbeit, um überhaupt auf einen grünen Zweig zu kommen.

Genau so ein hart arbeitender Nebenerwerbslandwirt rief mich eines Samstagvormittags an, weil eines seiner Rinder auf der Jungviehweide sich komisch benahm. Außerdem lief ihm Schleim in größeren Mengen aus dem Maul, was auf eine Schlundverstopfung hindeutete. Wenn etwas im Hals stecken bleibt, dann schmerzt das sehr. Schnell plante ich die Vormittagstour um, denn diesem Rind musste ich möglichst bald helfen.

Das Rind stand reglos auf der Weide und starrte seltsam blöd vor sich hin, aus dem Maul lief Speichel in langen Fäden. Dann musste es wie aus innerem Drang loslaufen, ohne auf die Trampelpfade der Weide zu achten. Am Zaun drehte es ab und lief bis zum anderen Ende der Weide, langsam, aber stetig. Danach ging das arme Tier zum Tränkewagen und versuchte aus dem Becken zu trinken. Zwar ließ es einige Zeit das Maul über dem Wasser schweben, aber beim ersten Kontakt mit dem Nass wendete es sich sofort wieder ab. Bei einer Schlundverstopfung oder Schlucklähmung haben die Tiere keine Scheu vor Wasser, sie können nur nichts herunterschlucken, was nicht sofort wieder hochkommt.

Dieses wasserscheue Verhalten ließ in meinem Unterbewusstsein alle Alarmglocken schrillen, und ich war plötzlich sehr aufgeregt. Es dämmerte mir, was ich da für eine Gefahr vor mir haben konnte. Bei einer Schlundverstopfung müsste ich die Mundhöhle untersuchen und dann ein biegsames Federspiralrohr, Schlundrohr genannt, unter Schutz eines krampflösenden Mittels in die Speiseröhre schieben, um zu kontrollieren, wo sich etwas quergelegt hat. Ich hielt inne. Was ich da vor mir hatte, konnte mehrere Ursachen haben, aber eine Verdachtsdiagnose schrie ganz laut: Stopp – nachdenken!

Wenn wir Tierärzte vor einem Patienten stehen, der zentralnervöse Störungen wie Schwanken, unsicherer Gang, Bewegungsdrang, Schlucklähmung und Abscheu vor Wasser aufweist, müssen wir immer zuerst an eine Krankheit denken: Tollwut. Da diese Erreger selbst bei kleinsten Verletzungen in den Menschen eindringen und die Folgen dieser Infektion so furchtbar sein können, sollte man niemals ins Maul eines Tieres mit Verdacht auf Tollwut fassen. Ich durfte das Rind überhaupt nicht mehr weiter untersuchen. Ich musste zuerst das hiesige Veterinäramt alarmieren. Ein Verdacht genügt für dieses Gebot, weil ein zu spät erkanntes Tier viele andere Tiere und auch uns Menschen anstecken kann. Nach Ausbruch der Krankheitszeichen gibt es auch für Menschen keine Rettung mehr.

Da die Konsequenzen so weitreichend waren und ich mich nicht zum Gespött der Kollegen im Amt machen wollte, rief ich vom Haus des Bauern meinen Lehrmeister Rolf an. Autotelefon gab es damals nicht, und auch Handys waren noch nicht erfunden.

Rolf war zum Glück zu Hause, hörte sich meine Beschreibung an und bestätigte meinen Verdacht. «Rühr das Tier ja nicht an, du weißt ja ...», sagte er sofort.

Ich wusste sehr wohl und war ihm trotzdem dankbar für seine Sorge um meine Gesundheit. Im Telefonbuch fand ich die Nummer vom Veterinäramt, allerdings erreichte ich dort am Samstagmittag natürlich niemanden, nicht mal einen Anrufbeantworter. Nur wir Praktiker arbeiten auch an Wochenenden und Feiertagen im normalen Dienst. Nichtsdestotrotz musste ich meinen Tollwutverdacht sofort dem zuständigen Beamten anzeigen, der Bereitschaftsdienst hatte. Von der Einsatzleitstelle der Polizei ließ ich mich mit dem Bereitschaftsdienst verbunden, denn die private Nummer des Beamten gab sie nicht heraus.

Zufällig hatte sogar der Chef selbst Bereitschaft, dem ich nun erklärte, welche Anzeichen ich bemerkt hatte. Mittlerweile war die Sendezeit der *Sportschau* angebrochen, daher fragte der Kollege hoffnungsvoll: «Haben Sie schon an eine Schlundverstopfung oder eine Schlucklähmung durch einen Hornstoß auf den Hals gedacht?»

Leider musste ich ihm die *Sportschau* verderben. Erneut schilderte ich die genauen Symptome.

Erst unzufriedene Geräusche am anderen Ende der Leitung, dann ein kurzes «Ich komme!».

Nach eineinhalb Stunden fuhr er mit seinem Auto über den Feldweg auf mich und den Bauern zu. Er betrachtete das Rind und bat uns, es kurz anzutreiben. Der unsichere Gang war inzwischen noch ausgeprägter, das Tier beachtete seine Umgebung kaum noch, mittlerweile hatte es sogar schon etwas Schaum ums Maul.

«Sie haben absolut richtig gehandelt», lobte er mich dann und fügte mit einem Grinsen hinzu: «Nur leider haben Sie das Tier zur falschen Zeit entdeckt. Bis ich heimkomme, ist die *Sportschau* längst zu Ende.»

Der Landwirt sollte das Tier in den Stall bringen, wo es am Sonntag eingeschläfert werden sollte. Ein Fahrzeug der Tierkörperverwertungsanstalt, früher noch einfach Abdeckerei genannt, holte den Körper dann ab, und ein Mitarbeiter des Amtes und brachte den Kopf ins staatliche Untersuchungsamt. Das Rind war sozusagen beschlagnahmt und gehörte jetzt schon eigentlich nicht mehr dem Bauern. Wenn wir es sofort getötet hätten, wäre der Beweis für das Vorliegen von Tollwut schlechter möglich gewesen, weil das Gehirn bis zur Untersuchung leicht zersetzt sein würde. Allerdings brauchte der Landwirt diesen Beweis, um eine Entschädigung der Tierseuchenkasse zu erhalten.

Der Mann war traurig, weil er zu sehen gehofft hatte, was für eine stolze Kuh aus diesem jungen, hoffnungsvollen Mitglied seiner kleinen Herde hätte werden können. Andererseits hatte er mit seiner Aufmerksamkeit dazu beigetragen, dass das Tier niemanden anstecken konnte. Hätte er nur versucht, den vermeintlichen Fremdkörper im Maul zu ertasten, um ihn zu entfernen, was manchmal möglich ist und was manche Tierhalter oft vor dem Anruf beim Tierarzt überprüfen, hätte er sich mit hoher Wahrscheinlichkeit angesteckt. Dann hätte er sich der damals noch sehr schmerzhaften, mehrfachen Notimpfung unterziehen müssen, um sein Leben zu retten.

So waren wir am Ende beide erleichtert, richtig gehandelt zu haben. Der Tollwutverdacht wurde vom staatlichen Labor übrigens später bestätigt. Das war das einzige Mal, dass ich in meinen mittlerweile achtundzwanzig Jahren als Tierarzt einen Tollwutfall erlebt habe, ich wäre froh, wenn es mein einziger bliebe. Es könnte vielleicht klappen, da die Füchse mittlerweile flächendeckend geimpft werden …

Schluss mit den Vertretungen – eine Entscheidung muss her

Fast drei Jahre hatte ich nun Erfahrung in der Gemischtpraxis und in der reinen Großtierpraxis gesammelt und kannte auch die Schattenseiten der Praxisvertretungen. Nach dem Studium hatte sich der Job als Vertreter für mich gut angehört: nur ein Drittel des Jahres arbeiten, trotzdem genügend Geld für ein sparsames Leben und viel freie Zeit. Das wichtigste Argument war für mich, dass ich mich nicht mit lästiger Bürokratie herumzuschlagen brauchte. Als Vertreter konnte ich mich sozusagen immer an den gedeckten Tisch setzen, die Kollegen stellten mir ihr Arbeitsfeld so gut wie im Idealzustand zur Verfügung, schließlich sollte ich in ihrer Abwesenheit ihre Patienten ordentlich behandeln.

Allerdings gab es auch ein paar gute Gründe, eine eigene Praxis zu übernehmen: Ausreichend Routine bei der Behandlung der Patienten sowie im Umgang mit den Besitzern und ihren Lieblingen hatte ich, Bürokratie konnte ich lernen, und Verantwortung trug ich sowieso. Am meisten störte es mich jedoch, dass ich immer wieder in fremden Häusern, Familien, Praxen und Gegenden leben musste. Anfangs glaubte ich noch, das mache mir nichts aus, aber mit der Zeit erkannte ich, dass mir die längeren Phasen der Trennung von meiner Liebsten an die Substanz gingen. Da ich nun wusste, was mir passte und was nicht, war irgendwann klar: Ein fester Hafen muss her. Der Abenteurer in mir hatte wohl doch keinen so langen Atem, wie zunächst angenommen.

Viele lange Gespräche mit Jutta, mit der ich nach wie vor nicht verheiratet war, drehten sich um dieses Thema. Eigentlich wollte sie auf gar keinen Fall einen praktizierenden Tierarzt als Partner haben, denn sie hatte bei ihrer Schwester Ellen hautnah miterlebt, wie sich das für die Frau an seiner Seite anfühlt.

«Du kannst doch auch in der Forschung oder auf dem Amt arbeiten», argumentierte sie. «Dir stehen so viele Möglichkeiten offen.»

«Du weißt selbst, wie sehr mir dieser Job liegt, auch wenn er knallhart ist und die Arbeitsbedingungen alles andere als rosig sind», hielt ich dagegen.

Jutta warf mir einen kritischen Blick zu. «Und was ist mit den Arbeitszeiten? Die sind unzumutbar!»

Damit hatte sie recht, trotzdem konnte auch sie nicht übersehen, wie sehr ich mich in die Viecherei verknallt hatte. Alle, die ich fragte und die es ehrlich mit mir meinten, rieten mir von einer eigenen Nutztierpraxis ab. Bald hätten die Politik und der Bauernverband es geschafft, die vielen kleinen und mittleren guten Höfe aufs Abstellgleis zu drängen. Bald gebe es ausschließlich industrielle Tierhaltung für Nutztiere, während die Familienlieblinge in der Kleintierpraxis und im Pferdestall auf alle Arten verwöhnt würden. Dort liege die Zukunft, dort könne ich noch Geld verdienen, ohne die ständige Angst vor dem Bankrott. Gut überlegen sollte ich mir auch, ob ich das langsame, fast schon qualvolle Sterben der liebevoll geführten kleineren Tierhaltungsbetriebe, in denen die Nutztiere noch Namen trugen, hautnah miterleben wollte.

Das ist inzwischen fünfundzwanzig Jahre her, und alle sollten mit ihren Prognosen recht behalten. Einzig die Tendenz, uns Tierärzten so viel Dokumentation abzuverlangen, dass ich heute länger für die Schreibarbeit brauche als zur gründlichen Diagnose und Behandlung, war damals noch nicht absehbar. Eigentlich sprachen fast alle Argumente dagegen, aber Jutta liebte mich offenbar sehr, denn sie war bereit, mit mir das Unmögliche zu wagen. Die geringen Verdienstaussichten störten uns beide weniger, wir brauchten nicht viel Geld zu unserem Glück.

Vorher wollten wir aber noch unsere gemeinsame Feuertaufe erleben und beschlossen, dass Jutta mich beim nächsten Vertretungsjob begleiten und auch mit mir umherfahren sollte. Wenn sie die Außenpraxis intensiv und hautnah miterlebt hätte, so dachten wir, könnte sie sich besser entscheiden als nur mit dem Wissen, wie es sich von zu Hause aus als Partnerin eines Großtierarztes anfühlt. Eines war klar: Entweder wir stürzen uns ohne Vorbehalt und voller Elan in die Nutztierpraxis, ohne je wieder ein geregeltes Leben zu haben, oder wir nehmen den ganz anderen Weg.

Der Herbst war noch nicht zu Ende, da verschlug es uns mal wieder nach Franken, in eine Praxis, in der ich sehr gerne aushalf. Die nette Kundschaft versprach angenehme Eindrücke für meine Liebste, was mich hoffen ließ. Jutta war vor langer Zeit mit ihrem Schwager Dieter schon mal mitgefahren und hatte dabei einen Jeansrock eingebüßt, auf dem eine hustende Kuh, hinter der Jutta gerade stand, einen bleibenden Eindruck hinterlassen hatte. Davor brauchte ich meine Süße also nicht zu warnen. Aber die Gefahren im Stall sind eben vielfältig, wie sich nach knapp einer Woche im Einsatz zeigen sollte.

Ich war gerade mit einer vierbeinigen Dame im Kuhstall beschäftigt, als ich Jutta vor Schreck laut aufschreien hörte. Ich sah noch, wie sie von einigen im Stall angebundenen Kühen weghüpfte und sich kurz festhalten musste, um nicht aus dem Gleichgewicht zu kommen.

«Was ist denn passiert?», fragte ich.

«Die Kuh hat gerade versucht, meinen Pulli zu fressen», sagte sie und deutete anklagend auf eine wunderschöne Braunviehkuh.

Das wunderte mich nun gar nicht, denn auch den Kühen ist es manchmal langweilig, daher ist ihr Interesse recht groß, wenn mal ein neues Gesicht in den Stall kommt. Anfangs wagen sie nur den einen oder anderen bescheidenen Blick, aber man kann spüren, dass sie Kontakt aufnehmen wollen. Wer darauf anspricht, der wird herzlich beschnuppert. Jutta hatte an jenem Tag einen grünen, fusseligen, älteren Wollpulli angezogen – eine prima Idee, wie auch die Kühe fanden. Nur kamen sie nicht an das Ding ran. Erfahrene Exemplare meiner Lieblingstiere wissen um das Problem des Sicherheitsabstandes, denn kaum ein Mensch will nahe genug herankommen, damit die Kuh mal schauen kann. Elegant ging der Kopf der Kuh immer mal wieder ein kleines bisschen zurück, während Jutta die dankbare Kuhdame mit immer weiter ausgestrecktem Arm streichelte. Als Jutta weit genug nachgerückt und kurz abgelenkt war, da schlängelte sich blitzschnell die unglaublich lange, gefühlvolle Zunge aus dem riesigen Maul, um mal eben nachzusehen, welche interessante grüne Wiese da an Jutta hing.

Die hatte sich zutiefst erschrocken und war mit einem kleinen Schrei zurückgesprungen. Die von Juttas Reaktion völlig verdatterte Kuh hatte nach wie vor ein Stück Fusselwiese im Maul, und es war nicht ganz klar, zu wem der Pullover gehörte. Da merkte die Kuh, dass die Fusseln nicht schmeckten und der Pulli keine Wiese war. Großzügig gab sie ihren Teil wieder zurück. Der Pulli war nicht mal kaputt, nur die grüne Farbe war von den Spuren der Schrotkrümel und der Maissilage, die die Kuh bei ihrer Untersuchung noch im Maul hatte, leicht verändert.

«Dass eine Kuh ihre Zunge so weit aus dem Maul strecken kann, hätte ich nie gedacht», sagte Jutta.

«Guck mal, die Kuh sieht irgendwie enttäuscht aus», meinte ich, und wir mussten beide lachen.

Seitdem warne ich jeden, den ich mit in den Stall nehme, nicht nur vor der hinteren Körperöffnung einer Kuh – auch vorne sollte man aufpassen, und zwar nicht nur auf die Hörner.

Am Abend, als wir zusammen auf dem Sofa saßen und den Tag Revue passieren ließen, lachten wir noch immer über das Erlebnis und fragten uns, was Jutta wohl noch so alles erleben würde. Und tatsächlich: Gleich am nächsten Morgen ging es weiter mit spannenden Abenteuern, denn ein früher Notruf scheuchte uns aus dem Bett.

«Eine meiner Kühe ist ganz dick», erzählte mir der Bauer am Telefon. «Es ist wirklich dringend.»

«Bin schon unterwegs», sagte ich und schilderte Jutta die Lage.

Wir brauchten nicht viel Zeit zum Anziehen, das Frühstück musste natürlich warten, und so standen wir eine knappe Viertelstunde später bei dem Landwirt auf dem Hof. Schon auf dem Weg in den Stall hörten wir die Kuh angestrengt und stöhnend schnaufen, was darauf hindeutete, dass ein hoher Druck im Bauch die Atmung stark behinderte. Ein Blick in die Futterkrippe auf die abgeschnittenen Köpfe von Futterrüben, an denen noch das Grünzeug hing, offenbarte mir den Auslöser für die Beschwerden. Offensichtlich war da jemand zu gierig gewesen, hatte nicht ordentlich gekaut und alles am Stück herunterschlucken wollen. So etwas kann schnell passieren, wenn man der Stallnachbarin nichts gönnt und diese allzu interessiert herüberschaut. Da ich mit zwei nur wenig älteren Schwestern aufgewachsen bin und wirklich gerne esse, habe ich für so etwas großes Verständnis.

«Was hat sie?», fragte der Bauer mich besorgt.

«Vermutlich steckt ein Rübenkopf fest. Den müssen wir rausholen, und zwar schnell. Die Speiseröhre ist blockiert, deshalb kann der Pansen das Gas nicht loswerden, und die Kuh wird immer dicker.»

Ich erbat von dem Bauern ein Handtuch und rannte zu meinem Auto, um ein krampflösendes Mittel und die Nasenbremse zu holen. Dann zog ich der Kuh ein Halfter über den Kopf, setzte die Nasenbremse an und verpasste ihr eine Injektion in die Vene. Nun musste ich irgendwie die Zunge mit dem Handtuch festhalten, möglichst unter Spannung und zwischen den Zähnen, denn nur so konnte ich ohne Gefahr in das Maul der Kuh greifen. Schließlich musste ich sehr weit nach hinten und an den scharfkantigen Backenzähnen vorbei bis zum Kehldeckel fassen und dort herumtasten. Just in dem Augenblick, als ich den Rübenkopf zu fassen bekommen hatte, hörte ich eine mir wohlvertraute Stimme.

«Ich warte lieber draußen auf dich», teilte Jutta mir leicht würgend mit und stürmte hinaus.

«Ja klar!», rief ich ihr noch hinterher und befreite die Kuh von dem eingeklemmten Störenfried.

Zum Dank rülpste sie mir mitten ins Gesicht, worüber ich mich dennoch freute, weil damit auch das zweite Problem mit den Gasen gelöst war. Jutta freute sich mit uns, als ich mit dem Bauern aus dem Stall kam. Sie hatte es nicht ertragen können, mir vor dem Frühstück dabei zuzusehen, wie mein Arm bis zum Ellenbogen im Hals der Kuh steckte, noch dazu genau an der Stelle, wo beim Menschen der Brechreiz ausgelöst wird.

Der Magen meiner Liebsten beschäftigte uns am nächsten Tag

gleich wieder. Diesmal hatten wir sogar gefrühstückt, aber die Nachgeburt, die der Bauer erst am dritten Tag nach der Geburt aus der Kuh hängen sah, war vermutlich ein bisschen zu reif für Juttas ungeübte Nase. Meist löst sich die Nachgeburt von alleine, ohne dass man mit der Hand nachhelfen muss, und verschwindet ganz unspektakulär im Güllegraben hinter der Kuh. Manchmal hat es auch den Anschein, als wäre die Nachgeburt schon ab, weil von außen nichts zu sehen ist, da sonst fast immer ein Zipfel hervorlugt. Das hatte auch der Bauer gedacht, bis sich am dritten Tag dann doch der verräterische Zipfel gezeigt hatte.

Die Kuh brauchte dringend Hilfe, weil sich von Tag zu Tag mehr Keime an der Nachgeburt laben und das Muttertier langsam vergiften. Dass sich dabei ein extrem unangenehmer Geruch entwickelt, versteht sich von selbst. Allerdings hat die arme Kuh nicht nur, wie der sie behandelnde Mensch, mit dem Gestank in der Nase und auf den Händen zu tun, sondern hat das Übel im Bauch und damit ganz in der Nähe ihrer Blutgefäße. Das Tier muss gegen die Schmerzen und eine Blutvergiftung ankämpfen, wir Menschen dagegen haben nur mit unserer Auswurftaste zu tun.

Jutta hatte leider einen Luftzug abbekommen, der ihr den vollen Duft präsentierte. Diesmal konnte sie nichts mehr sagen, sondern fand still und schnell alleine die frische Luft. Allerdings hatte sie deutlich länger ausgehalten als viele andere. Klasse Leistung!, dachte ich nur, zumal das Frühstück gar nicht wieder zum Vorschein kam. Mit der Frau kann ich durchs Leben gehen und noch viel Abenteuer bestehen.

Wieder im Auto, unterhielten wir uns darüber, dass wir bis jetzt gut mit den Anforderungen zurechtkamen, und Jutta gab mir tatsächlich grünes Licht, unter einer Voraussetzung: Nur wenn ich mehr Zeit für uns hätte, als es bei einer voll ausgelasteten Praxis möglich gewesen wäre. Damit hatte ich die Möglichkeit, einerseits schwer und hart zu arbeiten und andererseits zufrieden sein zu können, weil mir dieses Leben eben entsprach.

Der Zufall wollte es, dass mir ein Bekannter von der Uni eine Anzeige im *Deutschen Tierärzteblatt* zeigte, in der ein älterer Kollege einen Nachfolger für seine Groß- und Kleintierpraxis suchte. Er fragte mich, ob wir die Praxis zusammen übernehmen wollten, konnte aber nicht selbst auf die Anzeige antworten, da er ebenfalls als Vertretung arbeitete und gerade eine Verpflichtung hatte. Ich überlegte nicht lange, sondern rief den Inhaber der Praxis einfach spontan an, statt eine Bewerbung zu schreiben. Die Idee war offenbar gut.

«Kommen Sie doch einfach mal vorbei», sagte Dr. Fehrle erfreut, «dann können wir uns gleich kennenlernen.»

«Gerne», sagte ich und fragte nach der Adresse. Zu meiner Überraschung lag die Praxis nur etwa siebzig Kilometer von Gießen entfernt in Langenselbold.

Da mein Bekannter keine Zeit hatte, fuhr ich erst mal alleine hin. Beim Vorstellungsgespräch war die Sympathie füreinander groß, und Dr. Fehrle gefiel es, dass ich nicht so weltfremd war wie die anderen Bewerber und auch gleich Zeit hatte. Außerdem lebten wir beide als Schwaben in Hessen, das verband. Gleich nächste Woche wollten wir die Praxis für ein paar Tage gemeinsam betreiben, damit ich seine nette Kundschaft kennenlernen konnte – und der ältere Kollege mich.

Alles klappte ganz prima, und wir mochten uns sehr, daher drängte Dr. Fehrle darauf, Nägel mit Köpfen zu machen. Also rief ich meinen Bekannten an, der auf einmal jedoch gar nicht mehr so begeistert war, da er sich nun doch nicht binden wollte. Ich war sehr enttäuscht.

«Wenn es wirklich nur daran liegt, dass du die Kleintierpraxis nicht machen willst», so bot ich ihm an, «springe ich eben über meinen Schatten und übernehme diesen Teil.» Ich wollte unbedingt mit jemandem zusammen eine Praxis betreiben, da ich mich alleine nicht traute.

«Tut mir leid, es geht wirklich nicht», sagte er nur.

Da ich meine Sorgen nicht für mich behalten konnte, erzählte ich Dr. Fehrle am nächsten Tag davon. Der packte mich genau am richtigen Punkt und redete direkt und ohne schmückendes Beiwerk mit mir, wie die Bauern im Großtierpraxisbetrieb.

«Sehen Sie sich doch nur mal meinen kaputten Körper an. Ich habe nur eine Niere, die wegen einer schweren Infektion dauerhaft geschädigt ist. Außerdem leide ich seit zwanzig Jahren an Gicht, und das ist wahrlich kein Spaß. Die ersten zehn Jahre gab es nicht mal ein Mittel, um die Schmerzen zu lindern.»

«Na ja, aber ...»

Er ließ mich nicht ausreden. «Wenn Sie es sich als junger, gesunder Bursche nicht zutrauen, die Praxis eines alten, kranken Mannes zu führen, dann haben Sie ein unmögliches Selbstbild. Das bisschen Buchhaltung bringt Ihnen meine Frau bei, und in die wichtigsten Praxisbelange weihe ich Sie ein.»

«Trotzdem, darüber muss ich erst noch mal nachdenken und mit meiner Frau reden», erwiderte ich völlig perplex.

«Das wäre doch gelacht!», meinte er nur.

Puh – alleine eine Praxis betreiben. Ich rief meinen Bekannten noch einmal an, um ihn umzustimmen, doch dabei kam heraus, dass er selbst dann nicht mitmachen wollte, wenn ich mich total verbog. Eigentlich habe er das gar nicht so ernst gemeint, gestand er mir. Und ich hatte sogar auf meine geliebten Nutztiere verzichten wollen! Nun war ich richtig sauer, und gleich kam auch mehr Mut auf. Jetzt erst recht!, dachte ich, dem zeige ich, worauf er verzichtet. Jutta stand voll und ganz hinter mir, was mich zusätzlich bestärkte.

Eine Woche später musste Dr. Fehrle kurzfristig ins Krankenhaus, sein geplagter Körper brauchte Hilfe. Seine Praxis auch. Da ich keine anderen Termine zur Vertretung ausgemacht hatte, konnte ich sofort aushelfen. Schließlich konnte ich so gleich spüren, wie es war, wenn ich …

Diese Brücke war für mich ideal. So machte ich Vertretung wie immer und konnte, wenn alles gut lief, endlich einen sicheren Hafen für mich und Jutta übernehmen.

Als Dr. Fehrle aus dem Krankenhaus kam, fragte er mich gleich: «Na, wie ist die Lage?»

Ich hatte bis dahin noch nie so nahe am Ballungsraum der Großstadt gearbeitet, war aber begeistert. «Hier gibt es ja noch richtig gesunde Betriebe», schwärmte ich. Die Gegend war beneidenswert fruchtbar, und die guten Böden, das günstige Klima und die gute Infrastruktur halfen den Landwirten sehr. Außerdem gab es genügend Hobbytierhalter, die Nutztiere aus Freude hielten. Die Kleintierpraxis lief ebenfalls gut. «Das soll unser Revier werden», sagte ich und gab dem Kollegen die Hand auf unseren Handel.

Damit war die Entscheidung gefallen – für Langenselbold.

Langenselbold liegt im Kinzigtal östlich von Frankfurt/Main und von Hanau im bezaubernden Ronneburger Hügelland. In der Mitte Europas und im Herzen der Bundesrepublik, direkt am Rand des Ballungsraumes Rhein-Main, warteten viele kulturelle Höhepunkte auf uns. Aber genau hier wollten wir uns bewusst auf ein Leben einlassen, das keinen Besuch im Schwimmbad, im Theater, in der Oper oder bei sonstigen Veranstaltungen erlaubt, weil die sinnerfüllte Tätigkeit als Gemischtpraktiker extrem wenig Freizeit zulässt.

Aber am Anfang standen ganz andere, viel größere Hindernisse. Das erste Problem bestand darin, dass man bei der Übernahme einer Praxis eine gewisse Summe an den abgebenden Tierarzt zahlt. Das ist für beide Seiten sinnvoll, denn der Ältere bessert damit seine meist kleine Rente auf, und der Neue hat von Anfang an Stammkunden und braucht sich den Patientenstamm nicht erst langsam aufzubauen. Gerade im Großtierbereich sind Neueröffnungen ohne Übernahme eines Kundenkreises nur selten erfolgreich. Da zu der Ablösesumme noch ein gewisser Betrag für die Anschaffung eines Praxisfahrzeugs und einiger Möbel hinzukam, musste ich einen Existenzgründungskredit in Anspruch nehmen. Bei zwei örtlichen Banken erhielt ich schon am Schalter eine Absage. Offenbar gab ich die falsche Antwort auf die Frage: «Wenn Sie von uns Geld leihen wollen, wie viel haben Sie denn selbst?»

Darauf sagte ich nämlich: «Nichts», und das wollten sie nicht hören. «Wenn ich das Geld selbst hätte, müsste ich mir von Ihnen doch nichts leihen», argumentierte ich.

Der Bankmensch grinste jedoch nur überlegen. «So dumm ist keine Bank, Geld zu verleihen, wenn der Antragsteller nicht mindestens ein Haus oder sonstige Werte hat», hieß es.

Da half es auch nichts, dass ich einen guten Beruf, eine bewährte Praxis mit sicheren Einnahmen und zwei gesunde Hände hatte – das reicht nun mal nicht, damit die Bank einem ihr Geld anvertraut. Daraufhin fragte ich im dritten Unternehmen vor Ort nach und wurde zumindest nicht schon am Schalter abgewimmelt. Die Raiffeisenbank hatte Landwirte im Vorstand, außerdem hatten dort viele Bauern ihre Konten. Eines der Vorstandsmitglieder zähle zu meinem Kundenkreis und hatte mich zum Glück schon mal arbeiten sehen. Dank der Fürsprache der Bauern und weil ich eine Bürgschaft vorlegen konnte, bekam ich schließlich einen Kredit.

Das zweite Problem war, dass ich eine Wohnung für mich und Jutta sowie geeignete Praxisräume finden musste. Nach langer, eifriger Suche fiel die Entscheidung auf ein reichlich renovierungsbedürftiges Haus mitten im Ort, das direkt gegenüber der Post lag. Die Miete war zwar nicht so hoch, aber die Renovierung der Innenräume mussten wir komplett alleine übernehmen. Egal, hart arbeiten konnten wir, und das war nicht unsere erste Hausrenovierung. In Gießen hatten wir uns auch nichts Besseres leisten können, dafür war die Wohnung nachher umso schöner. Dank der Hilfe eines Freundes fand bald, bei laufendem Praxisbetrieb und mitten während der Hausrenovierung, unser Umzug von Gießen in die neue Heimat statt.

Endlich – die eigene Praxis

Die Großtierpraxis erfüllte mich bald mit Freude, und auch die Kleintiere waren echt anständig zu mir. Die Tierhalter lobten unser Wartezimmer, das sie gemütlich und nicht so steril fanden wie die Edelstahlmöbel in modernen Praxen. Eigentlich waren die Menschen mit ihren Kleintieren sehr nett, und auch die Hunde und Katzen erklärten sich oft zur Zusammenarbeit bereit. Die Herrchen und Frauchen erzählten mir immer wieder begeistert, ihr Liebling habe gar keine Angst vor mir und komme gerne in die Praxis. Manche Hunde zogen ihre Besitzer wohl sogar zu unserer Tür, obwohl gar kein Besuch anstand. Nur ganz wenige betrogen mich um meinen Lohn für die geleistete Arbeit.

Meist informierten mich die Leute vorab, wenn ihr Budget knapp war, und gestanden mir, dass sie mich nicht sofort bezahlen könnten. Die Besitzerin eines Dackels hatte beispielsweise eine so kleine Rente, dass sie mir den Betrag für eine Impfung über drei Monate abstotterte. In solchen Fällen gab ich im Preis auch schon mal ein wenig nach, obwohl die Gebührenordnung das nicht vorsieht.

Der Reiz der eigenen Praxis hielt lange vor. Das war schon etwas ganz anderes, gemeinsam mit Jutta zu Mittag zu essen, nach der Abendtour einfach das Auto abzustellen und in die eigene Wohnung und später ins eigene Bett zu gehen. Die Aussicht, bis auf weiteres ein eigenes Revier zu haben und den Kundenstamm selbst zu pflegen, erfüllte mich mit großer Zufriedenheit.

«All das ist es doch wert, dass wir die schreckliche Unsicherheit und die Aufregung am Anfang ausgehalten haben», sagte Jutta eines Abends beim Essen zu mir, als ich ihr wieder mal erschöpft, aber zufrieden gegenübersaß.

«Stimmt», sagte ich, «aber gut, dass ich vorher auch die andere Art zu arbeiten kennengelernt habe. Und dass mir Dr. Fehrle so viel Mut gemacht hat.»

Die zur Praxis gehörende Fleischbeschau gab ich schon nach kurzer Zeit ans Veterinäramt zurück, denn Arbeit hatte ich mehr als genug. Die Rettung von erkrankten Tieren hatte für mich Vorrang vor der Beschau toter Schlachttiere.

Der Erfolg sowohl im Nutz- als auch im Heimtierbereich blieb jedoch nicht ohne Nebenwirkungen, und nach fast einem Jahr rief mich meine innere Gewerkschaft zur Vernunft. Ich erlitt eine schwere Lungenentzündung, kam vier Tage nicht mehr aus dem Bett und war fix und fertig. Ein hilfsbereiter Kollege, der im übernächsten Ort praktizierte, versorgte in dieser Zeit meine Patienten zusätzlich zu den seinen. Dr. Maier und mein Vorgänger waren ein eingespieltes Team, denn an den Wochenenden und während der kurzen Urlaube wechselten die beiden sich mit den Bereitschaftsdiensten ab.

Von solchen Absprachen hängt die gesamte Freizeit eines Tierarztes ab, denn keine Vertretung zu haben bedeutet Dauerdienst und selbst bei Krankheit weiterarbeiten. Wer soll sonst die Tiere versorgen?

Dem freundlichen Kollegen sei Dank konnte ich meine Lungenentzündung ausheilen und die Tage im Krankenbett zum Nachdenken nutzen. Warum mir mein Körper die rote Karte gezeigt hatte, war klar: Mein Kundenstamm hatte sich schnell vergrößert, und ich konnte keinem absagen. Morgens begann in aller Frühe die erste Tour, und wenn ich gegen zwei oder drei Uhr heimkam, standen mehrere Operationstermine an, ehe es um vier endlich Mittagessen gab, an das sich nahtlos die Kleintiersprechstunde anschloss. Am Abend folgte dann die nächste Runde bei den Bauern, die alle bald ins Bett wollten und manchmal trotzdem bis nach zehn auf mich warten mussten. Dazwischen behandelte ich noch einige Notfälle, wie erst neulich, als mich ein Bauer mitten aus dem Praxisbetrieb zu seiner Kuh gerufen hatte.

Während wir einen Patienten nach dem anderen behandelten, klingelte auch immer mal wieder das Telefon. Alles lief bestens, bis ich einen extrem aufgeregten Milchviehhalter in der Leitung hatte.

«Meine Kuh verblutet!», rief er ins Telefon.

«Was ist denn passiert?», fragte ich und versuchte ihn zu beruhigen.

Er berichtete, dass die Kuh gerade gekalbt habe. «Das Kalb ist schon draußen, aber sie hört nicht auf zu bluten.»

Im Geburtskanal, in dem mehrere große Arterien verlaufen, ist es manchmal sehr eng, weshalb die Adern bei einer schweren Geburt schon mal aufgerissen werden können. Dann muss jemand mit der Hand auf die Stelle im Becken der Kuh drücken, wo das Blut herausströmt, während ein anderer Hilfe ruft.

Es ging also um jede Minute, weshalb ich dem Bauern zusagte, sofort vorbeizukommen. Allerdings war das Wartezimmer voll, und ich musste den Leuten erklären, warum ich sie im Stich ließ. Ich rechnete mit Unverständnis, aber zum Glück hatten die Tierhalter Verständnis.

«Das ist doch selbstverständlich, dass Sie der armen Kuh zuerst helfen», sagte eine Frau. «Also ich warte gerne.»

«Es kann aber durchaus länger dauern», erklärte ich, aber das störte niemanden.

So schnell, wie die Polizei eben noch erlaubt, raste ich zum betreffenden Hof und stürmte in den Stall, wo der Landwirt mit bis zur Schulter blutverschmierten Armen in der Kuh steckte. Ich holte eine Klemme aus dem Auto, übernahm seinen Platz hinter der Kuh und begann zu tasten. Ein Stück weiter drin, auf der rechten Seite strömte deutlich spürbar viel Blut. Rasch die Klemme drauf, und schon floss erst mal nichts mehr. Nun musste ich allerdings das Blutgefäß im Geburtskanal ohne Sichtkontrolle zunähen, was einige Zeit dauerte. Danach legten wir noch vorsichtig ein mit Essigwasser getränktes und eng zusammengerolltes, sauberes Handtuch in das Becken, das über Nacht einwirken sollte. Durch den Essig zogen sich die Blutgefäße zusammen und wurden zudem durch das Handtuch leicht gedrückt, weshalb nicht noch aus weiteren Stellen Blut sickern konnte.

Insgesamt war ich fast eineinhalb Stunden unterwegs gewesen, als ich gegen acht Uhr abends zu Hause ankam. Eigentlich hoffte ich, dass mein Wartezimmer zur besten *Tagesschau*-Zeit leer sei, denn ich war ziemlich müde. Doch schon an der Haustür hörte ich, dass noch immer viel Leben in dem Raum war. Ich ging rein und sah, dass fast alle auf mich gewartet hatten.

«Wie geht es denn der armen Kuh?», fragte ein älterer Herr.

Allgemeine Erleichterung, als ich sagte: «Gut.»

«Wir haben uns schon alle Sorgen gemacht. Können wir jetzt anfangen, oder wollen Sie sich erst noch kurz erholen?», fragte eine Frau mit einem schwarzen Pudel.

Da schämte ich mich ein wenig, weil ich gehofft hatte, dass sie alle heimgegangen seien. Immer, wenn anscheinend nichts mehr geht, muss man die Ärmel hochrollen und loslegen, denn dann geht es irgendwie doch noch mal. Bis nach elf dauerte die denkwürdige Sprechstunde. Danach wollte ich nicht mal mehr etwas essen, und auch Jutta, die in der Praxis mitarbeitete, wollte nur noch ins Bett.

Solche anstrengenden Tage hatten sich gehäuft, bis ich aus «unerfindlichen Gründen» die brutale Lungenentzündung erlitten hatte, die mich nun ans Bett fesselte. Aber zum Glück ging das Fieber zurück, und der Verstand arbeitete wieder.

«Es muss sich etwas ändern, sonst habe ich bald einen Herzinfarkt, wie mein Vater», sagte ich am Wochenende zu Jutta, als wir endlich mal durchatmen konnten. So viel Arbeit schaffte ich einfach nicht, aber wie sollte ich mich entscheiden?

«Du könntest einen Kollegen einstellen», schlug sie vor.

«Nein, das kann und will ich nicht. Lieber gebe ich etwas ab.»

Ich wusste von einer Kollegin, die nicht weit entfernt wohnte und am liebsten nur Kleintiere behandeln wollte. Die Nutztierpraxis hätte mir wahrscheinlich ohnehin keiner abkaufen wollen, knapp ein Jahr nach der Übernahme. Aber ich wollte sowieso von Anfang an am liebsten in die Ställe, die Praxis daheim war mir einfach zu eng. Nun witterte ich die Chance, dass mein Traum von einer reinen Großtierpraxis in Erfüllung gehen könnte. Mit wenig Verdienst zwar, aber immerhin ... Die Krankheit war vorüber, meine Lehre hatte ich daraus gezogen.

Ich rief also bei der Kollegin an, die tatsächlich immer noch interessiert war. Bei ihrem Besuch zeigte ich die Geschäftsunterlagen der Kleintierpraxis, die wohl gut genug aussahen. Jedenfalls übernahm die Kollegin Christiane Stehr schon drei Monate später die Praxisräume und erwarb von mir den Kundenstamm der Heimtierbesitzer.

«Ich will nur keine Geflügelzüchter betreuen», sagte sie, als wir bei uns am Küchentisch saßen und die Details miteinander durchgingen.

«Kein Problem», erwiderte ich, «diesen Bereich kann ich gerne noch abdecken.»

Damit war es besiegelt. Ein bisschen Wehmut verspürte ich allerdings schon bei dem Gedanken, dass von nun an Christiane in «meinen» Praxisräumen «meine» Patienten betreute. Manche Tierhalter waren auch traurig, aber immerhin wurden sie jetzt hauptamtlich betreut und nicht neben der Großtierpraxis. Genauso empfanden meine Bauern, denn nun stand ich ihnen auch in der Zeit zur Verfügung, in der ich bisher die Kleinen behandelt hatte. Ich war auch nicht mehr so extrem abgehetzt, wenn ich kam. Gründlich und glücklich behandelte ich nun die Patienten, die ich immer schon behandeln wollte. Damit war ich der einzige Tierarzt weit und breit, der so verrückt war und wirklich nur Großtiere machen wollte. Das konnte so gut wie niemand verstehen, außer jenen Kollegen, die die ehrliche Welt der Bauern und ihre echten Probleme und Charaktere kennen und lieben lernen durften. Dort gehörte ich hin, auch wenn die Behandlung von Kleintieren oft weniger gefährlich war.

Wie schnell bei der Behandlung von Großtieren etwas schiefgehen kann, wenn man nicht aufpasst, hatte ich gleich in den ersten Tagen erleben dürfen, nachdem ich die Praxis übernommen hatte. Es war eine eisige Januarnacht, als mich der Anrufer aus dem Bett holte.

«Tierarztpraxis Schirm», sagte ich völlig verschlafen.

Es war der ehemalige Posthalter des Ortes. «Mein Odin liegt am Boden und hat furchtbare Schmerzen», sagte er zittrig.

Wie immer in solchen Fällen saß ich ganze drei Minuten später im Auto und fuhr los. Die zwölf Kilometer bis zu dem Patienten waren schnell zurückgelegt. Odin war der Liebling des älteren Mannes, der einst die Poststelle im Dorf betrieben hatte. Dr. Fehrle hatte mir viel von der früheren Einsatzleitstelle für Tierprobleme erzählt. Als noch kaum jemand ein Telefon besaß, gingen die Bauern einfach zum Postler, der selbst Rinder, Schweine und Arbeitspferde hatte, um dort ihre Wünsche zu hinterlegen. Jetzt brauchte der Mann bei seinem letzten Tier meine Hilfe.

Alle standen fassungslos im Stall, als ich eintraf, und beobachteten Odin, der in Seitenlage im Stroh lag und röchelte. Schmerzlaute zeugten von seiner fürchterlichen Not. Ich musste den Wallach sehr vorsichtig untersuchen, weil er immer wieder um sich treten musste und mich dabei leicht hätte verletzen können. Alle Anzeichen deuteten auf eine schwere Kolik hin. Klatschnass geschwitzt war das Tier und hatte eigentlich schon aufgegeben. Ich wusste, dass Odin unbedingt eine Infusion brauchte, aber die war derzeit nicht möglich, weil er nicht lange genug stillhielt. Zuerst verabreichte ich ihm daher ein schmerzstillendes und gleichzeitig krampflösendes Medikament in die Halsvene.

Während wir darauf warteten, dass die Wirkung einsetzte, fragte ich: «Was kommt denn als Ursache in Frage? War gestern irgendetwas anders als sonst?»

«Ja», sagte der Postler, «Odin war zum Beschlagen beim Schmied und hat sich fürchterlich aufgeregt. Ganz verschwitzt war er.»

Der scharfe, eiskalte Ostwind hatte dann wohl sein Übriges getan. Der alte Herr hatte noch überlegt, ob er eine Decke mitnehmen sollte, aber der Weg war doch so kurz, und da hatte er es gelassen. Vermutlich hatte sich das nassgeschwitzte Pferd trotz der zügigen Bewegung auf dem Weg nach Hause unterkühlt.

«Das wird vermutlich die Ursache sein», sagte ich.

Der arme Odin musste schon einige Zeit auf dem Boden gekämpft haben, das erzählten das aufgewühlte Stroh und sein Fell. Dann endlich griff das erste Medikament, und der große schwarze Wallach wurde etwas ruhiger, auch wenn ihm zum Aufstehen noch die Kräfte fehlten. Wenigstens war der unfassbare Schmerz fast weg. Inzwischen hatte ich die Infusionslösungen in einem Eimer mit heißem Wasser auf Körpertemperatur gebracht, damit sein geschwächter Kreislauf die Infusion überstand. Das Halfter saß noch richtig, und so konnte ich ihm gleich den Kopf anheben. Bald schauten die Augen genauer, der Blick wurde klarer und bewusster, auch die Atemzüge vertieften sich, und das Zittern schwächte sich ab.

Nachdem ich die Kanüle aus der Halsvene gezogen hatte, brauchte Odin auch nicht mehr am Halfter festgehalten zu werden. Ich warf den Infusionsschlauch und die Kanüle in den Eimer und stellte ihn vor die Tür. Danach musste ich den Patienten zurechtlegen, der noch immer auf der Seite lag und deshalb schlechter atmen konnte. Ich ging zu dem Pferd hin, sprach es an und schob es zusammen mit zwei Helfern in die Bauchlage. Wir waren gerade fertig, da musste Odin auch schon probieren, ob er nicht selbst … Ich konnte nur noch «Alle raus hier, aus dem Weg!» schreien und griff den Wallach am Halfter.

Wenn ein Großtier länger liegt, schlafen ihm die Beine ein. Ein Tier, das mit eingeschlafenen Beinen aufstehen will, schwankt so gewaltig, dass es leicht wieder zusammenbrechen kann und dabei sich und andere verletzen kann. Odin wusste das nicht, genauso wenig meine beiden Helfer. Da ich als Tierarzt für Unfälle in meinem Beisein mit verantwortlich bin, hatte ich diesen Schrei losgelassen, als die fast achthundert Kilogramm sich vor mir erheben wollten. Odin schwankte wie erwartet, und ich unterstützte ihn schnell am Kopf, weshalb er das kurze Schwanken auspendeln konnte. Lediglich ein kleiner Ausfallschritt nach vorne war noch nötig – nur leider stand genau da mein Fuß.

Odin spürte sofort, dass da etwas unter seinem Fuß war, und nahm seinen Huf gleich wieder von meinem Huf. Nur hatte ich leider keinen Huf, sondern nur einen Gummistiefel, Odin dagegen frische Hufeisen mit kräftigen, scharfkantigen Stollen daran. Ein kurzer, heftiger Schmerz jagte durch mich hindurch, hörte aber sofort wieder auf. Ich wusste, was das im schlimmsten Fall bedeuten konnte. Bei schweren Verletzungen, etwa wenn mein Fuß total zerquetscht wäre, würden der Wundschock und die durchtrennten Nerven mir für die nächste Stunde die Schmerzen ersparen. Immerhin hatte Odin sein ganzes Gewicht mit dem Vorderbein abstützen müssen.

Besorgt betrachtete ich den Stiefel, wo auf dem Spann ein kleines Quadrat komplett ausgestanzt worden war. Ich wollte meinen Fuß nicht sehen. So kurz nach der Übernahme der Praxis konnte es trotz Krankentagegeldversicherung meinen Bankrott bedeuten, wenn ich zu lange ausfiel.

Zum Glück hatte ich die neuen gelben Stiefel aus dem Baubedarf mit den Stahlkappen am Vorabend neben die Tür gestellt. Demnächst musste ich mich bei den fälligen Impfungen gegen Maul- und Klauenseuche in den Nahkampf stürzen und wollte die Dinger davor erst mal testen, weil sie relativ schwer und steif waren. Warum ich sie an diesem Morgen trotz der Hektik angezogen hatte, konnte ich nicht mehr sagen. Vielleicht haben sie mir ja gute Dienste geleistet, dachte ich und sagte mir: Es hilft nichts, wenn ich nicht hinschaue, kaputt ist kaputt. Achthundert Kilogramm mit Stollen waren genau hinter der Kappe auf dem Spann gelandet. Ich versuchte wie ein Erwachsener zu handeln und zog den Stiefel aus. Die anderen, denen ich mit meinem Schrei ein ähnliches Schicksal erspart hatte, schauten traurig zu.

Wider Erwarten war der Fuß trocken, es war kaum Blut daran. Socken runter!, hieß es dann. Doch auch jetzt entdeckte ich nur einen kleinen rotblauen Fleck unter der ausgestanzten Stelle.

Dort war die Haut zwar gerissen, aber der restliche Fuß hatte völlig unbeschadet überlebt. Deshalb nur der kurze Schmerz. Wahrscheinlich hatte der Strahl des Hufes sich auf die Stahlkappe stützen können, weshalb das Hufeisen wundersamerweise kaum belastet war und mir nicht den Fuß zerquetscht hatte.

Die anderen wollten auch kaum glauben, dass mich die Stahlkappe vor größerem Schaden bewahrt hatte, aber seit jenem Tag betrete ich keinen Stall ohne meine klobigen Beschützer.

Mit meinem neu geschenkten Fuß ging ich noch mal zu Odin, der zwar froh war, wieder stehen zu können, aber ungeheuer erschöpft. Trotzdem musste er noch eine halbe Stunde herumgeführt werden, damit sich sein Kreislauf stabilisierte und die Gase besser aus dem Darm entweichen konnten.

Als ich vom Hof fuhr, musste ich zunächst mal tief durchatmen, denn erst im Auto wurde mir klar, wie viel Glück ich gehabt hatte. Den gelochten Stiefel hob ich noch einige Jahre als Mahnung und aus Dankbarkeit auf.

Maul- und Klauenseuche

Nachdem die gelben Stiefel den Härtetest bestanden hatten, kaufte ich gleich ein neues Paar und fühlte mich für die Impfung gegen die Maul- und Klauenseuche bestens gerüstet. Das wirkte sich nicht nur auf meine Füße, sondern auch auf meine Arbeit äußerst positiv aus.

Selbst in einer Gruppe von sechs Rindern in einer engen Bucht konnte ich nun viel gelassener zu Werke gehen, weil ich nicht mehr auf vierundzwanzig Beine achten, sondern mich voll und ganz auf sechs Körper konzentrieren konnte. Das brachte Ruhe in die Angelegenheit, und die Tiere schätzen es sehr, wenn ich nicht die ganze Zeit hinter oder zwischen ihnen herumhampele, um ihnen vorsichtshalber auszuweichen.

Betrieb für Betrieb arbeitete ich mich voran, um alle Rinder und sogar alle Mastbullen wie vorgeschrieben zu impfen. Der leichte Aluminiumstab mit der Kanüle vorne drauf und der Verbindung zur Impfpistole, den ich dafür verwendete, war mir eine große Hilfe. So musste ich nur bis auf eineinhalb Meter an die Impflinge herantreten, was die Sache etwas weniger gefährlich machte. Die Kühe regten sich wie immer ziemlich auf, sobald sie den Impfstab erkannten, und wollten am liebsten wegrennen, was jedoch die Anbindung oder das Fress-und-Fang-Gitter verhinderte. Mir brach es manchmal fast das Herz vor Mitleid, wenn die fünfhundert Kilo schweren Damen völlig panisch nach einem Mausloch suchten.

Jene Tiere dagegen, die schon geimpft waren, schauten ohne Angst interessiert zu, wie ihre Stallgenossen geimpft wurden. Wenn ich die Impfungen auf der Weide statt im Stall vornahm, standen irgendwann die Geimpften alle um mich herum, während diejenigen, die noch keine Dosis verpasst bekommen hatten, auf Abstand gegangen waren. Viele der Bauern, die mit Impfungen vertraut waren, verstanden gar nicht, dass ihre Kühe nur vor dem Stab Angst hatten und nicht vor mir.

Wenn ich später für eine Besamung noch mal in denselben Stall kam, blieben die meisten Kühe ganz ruhig liegen, aber alle prüften mich mit Blicken. Ich gewöhnte mir an, meine Hände vorzuzeigen, sobald ich hereinkam und die Kühe mich sehen konnten. Sofort wendeten sie sich entspannt dem Futter zu, was verständlich ist, da das Fressen eine ungemein wichtige Tätigkeit ist. Die größte Vorsicht musste ich bei den Mastbullen walten lassen, die auf Betonspalten gehalten wurden. Diese Tiere werden nicht oft angefasst, sondern meist nur gefüttert, weil sie den Kot einfach nach unten durchtreten und deshalb dort nicht ausgemistet werden muss. Daher neigen sie zu unberechenbaren Angstreaktionen – und haben zudem explosive Kraft. Deshalb impfte ich die Bullen in den Sechs-Mann-Buchten grundsätzlich von außen, was gut möglich war, da ich sie mit meinem Stab problemlos erreichen konnte.

Im Rahmen der MKS-Impfungen lernte ich meinen inzwischen leider verstorbenen, sehr geschätzten Nachbarn Willi Hofmann kennen, der später bei unserem Einzug in die Mühle die Schafherde unseres Vorgängers übernommen hatte. Damals waren wir noch nicht per du, vielmehr kannte ich ihn noch gar nicht, als ich zum ersten Mal auf seinen Hof kam. Eines jedoch fiel mir sofort unangenehm auf, kaum dass wir den Stall betreten hatten: das schwere dicke Wasserrohrstück, nach dem er noch am Eingang des großen, hellen Bullenmaststalls wie selbstverständlich gegriffen hatte. Der Mann will damit doch wohl nicht auf die Bullen einschlagen? Meine tierfreundliche Gesinnung machte mich in den Augen nicht weniger Profis zum Weichei.

Wir begannen bei den jungen Tieren und impften eine Bucht nach und nach der anderen durch. Dann kamen wir zu einer Bucht mit etwa fünfzehn Halbstarken mit knapp drei- bis vierhundert Kilo Kampfgewicht, außerdem wendig und sehr ängstlich. Das Areal war so groß, dass ich nicht die geringste Chance hatte, von außerhalb auch nur einen der Bullen mit meinem Stab zu erreichen. Mir blieb als nichts anderes übrig, so dachte ich, als reinzugehen. Damit standen alle Bullen auf der einen Seite und ich mit meinem Stab auf der anderen. An mir kam keiner vorbei, ohne geimpft zu werden. Genau das war letztlich mein großer Fehler. Die Bullen hatten keine Möglichkeit, mir zu entkommen, für Fluchttiere der schlimmste Fall, deshalb blieb ihnen nur der andere Weg.

Zwei Meter vor der verängstigten Gruppe stand ein Bulle und schaute mich an. Mit ihm beschloss ich anzufangen – und auch diesen Fehler sollte ich später nie wieder begehen. Der Kerl, das sagte schon die Tatsache, dass er sich vor den anderen positioniert hatte, war der Chef der Truppe und musste, Angst hin oder her, seine Mannschaft beschützen. Dass ich ihn als Ersten impfen wollte, war obendrein Majestätsbeleidigung. Er wusste jetzt, dass er seine Gruppe erst recht vor mir schützen musste. Wenn ich ihn mir ganz zum Schluss vorgeknöpft hätte, dann hätte ich ihn impfen und danach schnell abhauen können. Aber ich schätzte die gesamte Situation nicht richtig ein und hatte meine Entscheidung getroffen.

Der Kerl nahm es persönlich und konnte zudem vor den Augen der anderen unmöglich nachgeben. Mit drei Schritten hatte er mir den Rückweg abgeschnitten. Da stand ich nun, in der einen Hand den sehr leichten Impfstab, in der anderen die Glasflasche mit dem halben Liter Impfstoff. Einzig der Notfall-Akupunktur-Punkt mitten zwischen den Nasenlöchern bot sich mir zum Abwehren, aber das würde richtig wehtun, und deshalb verbot sich allein nur der Gedanken. Noch waren seine Schritte langsam, aber vermutlich nicht mehr lange. Wenn ein Fluchttier wie ein Wiederkäuer unverhofft Schmerz verspürt, dann kennt es nur eine Richtung: vorwärts mit Karacho, auch wenn der Schmerz von vorne kommt.

Wenn die Tiere Zeit zum Nachdenken haben, weichen sie auch schon mal in andere Richtungen aus, sobald sie jedoch erschrecken, springen sie immer nach vorn. Deshalb war es besser, zu warten und zu beten, der junge Bulle möge sich bitte zurückhalten. Leider hatte er sich bereits anders entschieden und beschlossen, den fremden Tierquäler, also mich, in seinem Einflussbereich unschädlich zu machen. Seine Technik war einfach, die Wirkung bitter. Wie so oft bei Unfällen, lief für mich alles wie in Zeitlupe ab. Langsam drückte mich der Bulle, der zum Glück keine Hörner mehr trug, mit der Stirn gegen die Wand. Das tat ziemlich weh, aber die aufkommende Panik in mir löschte allen Schmerz.

Als Mensch kann man noch nicht mal einen Bullen wegschieben, der gleich schwer ist wie man selbst, weil das Tier auf vier Beinen steht, der Mensch dagegen nur auf zweien. Dieser kampflustige Bulle aber war mehr als viermal so schwer wie ich. Verzweifelt versuchte ich einen Rest Luft in der Lunge zu belassen, weil ich nicht wusste, wann er aufhören würde zu drücken, aber da hatte er die Luft schon komplett aus mir herausgequetscht. Ich war verloren.

Plötzlich stand der in meinen Augen brutale Tierquäler Willi neben mir – und hatte zu meinem Glück sein schweres Rohr dabei. Er hob den rechten Arm, und im nächsten Moment ging der erste Schlag auf den Kopf des Bullen nieder. Doch der war voll im Wahn und stand mit starrem Blick da, nicht mal geblinzelt hatte er. Willi schlug wieder zu, diesmal mit beiden Armen. Noch immer nichts. Da musste der erfahrene Tierhalter schon mehr aufbieten. Wieder klang Metall auf Knochen, doch weder von dem Bullen noch von Willi oder gar von mir kam auch nur ein Ton. Wir konnten in dieser Situation vor Aufregung nicht sprechen oder schreien. Nun ein Schlag mit voller Wucht auf den Rand des linken Auges – leichtes Blinzeln. Nach zwei weiteren heftigen Schlägen drehte sich der Bulle ganz langsam zu Willi herum, der sicherheitshalber noch nicht aufhörte, ihn abzuwehren.

Endlich konnte ich wieder Luft holen, aber erleichtert war ich nicht, denn nun war Willi dran. Der Bulle fuhr seinen Besitzer mit dem Schädel zwischen die Beine und hob ihn vom Boden hoch. Das Rohr fiel dem alten Bauern dabei aus der Hand, aber es lag außerhalb meiner Reichweite, und ich kam nicht dran. Nachdem der Bulle Willi querliegend über die massive Holzwand befördert hatte, drehte er sich zu mir um. Offenbar war er noch nicht fertig mit uns. Ich konnte im letzten Moment aus der Bucht springen und rannte sofort auf die andere Seite zu meinem Retter, der langsam wieder auf die Beine kam. Die Schmerzen sah ich nur in seinen Augen, denn er verzog keine Miene.

«Danke, dass Sie mir das Leben gerettet haben», sagte ich, noch immer völlig außer Atem.

«Gerne. Aber ich muss mich bei Ihnen vielmehr für meinen Bullen entschuldigen.»

Mit einer schweren Rippenprellung war ich noch mal gut davongekommen und musste nicht mal ins Krankenhaus. Wenn

Willi das Eisenrohr nicht schon in der Hand gehabt hätte, so hätte das meinen Tod bedeuten können. Dem Bullen hingegen war nichts vorzuwerfen, er hatte nur seinen Job gemacht. Ich war derjenige, der alle Anstandsregeln missachtet hatte, weshalb wir jetzt beide verletzt waren.

Daraufhin brauchten wir erst mal eine Pause. Draußen vor dem Stall setzten wir uns auf eine Bank und besprachen, wie es zu diesem Unfall hatten kommen können. So brannte sich, vom Schmerz unterstützt, neues Wissen in mein Gehirn, abgespeichert unter dem Stichwort «Erfahrungen mit Nutztieren». Die harten Landwirte und ihr Umgang mit Schmerz oder Verletzungen waren mir ein Vorbild, daher impfte ich eine halbe Stunde später unter Schmerzen und mit schlotternden Knien den restlichen Tierbestand. Ganz zum Schluss waren die fünfzehn Halbstarken in jener Bucht dran, die mein Tod hätte bedeuten können.

Willi trieb die Bullen nach und nach mit Hilfe eines Besens an mir vorbei, diesmal in Reichweite meiner Impflanze. So konnte ich die Impfung von außen vornehmen und meine Angst und die heftigen Schmerzen verarbeiten.

Abends beim Zubettgehen verspürte ich den typischen stechenden Schmerz, der darauf hindeutet, dass eine Rippe angeknackst ist. Die nächsten Tage konnte ich daher nur auf dem Rücken schlafen, aber das hatte ich mir selbst zuzuschreiben. Am nächsten Morgen besuchte ich meinen Retter und erkundigte mich nach seinem Zustand.

«Abends im Bett hat's ganz schön gestochen in der Brust. Ich konnte nur auf dem Rücken liegen heute Nacht.»

Das kam mir irgendwie bekannt vor. «Ist denn was gebrochen?», fragte ich nach.

«Zwei oder drei Rippen sind angebrochen, aber keine ganz durch. Das kann ich fühlen», sagte Willi.

Eine angebrochene Rippe konnte ich auch bei mir tasten. Außerdem knirschte es bei jeder falschen Bewegung genau an der Stelle, wo die Rippe nun nicht mehr steif war und der Schmerz mir das Wasser in die Augen treiben wollte.

Das Wichtigste für uns beide aber war, dass wir noch lebten und sogar weiterarbeiten konnten.

Deutlich ungefährlicher war meine Begegnung mit einem kleinen jungen Mann am Käsestand im Supermarkt nur einen Tag danach. Ich kam direkt von einem frühen Einsatz und wollte zum späten Frühstück mit Jutta frischen Käse mitbringen. Im grünen Arbeitsoverall und meinem Anorak stand ich vor der üppigen Auslage, die sich mir hinter der Glasscheibe bot. Ich war noch nicht an der Reihe und wartete, als sich neben mir eine Mutter mit ihrem Sohn anstellte. Der junge Mann, etwa sechs Jahre alt, stand direkt zwischen seiner Mama und mir.

Es verging keine Minute, da sagte er zu seiner Mutter: «Du, Mama, heute stinkt der Käse aber viel mehr als sonst.»

Mamas Gesicht gefror nur kurz, und sie wollte ganz sicher nicht näher darauf eingehen.

Da startete er einen zweiten Anlauf, diesmal etwas lauter, für den Fall, dass seine Mama ihm beim ersten Mal nicht zugehört hatte.

Die junge Frau wusste nicht ein noch aus, ahnte sie doch, von wem der Geruch ausging. In einem Laden voller künstlicher Gerüche fällt ein natürliches Aroma nun mal auf.

Da konnte ich nicht mehr anders und erklärte dem aufmerksamen kleinen Mann, dass nicht der Käse, sondern meine Kleider so streng rochen.

Große Augen, große Aufmerksamkeit.

«Weißt du denn überhaupt, woraus Käse gemacht wird?», fragte ich.

Der kleine Kerl war fit. «Aus Milch!», rief er prompt.

«Richtig. Und von wem kommt die Milch?», legte ich nach.

«Von der Kuh», kam sofort die Antwort.

«Super!» Danach erzählte ich ihm, dass Kühe genau wie Menschen manchmal krank würden und dann jemanden wie mich brauchten, einen Arzt für Tiere. Gerade eben sei ich noch in einem Stall gewesen, von dort komme der Geruch auf meiner Kleidung.

Die Mama hatte ihre Gesichtszüge mittlerweile wieder unter Kontrolle und lächelte dankbar, dass ich ihrem Sohn alles so freundlich erklärt hatte. Auf einmal fand sie die Situation gar nicht mehr peinlich. Ich kaufte meinen Käse bei der grinsenden Verkäuferin, die unsere Unterhaltung mitbekommen hatte, und fuhr nach Hause.

Als ich Jutta beim Frühstück von der ungewöhnlichen Begegnung erzählten, hatten wir gleich noch mal Freude daran.

Weniger lustig war, dass ich kurz darauf erneut eine Auseinandersetzung mit einem Rind haben sollte, die ebenfalls nicht ganz schmerzfrei für mich endete. Ich sollte in Langenselbold eine künstliche Besamung durchführen, was ich nicht nur gerne, sondern in der Regel auch mit Erfolg machte. Mittlerweile waren sogar ungefähr zwei Drittel meiner Aufträge Besamungen.

Die Kuh war jedoch im Gegensatz zu ihren Kolleginnen in der Brunst alles andere als erfreut, als ich mit dem aufgetauten Sperma in der Hand in den Stall kam. Kaum steckte mein Arm in ihr, fing sie auch schon an herumzuhüpfen. Die Kuh war so unruhig, dass ich die Behandlung unterbrechen musste. Ich trug an diesem Tag zu viel Spannung in mir, was das Tier natürlich sofort spürte. Ich schimpfte sie kurz, woraufhin sie natürlich noch weniger stehen blieb. Wenn ich mal falsch reagiere, dann folgt der nächste Fehler meist gleich auf dem Fuße. Die Kuh war inzwischen so aufgeregt, dass ihr Besitzer sie nicht mehr richtig halten konnte. Vielleicht ist sie ruhiger, wenn ich alleine arbeite, überlegte ich und bat den Bauern, kurz wegzugehen, doch sie hüpfte trotzdem weiter.

Als die Kuh erneut zur Seite sprang, jagte ein heftiger Schmerz durch meinen Arm, der noch immer in ihr steckte. Ich konnte mich nicht beherrschen und tippte mit der Stahlkappe meines Stiefels nur leicht an ihr rechtes Hinterbein, in der irrigen Annahme, danach wäre endlich Schluss mit dem Gezappel. Im Nachhinein weiß ich wirklich nicht mehr, wie ich so blöd sein konnte. Jedenfalls zog ich meinen Stiefel schnell wieder zurück – dachte ich. Denn in der Zeit, die ich benötigte, um mein Bein «schnell» wieder auf den Boden zu stellen, landeten drei gezielte, blitzschnell und kraftvoll ausgeführte Tritte auf meinem rechten Knie und Schienbein. Schon als ich zwei Meter weiter hinten von der Wand tropfte, war mir klar, dass ich vollkommen bescheuert gewesen sein musste, ein Tier, das ohnehin schon aufgeregt herumhüpfte, ausgerechnet mit einem kleinen Tritt zur Ordnung rufen zu wollen. Wenn Benzin ausläuft, hält doch auch nur der Dümmste ein Streichholz daran.

Noch bevor ich aufgestanden war, wusste ich, dass ich mich mal wieder total falsch verhalten hatte. Ich musste die Kuh um Verzeihung bitten, und das nicht nur, weil ich bei der nächsten Begegnung sonst der gleichen Gefahr ausgeliefert wäre. Einzig und allein mein Verhalten hatte erst die Aufregung und dann das unschöne Ergebnis zur Folge gehabt.

«Darf ich dem Tier ein wenig Getreideschrot geben?», fragte ich kleinlaut.

«Ja klar.»

Der Bauer und seine Frau freuten sich, dass der neue Tierarzt so fair war, seine Schuld einzusehen, ohne den Vorfall weiter zu kommentieren. Nachdem ich die Besamung durchgeführt hatte, redeten wir noch mal kurz darüber. Die Kuh jedenfalls hatte Größe gezeigt und nahm das leckere Schrot gnädig von mir an.

Damit war ich schon wieder mal um eine Erfahrung reicher und wusste zum Glück, mit welcher Salbe ich den Bluterguss behandeln konnte. Leider sollte dies jedoch nicht der letzte «Rücktritt» bleiben, offenbar hatte ich noch nicht genügend Lehrgeld bezahlt.

Eines Tages sollte ich zwei kleine, etwa zweihundert Kilo schwere Charolais-Rinder, die frisch von der Weide in den Stall gekommen waren, auf Lungenentzündung untersuchen. Sie hatten noch das lange Fell von der Weide und waren deshalb verschwitzt. Solche nassen Kleider isolieren nicht mehr, und die Tiere werden bei der kleinsten Zugluft im Stall krank. Draußen auf der Weide hätten sie dagegen der Kälte getrotzt.

Erst als ich schon zwischen den Rindern stand, erzählte mir der Landwirt, dass sie vorgestern erst heimgekommen seien. Das war genau einen Augenblick zu spät. Hätte ich es vorher gewusst, hätten wir die beiden zusätzlich zur normalen Anbindung mit einem Halfter am Rahmen ihrer Anbindung fixieren können. Nun aber war ich schon im Begriff, mein Stethoskop an das erste Rind zu halten. So weit kam ich jedoch gar nicht, denn ohne großes Getue begegnete mir die junge Dame mit dem Argument, das eine Kuh in solchen Fällen eben bemüht.

Der ansatzlose, hoch angesetzte Tritt mit dem Hinterbein schleuderte mich gegen ihre ebenfalls erkrankte Nachbarin. Die fand es von mir genauso unverschämt, dass ich derart plötzlich auf Tuchfühlung ging, und tat dies ebenfalls deutlich kund. Ihr gezielter Schlag bugsierte mich zwar etwas weiter nach hinten, doch leider prallte ich dabei mit voller Wucht gegen die erste junge Dame. Die half mir dann endlich mit einem weiteren Volltreffer dabei, den Platz zwischen den beiden zu verlassen. Anders ausgedrückt: Mit drei harten Tritten beförderten sie mich im Zickzack aus dem Zwischenraum an die Wand dahinter. Das Aufstehen fiel mir danach ein klein wenig schwer. Nachdem der Bauer seine Damen richtig festgebunden hatte, konnte ich sie untersuchen und behandeln.

Wenn Tiere von Anfang an sehr eng festgebunden werden, zappeln sie oft mehr, als wenn man sie etwas freier lässt. Aus diesem Grund hatte ich die beiden nicht gleich mit Gewalt einschulen wollen. Hätte ich jedoch geahnt, dass sie noch vor zwei Tagen auf der Weide mit ihrer Mama zusammen waren und jetzt alleine im Stall von mir überfallen wurden, noch dazu angebunden, hätte ich mich niemals zwischen die beiden gestellt. Unfassbar war für mich aber, dass alle drei Tritte auf fast derselben Stelle über meinem rechten Knie gelandet waren. Zum Glück hatten die Damen das Gelenk nicht getroffen, weshalb die Schmerzen auch bald ein wenig nachließen.

Wieder zu Hause, musste ich Jutta erneut einen Unfall beichten.

«Wenn das so weitergeht, musst du dir einen neuen Job suchen», drohte sie mir scherzhaft.

«Bloß nicht!», rief ich. «Ich schmiere mir lieber noch mal mein schmerzendes Bein mit Salbe ein.» Damit nahm ich die Tube, die ich zuvor aus meinem Vorrat genommen hatte.

Die Salbe war eigentlich für die Tiere bestimmt, aber ich hatte keine andere zur Hand und musste irgendetwas auf die Stelle schmieren, damit mich der Schmerz nicht am nächsten Tag bei der Arbeit störte.

Großflächig verteilte ich die Salbe auf meinem Oberschenkel, und wie erhofft half sie ganz wunderbar. Am nächsten Morgen beim Aufstehen erwartete ich, dass es schmerzte, aber es zog nur leicht an einer ganz anderen Stelle. Dort, wo die Kühe mich getroffen hatten, war unter der Haut nichts Blaues zu sehen, sondern nur ein leicht gelbgrüner Fleck, wie ein alter Bluterguss. Der ziehende Schmerz kam dagegen von der Rückseite des Oberschenkels, wo sie mich gar nicht getroffen hatten. Als ich nachsah, entdeckte ich einen blauschwarzen Bluterguss, den ich am Vorabend gar nicht bemerkt hatte.

Ich zeigte ihn Jutta, die nur meinte: «Oh, da hast du wohl gar nicht geschmiert.»

«Ja, das war zu weit weg vom Einschlag, so dachte ich. Aber stell dir nur mal vor, wie weh mir heute Morgen mein Knie getan hätte, wenn wir die Stelle nicht behandelt hätten.»

«Da hast du mal wieder Glück im Unglück gehabt», sagte sie und drückte mir einen Kuss auf die Wange.

Die Salbe sollte mir übrigens noch einige Male helfen, das Ergebnis einer tierischen Erziehungsmaßnahme oder eines Unfalls gehörig zu mildern.

Wenn das Leben zurückkehrt

Die Stunden, die ich in meinen Erinnerungen geschwelgt hatte, waren vergangen wie im Flug. Kurz vor dem Schlafengehen kam Jutta herein und setzte sich zu mir an den Tisch. Sie hatte sich mit ihrer Schwester verquatscht und dachte erst, ich wäre schon schlafen gegangen. Als sie die vor mir ausgebreiteten Fotos sah, lächelte sie.

«Wir haben schon ganz schön viel zusammen erlebt», meinte sie und nahm eines der Bilder in die Hand. Es zeigte uns vor unserer frisch renovierten Mühle. «Zum Glück sind wir damals aus dem Haus in der Hauptstraße hierhergezogen.»

«Oh ja, dort war es viel zu laut und erst der Autolärm und der Gestank im Sommer», erinnerte ich mich. «Wir konnten ja nicht mal mit offenen Fenstern schlafen.» Ein Leben ohne frische Luft und einen großen Garten vermochte ich mir gar nicht mehr vorzustellen.

«Die Mühle war eben ein echter Glücksgriff», sagte sie dann. «Erinnerst du dich noch an unser allererstes Weihnachtsfest?»

«Na klar!», rief ich. «Das Erlebnis im Schafstall werde ich nie vergessen.»

Damals war ein weiteres aufregendes Jahr in der eigenen Praxis und das erste in unserem neuen Zuhause zu Ende gegangen, und nach einigen anstrengenden Wochen im November und Dezember erlebten wir im Schafstall am Weihnachtstag das genaue Gegenteil.

Bis zum frühen Abend des 24. Dezember musste ich zwar noch viele Patienten versorgen, erhielt aber auch so manches Tütchen mit Weihnachtsplätzchen als Geschenk.

Gegen sechs schaute Willi immer bei seinen Schafen vorbei, um ihnen Futter und Wasser anzubieten. Jutta und ich kamen auch in den Stall, um mit ihm den kleinen Lämmern und deren Müttern zuzuschauen. Im gemütlichen warmen Holzstall sprangen die Kleinen zwischen den Beinen der Mütter herum, die sich sogleich auf das frisch vorgelegte, duftende Heu stürzten. Als ihre Bäuche gut gefüllt waren, kam große Ruhe auf. Die Mütter legten sich zum Wiederkäuen ins Stroh, die Lämmer beruhigten sich erst ein wenig später.

Das schwache Licht, der Geruch nach gesunden Schafen und leckerem Heu, die Wärme und der in diesem Winter tatsächlich gefallene Schnee sorgten in unseren Augen für die perfekte Weihnachtsstimmung. So, dachte ich, genau so ist für mich die wahre stille Nacht. Der Friede auf Erden sollte auch den Frieden im Stall einschließen. Nach fast einer Stunde ging Willi wieder rüber auf seinen Hof, und auch wir gingen ins Haus, um auf unserer schönen Geisfurthmühle Weihnachten zu feiern. Die Stunde im Schafstall gehörte vom ersten Jahr auf der Mühle an zu jeder Weihnacht.

Um diese Zeit hatten die meisten Schafe ihre Lämmer schon geboren, nur einige wenige warteten damit bis zum Januar. Trotz des strengen Frostes wollten die Mütter lieber auf der Weide als im Stall niederkommen, und normalerweise war das auch kein Problem. Bei Zwillingsgeburten, die bei Schafen recht häufig vorkommen, hat so eine werdende Schafmutter jedoch ganz schön viel zu beachten. Und so war in diesem Winter eine junge Mama, die zum ersten Mal eine Geburt erlebte, ein bisschen überfordert. Vermutlich war das eine Lamm schon weggelaufen, während das Zweitgeborene noch im Schnee lag. Da die Mutter sich nicht zerreißen konnte, beschloss sie, jenes Lamm zu begleiten, das bereits laufen konnte.

Etwas später entdeckte Jutta zufällig das zweite Lämmchen, das schon steif dalag. Traurig über das tote Lämmchen, kam sie gleich zu mir ins Büro, wo ich über dem ungeliebten Papierkram saß. Sofort ging ich mit ihr hinaus auf die Weide, um mir das Ganze mit eigenen Augen anzusehen. Das Kleine lag da wie tot, aber ich meinte, etwas gesehen zu haben.

«Hat es nicht eben schwach mit den Augenlidern gezuckt?», fragte ich Jutta.

«Wirklich?» Sie klang hoffnungsvoll.

Ich nahm das Lamm in die Hand und überprüfte seinen Puls. Tatsächlich, da war noch ein Funke Leben in ihm. Ein Thermometer hatte ich zwar in der Tasche, aber feststellen konnte ich damit nichts mehr, denn die Körpertemperatur lag laut dem Instrument unter dem gerade noch messbaren Wert von 31 °C. Eigentlich hätten es 39,5 °C sein müssen.

«Komm, wir nehmen den kleinen Eiszapfen mit ins Haus», sagte ich und hob es hoch.

«Ich laufe schnell vor und lasse warmes Wasser ins Waschbecken laufen», sagte Jutta und sprintete davon.

Drinnen versuchten wir das Lämmchen aufzutauen, indem wir erst lauwarmes und dann immer wärmeres Wasser, bis ich es gerade noch so mit der Hand aushielt, über den winzigen Körper in unser Waschbecken laufen ließen. In der warmen Badewanne näherte sich die Körpertemperatur des Lämmchens bald dem Wert, den man mit einem Thermometer messen kann, und stieg langsam weiter. Da kam schon ein leiser Klagelaut aus dem nicht mehr steifen, sondern nun schlaffen Tier. Jutta und ich strahlten uns an. Immer weiter erhöhte sich die Temperatur, und immer mehr Leben zeigte sich. Die Atmung wurde immer tiefer, und bald bewegte das Lamm sogar die Beine.

Wichtig war natürlich, dass der Kopf des Eiszäpfchens nicht unter Wasser kam, deshalb hielt ich ihn die ganze Zeit sicher in der Hand. Als mein Thermometer endlich 39,5 °C anzeigte, trockneten wir das mittlerweile gar nicht mehr schlaffe, sondern inzwischen sogar richtig ungeduldige, nasse Bündel mit Handtüchern ab, die nicht nach Weichspüler rochen. Die feuchte Wolle föhnten wir anschließend ganz trocken. Jetzt musste das Baby dringend bei seiner Mama trinken, da sonst die Energie nicht ausreichte, um den Körper weiter zu wärmen.

Also brachte ich unser gerettetes Lamm in den Stall und legte es in ein abgetrenntes Abteil. Dann ging ich auf die Weide, suchte nach der Fruchthülle, die zum Glück noch am Platz der Geburt lag, und rieb sie dem frisch gebadeten Kerl über Kopf und Rücken. Zurück auf der Weide, schnappte ich mir sein munteres Geschwisterchen und ging mit dem Tier im Arm einige Schritte auf den Stall zu, wobei ich es seiner Mutter immer wieder zeigte. Sie lief mir zwar nach, aber sie wusste, dass ihr Lamm nicht durch die Luft fliegen konnte, sondern auf dem Boden laufen sollte. Daher musste sie noch mal an die Stelle zurück, wo ihr Kind zuletzt gestanden hatte, um alles zu überprüfen. Doch dort war niemand mehr, was sie verwirrte.

Ich verstand das Problem und stellte ihr Lamm wieder auf den Boden. Sofort kam sie herbei, überprüfte den Geruch und wusste nun wieder, wo ihr Lamm war. Kaum hob ich es hoch, um es weiterzutragen, fing die Mutter erneut ganz verstört an zu suchen.

«Alles klar», murmelte ich, «wieder was gelernt.»

In gebückter Haltung lief ich los und hielt das kleine Wesen nur ganz knapp über dem Boden, während ich mich weiter dem Stall näherte. Wie selbstverständlich trippelte die Frau Mama jetzt hinter uns her. Kaum im Stall, eilte sie zu dem laut rufenden geretteten Lamm, während Jutta mir das muntere Geschwisterchen abnahm und in das Abteil stellte. Da ich wusste, dass Schafe den Geruch der Lämmer als Personalausweis nehmen, hatte ich unser Eiszäpfchen, das nach dem Bad nicht mehr stark nach Geburt roch, mit der Fruchthülle eingerieben. Der Personalausweis wurde anerkannt, und die gute Schafmama ließ auch ihr zweites Kind trinken. Damit war es endgültig gerettet, und das Schönste dabei war: Ich hatte noch nicht mal Medikamente gebraucht.

Jutta und ich sahen uns gerührt an. Wieder einmal hatten wir ein Wunder erleben dürfen. Das Gefühl, wenn unter meinen Händen das Leben, das schon so weit weg war, in einen Körper zurückkehrt, ist einfach unbeschreiblich.

Erfüllt von der warmen Erinnerung an jenen Abend im Schafstall, gingen wir ins Bett, doch irgendwie konnte ich nicht einschlafen, obwohl es schon so spät war. Auf einmal musste ich wieder an einen ähnlichen Fall denken, als mich ein Bauer, ebenfalls im kalten Januar, zur Geburt seiner Kuh gerufen hatte. Der hohe Schnee verzauberte die raue Mittelgebirgslandschaft, durch die ich in der frühen Abenddämmerung fuhr. Der Hof des Bauern war zum Glück schnell gefunden, und ich konnte gleich zur Tat schreiten. Die Mutterkuh schaffte es nicht, das Kalb alleine auf die Welt zu bringen, und war schon recht geschwächt. Der Bauer und ich gaben uns alle Mühe, dem großen Kalb rasch und dennoch vorsichtig aus seiner Mutter zu helfen, trotzdem wollte es, einmal auf der Welt, nicht atmen. Mit vereinten Kräften versuchten wir das Unabwendbare abzuwehren, doch eine kräftige Massage des Rückens half genauso wenig wie der Guss mit kaltem Wasser.

Schließlich führte ich bei dem Neugeborenen eine Mund-zu Nase-Beatmung durch. Dabei muss man das Mäulchen und ein Nasenloch des Kalbes mit den Händen zuhalten, während man durch das andere Nasenloch rhythmisch die Atemluft bläst. Ich gab mir alle Mühe, doch: keine Reaktion. Nur noch ein ganz schwacher Herzschlag war zu spüren, und selbst der wurde immer weniger.

«Wir haben verloren», sagte ich irgendwann erschöpft zu dem Bauern. «Es sind zu viele Minuten vergangen.»

Er nickte nur traurig. «Am besten, wir ziehen es gleich raus in den Hof», schlug er vor.

«Gute Idee, und dann kümmere ich mich um die Kuh. Die arme Mutter braucht doch auch meine Hilfe.»

Wieder im Stall, prüfte ich als Erstes mit der Hand, ob der Geburtskanal verletzt war. Zu meiner Erleichterung war alles in Ordnung, und so wollte ich der Kuh nach der schweren Geburt noch ein Schmerzmittel gönnen. Die Familie war einverstanden, daher ging ich hinaus, um die Medizin zu holen. Ich hatte gerade die Stalltür aufgemacht, da ertönte aus der Ecke, wo wir das tote Neugeborene abgelegt hatten, ein klägliches Blöken.

«Das war doch das Kälbchen!», rief ich und sprintete los.

Der Bauer, seine Frau und die Tochter rannten mir hinterher, und im nächsten Moment standen wir alle um das totgeglaubte Kalb.

Tatsächlich hatte der extreme Temperaturschock das Tier dazu veranlasst, selbst Luft zu holen, und das kleine Herz hatte sich doch noch mal aufgebäumt. Die klare Luft war sehr sauerstoffreich, und so klappte die Atmung auf Anhieb. Es war, als wäre das alles nicht wahr. Der kleine Racker hatte wohl durch meine Zwangsbeatmung gerade genug Luft erhalten, um einen letzten Anlauf ins Leben zu nehmen.

«Es lebt, es lebt!», rief die Tochter des Bauern außer sich.

Dabei hatte ich das Herz abgehorcht, und es war zuletzt eigentlich nichts mehr zu hören gewesen. Wir strahlten uns an, keiner konnte etwas sagen.

Schnell trugen wir unser Schätzchen in den warmen Stall zurück, wo ich sofort seine Körpertemperatur überprüfte: 36,5 °C, das war echt zu wenig.

«Habt ihr vielleicht eine Wanne, in die das Kalb reinpasst?», fragte ich.

«Ja, klar, bin schon unterwegs», sagte die Bauersfrau und kam kurz darauf damit zurück.

Diese war schnell herbeigeholt und mit heißem Wasser gefüllt. Vorsorglich prüfte ich mit dem Thermometer die Temperatur des Wassers: 42 °C. Das reichte, um den kleinen, kalten Frosch wieder in ein warmes Kälbchen zu verwandeln. Nach einer halben Stunde, in der die Bauersfrau und ihre Tochter mehrmals warmes Wasser nachfüllten, maß ich die richtige Temperatur von 39,5 °C bei dem Kalb. Gemeinsam befreiten wir unser Wundertier aus seiner Badewanne, um es abzutrocknen und zu föhnen. Es gab noch eine Milchmahlzeit aus dem Fläschchen, dann erst durfte es in die Kälberbox unter das gemütliche, wärmende Rotlicht.

Über den Gedanken an das gerettete Kälbchen musste ich dann doch eingeschlafen sein. Jedenfalls fühlte ich mich wie gerädert, als ich am nächsten Morgen erwachte. Zum Glück wartete kein allzu straffes Tagesprogramm auf mich. So konnte ich am Vormittag gemütlich meine Runde drehen, und nach dem Mittagessen war es sogar so ruhig, dass Jutta und ich etwas ganz Kühnes wagten.

Weil wir so schön außerhalb des Ortes wohnen, erlagen wir der Versuchung, einen Spaziergang zu machen. Wie immer nahmen wir unser Mobiltelefon mit, dessen Nummer ich auf das Band des

Anrufbeantworters in der Praxis gesprochen hatte. Somit waren wir erreichbar und durften uns guten Gewissens vom Festnetztelefon entfernen.

Die Sonne schien, die Luft wehte nur zart, und wir genossen die Landschaft. Nach ein paar hundert Metern überprüfte ich noch einmal, ob ich das Telefon auch tatsächlich eingesteckt hatte. Das neue Gerät war so klein, dass ich es in der Jackentasche kaum spürte. Ganz anders als unser erstes Mobiltelefon, das mir vor Jahren das Gefühl unendlicher Freiheit vermittelt hatte. Mit seinem zarten Gewicht von knapp über zweieinhalb Kilogramm war es damals der Inbegriff moderner Technologie. Der extrem starke Sender empfing fast überall, was mein schlechtes Gewissen beruhigte. Mit dieser Erleichterung von fünf Pfund spürte ich die Fesseln meines Berufes so gut wie gar nicht mehr. Bis das Zauberding klingelte.

«Nicki, Telefon», sagte Jutta und holte mich aus meinen Gedanken zurück.

«Das darf doch wohl nicht wahr sein, wir sind keine zehn Minuten unterwegs», schimpfte ich und ging ran.

Es war ein Bauer ganz aus der Nähe, der mir seine Not schilderte. «Einer meiner Bullen ist aufgelaufen», sagte er atemlos, «ganz arg.»

Damit war die scheinbar grenzenlose Freiheit vorüber, wir drehten schnell um und rannten zur Mühle zurück. Während Jutta das Telefon umstellte, sprang ich schon in den roten Bus. Zum Glück war der Hof des Bauern in Langenselbold, und nach drei Kilometern Fahrt bog ich schon in die Einfahrt.

Mit dem Stethoskop in der Hand stürmte ich in den Stall. Der Bauch des Bullen war auf beiden Seiten fast gleich dick, da durfte ich keine Zeit verlieren. Ich spurtete zum Bus, holte das Schlundrohr und rannte zurück in den Stall. Unterdessen hatte der Bauer dem Bullen ein Halfter angezogen, und wir banden ihn am Pfosten neben seinem Platz fest. Als Erstes verabreichte ich dem geplagten Tier die nötige krampflösende und schmerzstillende Spritze direkt ins Blut. Dann nahm ich das fast zwei Meter lange Federspiralrohr und schob es ihm gefühlvoll und vorsichtig in die Speiseröhre.

«Komisch, da ist gar kein Widerstand», sagte ich.

«Da muss aber was sein», sagte der Bauer nervös.

Tiefer und tiefer glitt das Rohr. Noch immer spürte ich keinen Widerstand, aber auch kein ausströmendes Gas. Just als das Schlundrohr den Panseneingang passiert, bliesen mir mit großem Druck Pansengase daraus entgegen. Sie rochen völlig normal, demnach lag weder Entgleisung noch eine schlimme schaumige Gärung vor. Trotzdem: Irgendetwas musste dem Pansen den Ausgang verstellt haben. Vermutlich hatte ich es zwar weggeschoben, aber es war immer noch in dem Tier drin. Nachdem das Gas komplett hinausgeströmt war, zog ich das Rohr wieder zurück. Der Bulle musste noch ein paarmal rülpsen, dann wirkte er befreit. Was da nun vor dem Panseneingang gelegen hatte, wusste ich nun leider nicht.

«Am besten, Sie kontrollieren das Tier heute Nacht», riet ich dem Bauern. «Das kann durchaus noch mal geschehen, da ich die Ursache nicht beseitigen konnte.»

Zwei Tage später kam es dann zum befürchteten Rückfall, doch nachdem ich das Schlundrohr in den Pansen eingeführt hatte, war erneut alles prima. Als der Bulle nach mehreren Tagen wieder Probleme bekam, beschlossen wir, dass er nach dem Ablauf der Wartezeit wegen der Anwendung von Medikamenten geschlachtet werden sollte. Der arme Kerl musste jedes Mal fürchterliche Ängste und heftige Schmerzen erleiden, das konnten und wollten wir nicht zulassen.

Am Tag der Schlachtung rief mich der Landwirt an, um mir die Ursache des Problems mitzuteilen. «In dem Pansen sind drei ganze Tennisbälle herumgeschwommen. Die haben den Ausgang wie ein Ventil verschlossen, und wann immer wir einen zur Seite geschoben haben, ist einige Zeit darauf der nächste vor die Öffnung gerutscht», erklärte er mir.

«Das gibt's doch nicht!» Ich war fassungslos.

Der Bauer hatte erst kürzlich wieder am Ortsrand Gras gemäht, damit er seinen Tieren gutes, saftiges Futter vorlegen konnte, und vermutlich waren die Bälle unter den Halmen verborgen. Der Bulle hatte mehrmals davon gefressen, und vermutlich waren die Bälle dabei in seinen Bauch geraten.

Es war einfach nicht zu glauben. Da hatte wohl jemand am Rand der scheinbar unwichtigen Wiese Tennisschläge geübt oder seinen Hund spielen lassen und danach die Bälle nicht wieder mit nach Hause genommen. Der arme Bulle wäre fast an diesem achtlosen Verhalten gestorben, gelitten hatte er auf jeden Fall. Die wenigsten Menschen sind sich heutzutage bewusst, dass es Tiere gibt, die das Gras solcher Wiesen zum Fressen brauchen. Deshalb trampeln manche darin herum, andere entsorgen ihren Müll dort, und wieder andere benutzen die Wiese als Hundeklo. Stadtnähe hat durchaus Vorteile, für Wiederkäuer aber auch oft große Nachteile.

Gefahren auf der Weide

Unser Ortsschäfer Hans Lukas hat ebenfalls immer mal wieder mit solchen Ignoranten zu tun und musste sich auf seinen eigenen Wiesen schon so manchen dummen Spruch anhören. So gab es allen Ernstes Spaziergänger, die ihn aufforderten, seine Hunde festzuhalten, damit ihre Hunde ein wenig mit den Schäfchen spielen konnten. Andere blafften ihn an, er solle endlich von der Wiese abhauen, die Schafe würden stinken, und man könne vor lauter Schafskötteln gar nicht mehr darauf herumlaufen. Das sagten die Leute wohlgemerkt zu dem Besitzer der Wiesen, auf denen sie ihre Hunde unfreundlicherweise herumspringen und ihre Notdurft verrichten ließen. Natürlich gab es aber auch jene, die rücksichtsvoll einen Bogen um die Schafherde machten und sogar die Hinterlassenschaften ihrer Hunde im Beutelchen von der Futterwiese holten. Über solche Leute freute sich Hans Lukas immer sehr.

Wenn ich zwischendurch Zeit hatte, legte ich hin und wieder bei ihm einen Zwischenstopp ein, und es gab tatsächlich einige Minuten, in denen die Schafe wiederkäuten und sogar die Lämmer mal still stehen blieben, anstatt wild herumzurennen. In solchen Momenten fühlten wir uns wie bei einer Andacht. Diesen Frieden, den Wiederkäuer auf der Wiese dann ausstrahlen, hätte ich nur zu gerne festgehalten, doch das ging nun mal nicht.

Eines Mittwochmorgens rief Herr Lukas mich an, weil viele seiner Schafe plötzlich eine starke Schwellung unterhalb des Unterkiefers hatten. Das Jahr war günstig für Parasiten, und ich kannte die Symptome als Zeichen für den Befall mit kleinen Leberegeln, aber auch bei Lungenwürmern. Normalerweise ist das eine Routinebehandlung, aber diesmal sollten wir mit dieser Herde fast an unsere Grenzen stoßen.

«Dann bekommen sie eben schnell eine Wurmkur, und damit hat es sich hoffentlich», sagte Herr Lukas, als wir die Lage besprachen.

«Ganz so schnell geht das leider nicht, ich muss die Kuren erst bestellen. Eine so große Menge habe ich in meiner Apotheke nicht vorrätig», sagte ich und verabschiedete mich.

Am übernächsten Tag konnten Herr Lukas und seine Helfer jedem einzelnen Schäfchen seine Dosis ins Maul verabreichen, und schon zwei Tage später war eine gewisse Verbesserung bei unseren Patienten zu sehen. Ich ging davon aus, dass der Fall damit erledigt war, und konzentrierte mich voll und ganz auf die nächsten Fälle.

Nach weiteren zwei Tagen hatte ich unseren Ortsschäfer wieder am Telefon. «Die Schwellung am Unterkiefer ist zurückgekommen und sieht sogar noch schlimmer aus als vorher», schilderte er mir.

«Das kann ich mir nicht erklären. Wir haben die Würmer doch abgetötet?», sagte ich und machte mich sofort auf den Weg.

Auf der Fahrt zu seinem Hof kam ich ins Grübeln. Warum geht das Ganze noch mal los?, überlegte ich.

Kaum angekommen, sah ich auch schon, in welch traurigem Zustand etliche seiner Tiere waren, die mit gesenktem Kopf dastanden. Herr Lukas holte mir eines mit dem Schäferstab aus der Herde, und ich tastete die Schwellung ab. Seltsam, sie war nicht mehr so weich wie vorher, sondern hart, heiß und schmerzhaft bei Druck. Außerdem wanderte sie in Richtung der Kinnwinkel, und die Kieferlymphknoten waren auch geschwollen. Bei den anderen Tieren, die ich untersuchte, verhielt es sich genauso. Meistens kommt mir erst am Tier die richtige Eingebung, und so war es auch diesmal.

«Das ist nicht einfach nur ein Ödem», erklärte ich Herrn Lukas. «Hier muss vielmehr Eiter die Entzündung verursachen. Schauen Sie nur, die Lymphknoten sind extrem geschwollen und schmerzhaft, wie bei Menschen mit Mumps.»

«Diese blöden Lungenwürmer», schimpfte der Schäfer.

«Sie haben das Gewebe vermutlich schon zu sehr geschädigt, deshalb konnten dort Bakterien wüten. Sonst wäre nicht alles so vereitert», erläuterte ich weiter.

Die armen Schäfchen konnten kaum mehr den Kiefer bewegen und deshalb ihrem Hauptberuf nicht mehr nachgehen: kauen. Trinken konnten sie zum Glück noch, und auch Schrot nahmen sie auch gerade noch an. Wir brauchten ein Mittel, das sehr schnell für Abhilfe sorgte. Ein Antibiotikum mit Cortison könnte zwar die Bakterien töten, aber nicht den Eiter aus dem Gewebe schaffen. Die schlimmsten Fälle mussten wir trotzdem damit behandeln. Aber wie konnte ich den Eiter aus den kranken Tieren herausbringen?

Bei meinen Überlegungen half mir mein Wissen über homöopathische Medikamente. Hepar sulfuris in der dritten Verdünnungsstufe hatte mir bei der einen oder anderen Mandelentzündung klasse geholfen. Warum sollte ich es nicht auch bei den Schafen anwenden? Einen Haken hatte die Sache allerdings: Einem einzelnen Patienten kann man so eine kleine Tablette drei Tage lang jeweils dreimal täglich prima verabreichen, bei fast dreihundert Schafen dagegen ist das nicht möglich. Zum Glück gibt es bei den Arzneimittelherstellern Spezialisten, die man anrufen und um Rat fragen kann.

Ich rief also bei der Karlsruher Firma an, die weltweit ihre Homöopathika vertreibt, und erklärte mein Problem. «Kann ich anstelle der gepressten Milchzuckertabletten vielleicht das ungepresste Pulver bekommen?», fragte ich. «Das nehmen die Schafe zusammen mit Schrot bestimmt auf.»

«Die Idee klingt gut», sagte der Pharmazeut am andern Ende der Leitung und wollte mich unterstützen.

Nur einen Tag später traf per Express ein Pfund des gewünschten Pulvers ein, das ich sogleich zum Schäfer und den geplagten Schafen brachte. Wir gaben erst ein wenig Schrot in die Krippen und verteilten eine geringe Menge von dem Pulver gleichmäßig darauf, ehe die Schafe ihre Extraportion versuchen durften. Ohne Probleme aßen sie das Schrot und nahmen so das Medikament auf.

Schon am Morgen des dritten Tages sah ich bei der wiederholten Kontrolle der Patienten, dass einigen Tieren der Eiter am Hals herunterlief.

«Sieh nur, es hilft», sagte ich zu dem Schäfer.

Darauf erwiderte er: «Schon gestern Abend ist der Dreck bei den ersten Schafen herausgekommen. Stell dir vor, gleich danach haben sie schon wieder Gras und Heu gefressen.»

Wir inspizierten die Tiere genauer und entdeckten immer mehr ekelhaft eitrig verschmierte Hälse an den sehr erleichterten Schafen. Im Laufe des Tages waren alle Schwellungen aufgeplatzt und hatten den Eiter abgestoßen. Wir freuten uns wie die Schneekönige über den sichtbaren Eiter, und je verdreckter ein Schaf war, desto mehr war es losgeworden und umso größer war die Erleichterung. Als der nächste sommerliche Regenfall den Dreck aus der hellen Wolle rauswusch, waren die heftigen Beschwerden längst vergessen.

Der Sommer bringt so manches Unheil für die Tiere auf der Weide mit sich. Wenn an heißen Tagen die Luft förmlich steht, schlagen die Stechmücken besonders gerne zu. Der Wind kann sie dann nicht so wegblasen, und sie können ihre Opfer besser finden. Besonders hartnäckig sind die winzig kleinen Kriebelmücken, die wie Fruchtfliegen aussehen. Vor allem im Wald und am Waldrand warten sie bei schwüler Hitze hungrig und fast immer in riesiger Zahl auf ihre Opfer. Zur Not quälen sie auch Menschen, besser schmecken ihnen aber Rinder und Pferde. Meist fallen sie über die zarten Ohren und all die anderen Stellen her, wo die zarte Haut die darunterliegenden Adern leicht erreichbar macht.

An einem dieser drückend schwülen Tage ohne jedes Lüftchen erreichte mich nachmittags der Notruf eines Bauern. Nach der Vormittagstour, bei der ich ein letztes Mal die Schafe von Herrn Lukas besucht hatte, war ich verschwitzt wie selten. Im Bach hinter unserer Mühle kühlte ich mich ab, und allmählich wurde mein Kopf wieder klarer. Leider musste ich nun auch schon wieder los von unserer Mühle, im Sommer für uns der schönste und kühlste Ort. In Richtung Frankfurt ging es, wo wahrscheinlich schon der Beton glühte, und in Wachenbuchen, zwei Dörfer davor, war es kaum weniger heiß.

Schon als ich meinen Bus an der am Waldrand gelegenen Koppel abstellte, sah ich ganze Wolken von Insekten um jedes einzelne geplagte Rind schwirren. Von den sechs Jungbullen, die nicht mehr stehen konnten, atmeten zwei schon nicht mehr. Die beiden konnte ich nicht mehr retten, denn die Kriebelmücken hatten sie in so großer Zahl angezapft, dass durch die Gesamtmenge des Mückengiftes ihre Blutgefäße und die Lunge komplett zugeschwollen waren. Die anderen vier Rinder standen ebenfalls kurz vor dem Kollaps.

Da ich nicht auch noch verstochen werden wollte, zog ich

trotz der Hitze meinen Anorak an, der immer griffbereit im Bus lag. Nun waren nur noch meine Beine, die Hände und das Gesicht frei, doch egal – den gerade noch lebenden Tieren ging es weit schlechter als mir. In der freien Natur wären die Tiere einfach weggerannt und den Mücken so entkommen, denn die können nicht schnell fliegen, aber der Zaun um die Weide ließ das nicht zu.

«Können Sie mir bitte für jedes Tier ein weißes Betttuch bringen?, fragte ich den Bauern und spritzte den Bullen zwei schnell wirkende abschwellende Mittel über die Blutbahn.

Ich war gerade fertig, da brachte der Sohn des Bauern auch schon die Tücher, die wir in das Tränkefass auf der Weide tunkten, um sie klatschnass auf die völlig erschöpften Tiere zu legen. So konnten sie fast nicht mehr gestochen werden, außerdem milderte der helle Stoff die heiße Sonnenstrahlung. Nach und nach kamen die Geplagten wieder zu sich. Überall auf der Haut waren die blutigen Stellen zu erkennen, wo die Mücken ihre Mahlzeit eingenommen hatten.

«Tut mir leid, dass ich für die anderen zwei zu spät gekommen bin», sagte ich traurig. «Aber wenigstens haben wir die vier hier gerettet.»

«Wir müssen die Rinder unbedingt von hier wegbringen», sagte der Bauer und schickte seinen Sohn los, um den Viehanhänger mit dem Traktor auf die Koppel zu fahren.

Kurz darauf hatten wir die ersten zwei Bullen, die schon am sichersten stehen konnten, auf den Hänger verfrachtet. Die anderen zwei mussten noch kurz warten, bis wir sie auch in den Stall brachten. Dort ließen wir ihnen so lange kaltes Wasser über den Rücken fließen, bis ihre Körpertemperatur von über 41 °C auf einen erträglichen Wert von 39 °C gesunken war. Erst danach beruhigte sich auch die Atmung der Tiere.

«Das war ganz schön knapp», sagte ich, als ich mich von dem Bauern verabschiedete.

«Danke für Ihren Einsatz», sagte er herzlich.

Die Masseninvasion der Kriebelmücken ist mir bis heute lebhaft im Gedächtnis geblieben, und zum Glück habe ich so etwas bisher nie mehr erleben müssen.

Ein Abenteuer ganz anderer Art hat sich mir ebenfalls nachhaltig ins Gedächtnis gebrannt, und zwar meine erste Begegnung mit den Medien. Das Thema «Essen, welches uns die Tiere schenken müssen», hat lange Zeit nur die Bauern und die verarbeitende Industrie interessiert. Erst allmählich entstand über die Bio-Bewegung ein Bewusstsein bei den Verbrauchern dafür.

Als eines Tages ein Beauftragter des Hessischen Rundfunks bei mir anrief, da staunte ich dann doch.

«Ich betreibe eine Ein-Mann-Filmfirma und darf im Auftrag unseres Heimatsenders eine Dokumentation über einen Landtierarzt drehen. Hätten Sie vielleicht daran Interesse?»

«Sie meinen wirklich mich?», sagte ich skeptisch und glaubte zunächst an eine Verwechslung. Öffentliches Interesse bestand nämlich meist nur an Schmusetieren und Pferden.

Wenn «Außerirdische» doch mal aus unserer Welt der Landwirtschaft berichteten, kam die Landwirtschaft meist schlecht dabei weg, denn in der Regel wurden bloß Vorurteile bestätigt, die jedoch nur auf einige wenige zutrafen. Und von den medienwirksamen «Drecksbauern», die ihre Tiere quälen, konnte ich nun mal nicht berichten, da ich solche Leute nicht kannte. Selbst in so vielen Berufsjahren war mir kein Bauer begegnet, der Freude am Quälen hatte.

Vorsichtig, um meinen Gesprächspartner nicht zu sehr vor den Kopf zu stoßen, erklärte ich ihm meine Bedenken.

Doch er ließ nicht locker, und so verabredete ich mit Rütger Haarhaus, dass er einfach mal einen Tag mit mir mitfahren solle. Spätestens dann musste ihm klar sein, dass meine Tätigkeit und meine Kundschaft für das heutige Fernsehpublikum absolut uninteressant waren.

Schon drei Tage später saß er auf meinem Beifahrersitz, und ich erzählte, bis ihm die Ohren abfielen, von den Regeln und den harten Bedingungen der heimischen Tierhaltung, von Arzneimittelgesetzen, Verbraucherschutz, illegalen Medikamentenhändlern und von den zähen, ausdauernden, tierfreundlichen Bauern, die mich nach wie vor gerne für ihre Tiere in Anspruch nahmen. Bei Routinearbeiten wie Besamungen oder der Behandlung einer leichten Lungenentzündung bei einem jungen Schwein sah er mir über die Schulter. Wider Erwarten war Rütger überhaupt nicht gelangweilt, sondern fragte immer weiter und jubelte mehrfach, genau so einen Kerl wie mich habe er gesucht, jemanden, der auch die Schattenseiten seiner Welt ehrlich erwähnt.

Auf einmal fing mein Bauch an zu kribbeln. Bestand hier vielleicht eine Möglichkeit für mich, einen öffentlichen Aufschrei loszuwerden, damit die Menschen da draußen endlich kapierten, was ablief? Dass die richtigen Bauern behindert wurden, während die Falschen, nämlich die Großunternehmer, die Subventionen in großem Stil für ihre riesigen Ställe und Mastbetriebe abschöpften? Wenigstens einmal sollte gezeigt werden, dass durchaus noch einige einfühlsame Tierhalter im Schatten der industriellen Monsterbetriebe existierten, auch wenn sie alle über kurz oder lang mit der Haltung von Kühen oder Schweinen aufhören müssten. Ich dachte an eine Art Filmmuseum für das Andenken an die Helden der fairen Tierhaltung.

Luftschlösser bauen sich leicht, und ich habe bis heute nicht die Hoffnung aufgegeben auf eine Umkehr im Umgang mit denjenigen, denen wir das Leben nehmen, um Fleisch zu essen, oder deren Milch wir kaufen. Geld bekam ich keines versprochen, aber mir reichte die winzige Möglichkeit, unsere Nutztiere mal nicht im Monsterstall zu zeigen, als Lohn. Ich musste mich bremsen, Rütger nicht arbeitsunfähig zu quatschen, doch er war ein Profi und konnte damit umgehen. Nach dem gemeinsamen Tag auf Tour gaben wir uns die Hand darauf, dass er demnächst mit mir eine Sendung für den *Hessenreporter* drehte, der zur besten Sendezeit nach der *Tagesschau* läuft. Ich würde viel von Rütgers Welt erfahren, er von meiner, und meine Kunden bekamen mit den Filmaufnahmen eine bleibende Erinnerung für ihre Enkel geschenkt. Am Ende hat jeder was davon, sagte ich mir. Prima!

Ganze fünfeinhalb Tage fuhr der hellblaue Kleinbus des Hessischen Rundfunks jeden Kilometer meiner Tour mit, viele Behandlungen wurden gefilmt, und die Besitzer waren ebenso aufgeregt wie die Tiere. Richtig stolz war ich, als ich sah, was Rütger aus den Aufnahmen gemacht hatte. Die Stimmung war perfekt eingefangen: die sympathischen Bauern, meine geliebten Patienten, die großen Probleme, die Freude über Lösungen.

Am Abend der Erstausstrahlung saß ich mit Jutta gespannt vor dem Bildschirm und konnte meine vor Aufregung nassen Handflächen gar nicht schnell genug abwischen. Dann ertönte die Musik, und ich war einfach nur fasziniert. Rütger konnte unsere Welt verstehen, das bewiesen die gefühlvollen Bilder, die mir eine Gänsehaut über den Rücken jagten. Nur der Tierarzt war mir extrem fremd, für mich war der Nicki auf dem Bildschirm ein anderer: fremde Stimme, fremdes Aussehen. Schließlich kannte ich von mir nur jene Seiten, die im Spiegel zu sehen waren. Auch Jutta fremdelte ein bisschen, als sie diesen Typen im Fernsehen erblickte.

Aber gut, es war nun mal passiert, wie so manch andere aufregende Begegnung in meinem Leben, aber das war's dann schon. Mehr war nicht. Am Tag nach der Sendung sprachen mich viele Menschen auf meiner Tour an, und alle freuten sich mit mir. Auch Rütger war sehr zufrieden, denn die Einschaltquote war super, und somit hatte sich der Einsatz gelohnt. Damit ist mein Ausflug in die Welt der Medien also beendet, dachte ich. Schade eigentlich! Dass dies nicht mein letzter Fernsehauftritt bleiben sollte, konnte ich damals noch nicht ahnen.

Mein Name wurde nach der Sendung immer wieder mit dem Beruf des Landtierarztes in Verbindung gebracht, dabei wohne ich im Rhein-Main-Gebiet und arbeite ausschließlich an Nutztieren. Ein richtiger Landtierarzt aber kann alle Tiere betreuen, auch Heimtiere, die ich nur bedingt behandeln kann. Letztlich bin ich das, was man früher meist als «Viehdoktor» bezeichnet hat. Lustigerweise werde ich oft so genannt, obwohl ich wie erwähnt gar keinen Doktortitel besitze. Nach dem großen Erfolg von *Der Doktor und das liebe Vieh* von James Alfred Wight alias James Herriot ist der Viehdoktor gar nicht mehr negativ besetzt. Ich bin sogar stolz, ein solcher zu sein.

Aufgrund des Fernsehauftritts und dank der modernen Suchmaschinen im Internet kam in der Folgezeit immer mal wieder ein Reporter auf mich zu, wenn bei den unterschiedlichsten Fragen Erklärungsbedarf bestand. So erschienen in verschiedenen Zeitungen Artikel über mich, wodurch mein Berufszweig nicht mehr ganz so im Verborgenen wirkte. Langsam, auch nach etlichen Skandalen, wurde die Tierhaltung in der Landwirtschaft damit ein wichtigeres Thema. Und das war gut so. Immer mehr kleine Bauern mussten, teilweise unter vielen Tränen, ihre Kühe abschaffen, weil sie dem Wettbewerb nicht standhalten konnten.

«Wenn die Gesellschaft nur noch Monsterbetriebe will, dann

zählen eine lange Familientradition, die viele Arbeit und das viele Geld, das wir hoffnungsvoll in die Tierhaltung gesteckt haben, eben nichts mehr», sagte einer der Bauern zu mir.

Auch wenn es das Herz so manches verständnisvollen Tierhalters zerdrückt haben mag, Schluss ist Schluss. Für mich bedeutete das letztendlich ebenfalls einen Kunden weniger. Mit der Reportage im *Hessenreporter* hatten wir für diese Helden wenigstens ein kleines Denkmal geschaffen.

Die Landwirtschaftspolitik war auf die Zerstörung der bäuerlichen Tierhaltung aus, nur die großen Konzerne sollten übrig bleiben. «Wachse oder weiche!», dieser Leitspruch vom Deutschen Bauern(vernichter)verband ließ nicht nur mich angewidert zurück. Ich gehöre nicht mehr in diese Welt!, dachte ich. Für mich wird es gerade noch so reichen bis zur Pension, falls ich die erleben darf. Eine traurige Wut kochte in mir, denn die Bedingungen für meine Bauernfamilien wurden immer schlechter. Immer mehr Tiere mussten sie in ihre Ställe pferchen, um den Betrieb zu retten. Wachse oder weiche! Viele wichen, manche wuchsen, aber keinem tat es gut. Den Bauern nicht, den Tieren erst recht nicht und unseren Lebensmitteln schon gar nicht.

«Warum kümmert sich da kaum jemand?», fragte ich Jutta, mit der ich regelmäßig über dieses unschöne Thema debattiere.

«Weil jeder essen muss und deshalb keiner das wissen will. Da nimmt sich keiner Zeit dafür», meinte sie nüchtern.

«Wenn ich nur könnte ...», sagte ich.

Aber bei meinem geringen Verdienst musste ich viele Stunden täglich rackern und hatte ebenfalls keine Zeit.

Menschen, Tiere und Doktoren – eine ereignisreiche Zeit

Dass so bald erneut ein Fernsehsender auf mich zukommen sollte, hätte ich im Traum nicht gedacht. Aber drei Jahre später, eines Frühsommertages im Mai, rief eine Filmfirma bei uns an, die auf der Suche nach einem Landtierarzt für fünfzehn Folgen einer Dokusoap war, eines fortlaufenden Dokumentarfilms. Fünfzehn Folgen – das bedeutete jede Menge Arbeit und Zeit, die ich eigentlich nicht übrig hatte. Ich habe bei den *Hessenreportern* schon genug Mut gezeigt, jetzt können ruhig mal die Kollegen ran, sagte ich mir und verwies die freundliche Anruferin an einige Kollegen. Damit sei die Sache erledigt, dachte ich, aber nach vier Wochen war die Kölner Nummer erneut auf dem Telefondisplay zu lesen.

«Tierarztpraxis Schirm, guten Tag», meldete ich mich wie immer und ahnte nichts Gutes.

«Hallo, Herr Schirm», fing die nette Frau an und kam recht bald auf ihr Anliegen zu sprechen. «Wir haben nun schon zwanzig Castings hinter uns, aber bisher ist keiner Ihrer Kollegen vor der Kamera so gut rübergekommen wie Sie. Wollen Sie es sich nicht doch noch mal überlegen?» Dann erklärte sie mir noch, dass sie eine gemischte Tierarztsendung planten. Der Privatsender Vox wolle erst mal testen, ob die Zuschauer dieses Format annahmen, danach sollte es weitergehen.

Ich schnaufte tief durch. «Eigentlich habe ich kein Interesse», sagte ich ehrlich, denn ich hatte Angst vor der Welt der werbefinanzierten Privatsender.

Es sollten noch mehrere Telefonate mit den verständnisvollen Mitarbeitern der Fandango Film & TV GmbH folgen, und zuletzt unterhielt ich mich mit dem Chef, der mir versicherte, nur echte Wirklichkeit und keine aufgeblasenen Sensationen zeigen zu wollen. Er hielt tatsächlich Wort – und ich auch, denn ich zeigte den jeweiligen Filmteams die echten Sensationen. Meine Welt konnte mit der erfundenen locker mithalten, allerdings mussten die Filmteams Geduld mitbringen statt eines Drehbuchs.

Ein Team, so vereinbarten wir es, durfte nur aus den absolut unverzichtbaren Leuten bestehen, also Regisseur, Kamera und Ton, da mich und die Tiere jeder weitere Begleiter viel zu sehr stören würde. Die Bauern lassen sich auch nicht von einem großen Team beeindrucken, bei denen dürfen ohnehin nur wirklich interessierte Menschen in die abgeschottete Welt der Kuh- und Schweineställe schnuppern.

Ohne die Bereitschaft der vielen geduldigen Bauernfamilien wäre sowieso kein einziger Dreh möglich gewesen. Weil aber viele von ihnen den Wunsch hatten, dass «die da draußen», also die Verbraucher, von ihren Kühen und Schweinen, Schafen und Ziegen erfahren, empfingen sie das Fernsehteam auf den meisten Höfen mit offenen Armen. Oft gab es sogar noch ein paar Extraerklärungen, auch wenn die Kamera nicht lief, verbunden mit der Bitte, die Städter sollten doch der Welt sagen, wie schlimm mit unseren Lebensgrundlagen umgegangen wird. Die Hoffnung erfüllte sich allerdings nur in ganz kleinem Maßstab, denn die Welt sah es sich zwar an, rechnete aber weiter nur in Geldwerten, das Ergebnis sehen wir täglich. Ich kann daran nichts ändern, aber ja sage ich nicht zu der aktuellen Landwirtschaftspolitik.

Vox wollte an echte Geschichten ran, da musste und konnte ich helfen. Auch wenn ich als erster Tierarzt mit meinem richtigen Namen in einer Dokusoap auftreten sollte, wenn ich mich vielleicht blamieren sollte, die Chance, mit so guten Leuten das Richtige zu machen, wollte ich mir nicht entgehen lassen.

Die Anfänge waren etwas zäh, aber mit dem zweiten Team verband mich und Jutta schnell Vertrautheit und irgendwann sogar Freundschaft. Wir hatten viel zu lachen, aber auch viel zu arbeiten. Vor allem ich. Denn wenn die einzelnen Szenen abgedreht waren, war keineswegs Feierabend, sondern ich musste die gewöhnlicheren Tätigkeiten, die nicht gefilmt wurden, ja auch noch erledigen. Die Doppelbelastung strengte schon sehr an, aber dank der fröhlichen Stimmung war es zu bewältigen.

Am Abend nach dem ersten Drehtag ging ich mit Jutta noch eine Runde spazieren, da ich unbedingt noch mal rausmusste. Natürlich hatten wir nur ein Thema, während wir durch die wunderschöne Landschaft marschierten.

«Jede Aufnahme ist für mich fast wie eine Prüfung», erklärte ich meiner Frau, «schließlich können mir jetzt alle Kollegen und sogar meine früheren Ausbilder zusehen und sich womöglich nachträglich entsetzt an den Kopf fassen.»

«Du machst dir viel zu viele Sorgen», meinte Jutta. «Was sollen die schon sagen? Du musst nur darauf achten, dass du den Kindern die schlimmen Bilder gut erklärst.»

«Wenn es nur das wäre», jammerte ich weiter. «Da können auch Tierschützer zusehen, die noch nie in einem Stall waren und meine guten Bauern aus Unwissenheit als schlechte betrachten. Die Überwachungsbehörde kann feststellen, ob ich die Arzneimittelgesetze einhalte und die ganzen anderen Verordnungen und Anweisungen, Erlasse und Kommentare dazu. Nicht zuletzt soll den Verbrauchern ja auch nicht die Wurst im Hals stecken bleiben, wenn sie mich bei der Arbeit beobachten.»

«Nicki, komm endlich runter!», rief Jutta – vergeblich.

«Was ist mit den Studenten, die sich noch nicht auf ein Berufsfeld festgelegt haben, denen sollen die Berichte Lust auf den Beruf des Großtierpraktikers machen. Die Nachteile des Berufes müssten sie natürlich selbst ermessen. Und vor den Wichtigsten von allen, den Bauern, will ich mich schließlich auch nicht blamieren.»

Jutta ließ sich von meiner Aufregung nicht anstecken. «Du wirst sehen, alles wird gut.»

Die kluge Frau sollte recht behalten. Das Format startete mit einer Einschaltquote von 2,8 Prozent und lief nach den Pilotsendungen mit den Kollegen der Kleintierkliniken, den Zookollegen und mir schon im Bereich über zehn Prozent. Der Erfolg war da, die Sendung sollte weiterleben. Super!

Damit war der Grundstein für weitere Abenteuer vor laufender Kamera gelegt – und die ließen nicht lange auf sich warten. Sogar ein Rentierhirsch, der am Bast seines Geweihs eine winzige Verletzung erlitten hatte, war eines Tages bei mir in Behandlung. Leider hatten die Schmeißfliegen die wunde Stelle sofort gefunden und ihre Eier darin abgelegt. Als wir den Hirsch aus geringer Entfernung sahen, hätten wir nie gedacht, dass der ganze Kopf und der Hals so voll mit Maden waren, dass die gesamte Haut herunterkam. Nachdem ich ihn betäubt hatte, machte ich mich an die Reinigung und konnte die zusammenhängende Haut abheben, unter der es nur so wuselte.

«Ich war heilfroh, dass ich das Ganze nur durch den Sucher und damit in Schwarz-Weiß gesehen habe», sagte unser Kameramann Cornelius hinterher zu mir.

«Du hast dich trotzdem tapfer geschlagen», lobte ich ihn.

Zu Beginn der Aufnahmen stand er noch gar nicht im Wind, weshalb er erst später das riechen durfte, was mir zum Erkennen des schlimmen Zustandes gereicht hatte. Den Hirsch musste ich dazu gar nicht näher betrachten, so sehr stank es nach fauligem Fleisch und Leiche – einfach nur abstoßend. In unserem Steinzeitgedächtnis gibt es für solche Momente nur einen Befehl: Schnell weg hier! Wir aber wollten helfen, und da darf man nun mal nicht zimperlich sein. Bei dem Armen zeigte sich, wie gut es war, dass ich ein Team dabeihatte, dessen Mitglieder schon so einige schlimme Sachen filmen mussten. Klaus Müller, der Besitzer der Tiere, und ich konnten nur staunen, wie tapfer alle durchhielten.

Mit der Erstversorgung war es für Heiko, so hieß unser treuer Patient, nicht getan, der brave, tapfere Hirsch musste noch einige Wundbehandlungen über sich ergehen lassen. Nach der letzten Behandlung musste er beim Aufwachen aus der Betäubung einen kleinen Fehltritt gemacht haben. Normalerweise laufen Rentiere sehr umsichtig, aber unserem Held schnitt irgendetwas durch die Schwielen der Laufsohle und verletzte die tiefe Beugesehne, die sich später eitrig entzündete.

Ich telefonierte mit einem erfahrenen Kollegen im Zoo von Leipzig und schilderte ihm den Fall. «Können Sie, Herr Kollege, mir bitte vielleicht noch einen Tipp geben?», fragte ich verzweifelt.

«Leider nein», lautete die Antwort. «Das Tier hat vermutlich keine Chance mehr. Sie können noch nicht mal das Zehenglied mit der Beugesehne amputieren, schließlich benutzt der Hirsch nicht nur die Zehenspitze zum Laufen, wie die übrigen Wiederkäuer.»

All das nach der erfolgreichen Wundbehandlung! Lediglich zwei esslöffelgroße Flecken am Hals waren noch nicht mit frischer Haut überzogen, und nun das. Wir hatten alles richtig gemacht, und trotzdem hatte Heiko nach dieser Auskunft verloren. Der Tag, an dem ich den Hirsch einschläfern musste, fiel mir schwer. Wirklich sehr schwer. Da das Fernsehteam gerade mal wieder fünf Tage bei mir war, beratschlagten wir, ob wir das drehen und zeigen konnten. Nach einem längeren Gespräch, natürlich auch mit Klaus, beschlossen wir, die Zuschauer auch mit dem traurigen Ende der Behandlung von Heiko zu konfrontieren.

Mein Beruf besteht auch mal aus Misserfolgen, ab und zu kann ich den Tod einfach nicht aufhalten, egal wie sehr ich mir das wünsche und egal ob ich alles richtig mache. Das wollte ich auch den Fernsehzuschauern erklären. Keiner erwartet von einem Arzt Wunder. Wenn doch mal eines eintritt, sollten wir dankbar sein. Diesmal half nicht mal mehr ein Wunder.

Wir schlichen zum Drehort mehr, als dass wir gingen. Ich wusste nur eines: Der arme Heiko hatte Schmerzen, die ich nicht erfolgreich heilen oder lindern konnte. Wenn das feststeht, dann muss einer den undankbaren Job übernehmen. Im besten Fall sollte das jemand sein, der den Job auch kann. Und wenn er den Job kann, sollte er ihn für das Tier und den Besitzer gleichermaßen anständig erledigen. Oft spüre ich gerade dann eine große Verbindung zu meinen Patienten, wenn wir vor der Tür, also vor dem Tod stehen. Ich habe schon Kühe erlebt, die Tränen in den Augen hatten. Als ich dem Bauern, der mit mir neben der Kuh stand, erklären musste, dass wir das Tier nur noch einschläfern könnten, machte er mich auf die Tränen aufmerksam. Es war seine Lieblingskuh – mit Familienanschluss.

Genauso traurig war die Stimmung, als ich Heiko die Narkose verabreichte, die der letzten Spritze vorausgeht. Keiner sagte auch nur ein Wort, bis ihm die zweite Spritze die endgültige Erlösung brachte. Mit dem Stethoskop überprüfte ich noch einmal, ob auch wirklich kein Herzschlag mehr zu hören war. Vorbei. Der Hirsch hatte es durch die Tür geschafft, und ich hatte ihm dabei helfen dürfen. An diesem Tag lachten wir nicht mehr viel.

Als wir hinterher noch zusammensaßen, fasste Cornelius in Worte, was wir alle spürten.

«Manchmal fühlt es sich so an, als wäre gerade ein Mensch gestorben.»

Genauso traurig waren wir auch.

Der nächste Drehtag brachte nicht weniger Aufregung, wenn auch ganz anderer Art. Ich sollte von einem Brahman-Bullen und seinen zwei Kühen Blutproben gewinnen, und das Team war wieder mit auf Tour. Wunderschön standen die großen Buckelrinder am Hang von Hochstadt auf der Weide, die einen umwerfenden Blick auf die Skyline von Frankfurt bot. Jürgen Fuchs, der Besitzer, war mit seinen Rindern zur Tierschau zur Grünen Woche in Berlin eingeladen, musste allerdings vorab nachweisen, dass die drei keine Seuchenkeime in sich trugen. Ein entsprechendes Attest ist bei allen Zusammenkünften von Nutztieren selbstverständlich Pflicht.

Blutproben zu ziehen ist bei Buckelrindern um einiges schwieriger als bei Milchkühen, aber Silvester, der an Neujahr Geburtstag hatte, und die beiden Kühe waren geradezu handzahm. Der sehr ruhige Blick mit den großen, dunklen Augen des Bullen lockte Cornelius, und er ging näher ran. Doch offenbar heißt das Auge der Kamera nicht nur so, sondern wirkt auch wie ein solches. Jedenfalls muss es für Silvester so ausgesehen haben, als käme ein noch größeres Auge langsam immer näher auf sein Gesicht zu. Da spürte ich das bekannte unhörbare Knistern in der Luft und stand eine Sekunde später neben Cornelius, der völlig fasziniert das unfassbar Schöne im Blick des Bullen einfangen wollte.

Der kleine Muskel am Hals von Silvester zuckte, das linke Auge blinzelte, und im selben Moment setzte der riesige Kopf zu einer Bewegung an. Der Kameramann, der nur einen halben Meter neben dem Bullen stand, reichte diesem nicht ganz bis zum Rücken – ohne Höcker. Cornelius wog vielleicht etwa fünfundsiebzig Kilogramm, Silvester dagegen hatte beim letzten Wiegen etwas mehr als eintausendeinhundert Kilo auf die Waage gebracht. Jedenfalls kam der riesige Schädel blitzschnell mit einer seitlichen Abwehrbewegung auf das große, unheimliche Auge der Kamera zu. Es war die gleiche schnelle Bewegung, mit der ein Rind lästige Fliegen abwehrt.

Ich war genauso schnell.

Ansatzlos packte ich, was ich von Cornelius erwischen konnte, und riss ihn mit aller Kraft an der Jacke zurück. Als mich sein überraschter Blick traf, hielt er die Kamera noch am ausgestreckten Arm in die Luft. Im nächsten Moment zuckte der Stierschädel auch schon unter der Kamera durch und wieder zurück. Da erst gab der Arm von Cornelius nach, da erst sank die Kamera zu Boden, da erst kapierte er endlich, was soeben passiert war. Jetzt erst kam die Aufregung. Silvester dagegen war die Ruhe selbst, schließlich hatte er nur etwas Lästiges vertrieben.

Cornelius konnte die unfassbare Geschwindigkeit, mit der sich das riesige, Sekunden vorher noch absolut ruhige Tier bewegt hatte, einfach nicht fassen. «So schn… schnell», stammelte er.

«Ja, das denkt man gar nicht, wenn man ihn so sieht», erwiderte ich.

«Die Kamera ist sehr viele tausend Euro wert», erklärte mir der Gerettete und untersuchte hektisch das wertvolle Stück.

«Dir ist schon klar, dass der Stier mit dem Kopf unter der Kamera durchgetaucht ist», klärte ich ihn auf.

«Du meinst, ich war das Ziel?», fragte er ungläubig.

«Oh ja», sagte ich. «Aber zum Glück hat Silvester es verfehlt.»

Dazu hatte ich mit meiner schnellen Reaktion beigetragen, weshalb wir alle mit dem Schrecken davongekommen waren.

Nach dieser Attacke mussten wir erst mal eine kurze Pause einlegen, bis der erfahrene Profi seine Kamera, die zum Glück unversehrt war, wieder mit ruhiger Hand bedienen konnte.

Als wir später die Aufnahmen prüften, stellten wir fest, dass die Bilder von Silvesters Auge wirklich so schön waren wie erwartet. Allerdings waren wir uns einig, dass sie es trotzdem nicht wert waren, die Gesundheit eines Menschen aufs Spiel zu setzen.

Eine knappe Woche später, die Dreharbeiten waren vorbei und ich ging meinem Job wieder unbeobachtet nach, war es wohl für mich an der Zeit, auch mal die Welt der Binnenschifffahrt und Häfen kennenzulernen.

Jutta und ich waren gerade dabei, den Rasen zu mähen und den Garten auf Vordermann zu bringen, da klingelte mal wieder das Telefon. Diesmal wartete ein ganz besonderer Patient auf mich, der nur auf der Durchreise war. Er hieß Spekje und wohnte sonst in Rotterdam, wenn er nicht gerade auf dem Öltanker seiner Besitzer Ed und Rega den Rhein oder den Main entlangschipperte. Die beiden transportierten mit ihrem Frachter entweder Heizöl oder Diesel, das sie von den Raffinerien in Rotterdam in die großen Verteilerbehälter in verschiedenen Häfen brachten. Dort tankten dann die großen Lkw, ehe sie die einzelnen Tankstellen in der Gegend versorgten.

«Wir brauchen dringend Hilfe für unser Schwein, und Sie sind uns empfohlen worden», sagte Ed, nachdem ich mich gemeldet hatte.

«Wo ist denn Ihr Hof ?», fragte ich routinemäßig.

Ed lachte nur. «Wir haben gar keinen Hof, sondern liegen mit unserem Schiff noch bis morgen früh im Hanauer Ölhafen. Können Sie dort auch hinkommen?»

«Selbstverständlich», sagte ich leicht irritiert.

Nachdem ich Jutta geholfen hatte, den Grünschnitt auf den Komposthaufen zu bringen, machte ich mich auf den Weg zum Hafen. Die beiden mussten warten, bis am nächsten Morgen die Ladung ihres Schiffes gelöscht werden konnte, und wollten die Zeit für die Behandlung von Spekje nutzen.

Das Schwein kannte bisher nur den Tierarzt, der es in Rotterdam kastriert hatte, und der durfte das Schiff nicht mehr betreten, geschweige denn die Kajüte, die eigentlich eine gemütliche große Wohnung war. Wie jedes riesige Minischwein konnte sich Spekje mit seinen weit über einhundert Kilo auf acht Klauen richtig gut wehren. Letztere waren inzwischen ein ganzes Stück zu lang, weil sie sich nicht abliefen, daher konnte das Schwein kaum mehr laufen.

Um Spekje behandeln zu können, musste ich ihm zunächst eine Betäubungsspritze verpassen. Wir konnten gut mit ihm reden, denn er war sehr schlau, und ich musste mir richtig Mühe geben. Ausnahmsweise behielt ich meine Gummistiefel mit den Stahlkappen in den Wohnräumen an, da ich mit Abwehr rechnete, also mit Bissen oder Schlägen mit den seitlich abstehenden langen Hauern in mein Bein.

Beim ersten Mal kannte der kluge Kerl meine Tricks zur Ablenkung noch nicht, deshalb hatte ich es relativ leicht und traf ihn mit der Spritze an der Stelle hinter dem Ohr, wo der Schmerz nicht so stark ist. Während wir warten mussten, bis die Betäubung einsetzte, durfte ich den ganzen Öltanker besichtigen. Nach mehr als einer halben Stunde schlief Spekje so tief, dass er nur noch mit Verzögerung auf meine Berührung reagierte. Nachdem ich die Klauen mit einer speziell umgearbeiteten Kneifzange und einem Messer und einer Feile in die von der Natur vorgesehene Form gebracht hatte, ließen wir Spekje schlafen und tranken gemütlich noch einen Tee, bevor ich mich auf den Heimweg machte.

Am nächsten Morgen musste Spekje wohl erst noch ein Gefühl für seine neuen Schuhe bekommen.

«Ihm geht es sehr gut, aber er wundert sich bei jedem Schritt, dass der Boden so tief liegt», erzählte Rega mir am Telefon.

Da die stark gekürzten Klauen von der Form ganz anders waren, kamen die Füße auch anders auf den Boden, was wohl ulkig aussah. Aber bald hatte Spekje sich an die neue Form gewöhnt.

Da ich von den dreien und ihrem Schiff so beeindruckt war, hoffte ich, das Schwein könnte auch einmal in der Sendung auftreten. Da das Filmteam jedoch meist dann bei mir war, wenn Ed und Rega irgendwo auf dem Rhein unterwegs waren, und wir außerdem noch einen Anlass für eine tierärztliche Behandlung brauchten, schien mein Wunsch unerfüllbar.

Doch dann kam eines Tages, als das Drehteam zufällig gerade da war, ein Anruf von Rega.

«Wir sind demnächst wieder in Hanau. Könntest du dann vielleicht vorbeikommen und dir Spekje ansehen? Er hat ständig gereizte Augen», fragte sie.

«Na klar, meldet euch einfach noch mal kurz vorher.» Ich war begeistert, dass Spekje mich brauchte und wir gerade Zeit hatten. Diese Gelegenheit mussten wir einfach nutzen.

Die Aufnahmen im Hafen und vom Schiff gelangen im Sonnenschein, und Spekje war sogar so nett, sich mir bis auf einen halben Meter zu nähern, weil ich ihn mit süßen Cocktailtomaten und seinem Lieblingskäse aus Holland lockte. Im Licht des Kamerascheinwerfers konnte ich das gereizte Auge prima untersuchen, und die Diagnose war schnell gestellt. Da bei Minischweinen die Augen hinter zwei Speckrollen liegen, kann die Tränenflüssigkeit nicht selbständig weggewischt werden, was immer mal wieder zu Entzündungen führt.

«Am besten, du wischst die Augenlider samt der Umgebung regelmäßig aus. Das geht am besten mit fusselfreien Schminkpads, einer medizinischen Lösung und viel Einfühlungsvermögen, aber das hast du ja», riet ich Rega.

Sie grinste. «Ich will's versuchen», sagte sie und schritt zur Tat, indem sie die kurze Zeit nutzte, die er stillhielt.

Wir hatten ihm ein Schüsselchen mit Leckereien hingestellt, die nicht allzu schnell herauszuholen waren. War das letzte Stück gefressen, so bedeutete dies das Ende der Behandlung. Rega war wirklich schnell und gut, sogar vor laufender Kamera schaffte sie das Kunststück. An diesem Abend bedankte ich mich erleichtert bei Spekje, der super mitgemacht hatte.

Vor einiger Zeit, bei Stockstadt am Main an der Schleuse, hatte ich ohne Erfolg wieder abziehen müssen, da das Schwein sich von mir die Klauen nicht erneut schneiden lassen wollte. Vielleicht hatte er auch nur keine Lust auf die Spritze, jedenfalls kam er einfach nicht aus seinem Rückzugsbereich heraus. In seiner Burg war er sicher. Einen solchen Platz braucht jedes Tier, und dort darf man es nur stören, wenn es um Leben oder Tod geht.

In seiner Box stand sogar eine Toilette, die wie ein riesiges Katzenklo aussah, von einem Schiffsbauer speziell aus Glasfaser und Kunstharz geformt. Das Bindemittel darin saugte alles auf, nichts stank, nur Spekje selbst roch angenehm zart nach Schwein.

Nachdem er mich ausgetrickst hatte, beschloss ich, erst mal aufzugeben und legte die Spritze auf den Tisch, wo wir noch ein wenig zusammensaßen. Kurz darauf stand ein aufgeschlossener, freundlicher Eber bei uns am niedrigen Tisch.

«Willst du nicht vielleicht jetzt …?», fragte Ed.

«Nein», erklärte ich, «wenn ich Schluss sage, das auch zeige und das Tier sich entspannt, darf ich nicht wieder anfangen. Sonst hat das Tier nie wieder Vertrauen zu mir.»

Ich versprach Spekje, am Abend mit besseren Nerven noch mal vorbeizukommen, dann würde ich gewinnen. So war es auch, und ich war froh, nichts erzwungen zu haben.

Spekje ist mittlerweile nicht mehr auf dem Schiff, Rega und Ed haben ihn in liebevolle Hände abgegeben, als sie Eltern wurden. Er wohnt jetzt mit mehreren Artgenossen im Grünen, dank Schweinefreunde e. V., einem Verein, der sich um diese Haustierart kümmert und den ich gerne unterstütze. Ed und Rega vermissen ihn heute noch, wenn ihr süßes Kind sie mal zum Nachdenken kommen lässt.

Wunderliche Lamas und ein ganz Besonderer: Sultan

Der erste Anruf von Hubert Wendt verstörte mich ein klein wenig. Er rief eines Vormittags an, als ich mich gerade mit der unliebsamen Büroarbeit herumplagte. Jutta war im Garten und versorgte unsere Hühner und Gänse, die ihr auf dem Fuß folgten, wohin sie auch ging.

«Ich suche einen Tierarzt, der meine Lamas betreut», begann er, «und da bin ich auf Sie gekommen.»

«Soso», sagte ich nur. Meine Begeisterung hielt sich in Grenzen, denn ich hatte von diesen zwar sanft aussehenden, aber im Grunde höchst gefährlichen Tieren nach einigen unschönen Erfahrungen die Nase voll.

Diese durfte ich bei dem einen oder anderen Zirkus sammeln, die bei uns in der Gegend ihre Zelte aufgeschlagen hatten. Da Lamas meist recht groß sind, ist bei Problemen in der Regel kein Kleintierpraktiker der Ansprechpartner. Meist hatten die Tiere Verletzungen vom Transport oder waren verwurmt, aber immerhin hatte man mich geholt, und ich konnte ihnen auch meist helfen. Die Behandlung der wilden Bestien war jedoch alles andere als ein Vergnügen. Mehrere starke und entschlossene Männer ohne Furcht waren nötig, die das gefährliche Tier blitzschnell an den Beinen packten und es zur Sicherheit auch noch an den Ohren und überall sonst festhielten, wo sie die lange Wolle zu fassen bekamen. Selbst dann konnten die Tiere einem immer noch übelriechende Speisereste und Rotz gezielt ins Gesicht spucken. Ich war jedes Mal heilfroh, wenn ich nach der Behandlung ohne größere Blessuren wieder in meinem Bus saß.

«Worum geht es denn da genau?», hakte ich schließlich nach.

Hubert Wendt holte daraufhin erst mal aus und erzählte mir, dass er mehrere Lamas halte und Lama-Treckings anbieten wolle. Kindergeburtstage mit seinen Tieren gehörten ebenfalls zum Angebot. «Für die Betreuung meiner Lamas und im Notfall hätte ich gerne einen festen Ansprechpartner», erklärte er mir dann.

Da ich meine feste Meinung über die gefährlichen Biester hatte, kam ich mit diesem «Spinner» nur sehr zögerlich ins Gespräch. Bald musste ich jedoch feststellen, dass der vermeintliche Spinner ein enorm großes Wissen über die Tiere und ihre Haltung hatte, das er in mehreren Kursen in Deutschland und im direkten Umgang auf einer Farm in Chile erworben hatte.

Vorsichtig versuchte ich ihm die Flausen auszutreiben. «Ich halte es ehrlich gesagt für unverantwortlich, Fremde und sogar Kinder mit solchen Bestien zusammenzubringen», argumentierte ich. Doch offensichtlich hatten wir ein kleines Verständigungsproblem. Hubert Wendt sprach von ganz anderen Tieren als ich. «Reden wir wirklich beide von Lamas?», fragte ich daher sicherheitshalber noch mal nach.

«Aber ja doch», lautete die Antwort.

So ging das nicht! Ich erklärte mich bereit, in die Höhle des Löwen zu kommen und mir die Tiere anzusehen, die sich angeblich so ganz anders verhielten.

Nur einen Tag später traf ich bei schönstem Wetter am späten Nachmittag auf dem Sonnenhof in Freigericht-Neuses ein.

Herr Wendt hatte einen ehemaligen Bauernhof zu einer Lamastation umgebaut. Gar nicht mal so schlecht, musste ich zugeben. Der vermeintliche Spinner hatte Geschmack und war mir obendrein nicht mal unsympathisch. Wenn nur diese fixe Idee mit den Lamas nicht wäre …

Da wir bereits am Telefon so unsere Schwierigkeiten gehabt hatten, führte mich Hubert, wie ich ihn schon nach einer Stunde erfreut nennen durfte, kurz entschlossen mitten unter seine Tiere. Ich stand stocksteif da und wartete auf das befürchtete Unglück. Doch es passierte: nichts. Mein Begleiter traute sich sogar, alleine auf eines der Tiere zuzugehen, ganz ohne vier harte Kerle, wie ich es aus dem Zirkus kannte. Als eine der freilaufenden Bestien auf mich zukam, stand mir die Panik ins Gesicht geschrieben.

Hubert dagegen blieb ganz ruhig. «Du wirst vermutlich überleben», sagte er nur und grinste aufmunternd.

Tatsächlich: Die Bestie wollte nur an mir riechen, und zu meinem grenzenlosen Erstaunen spürte ich auf einmal durch und durch: Das Tier war friedlich. Seltsam. Auf einmal wollte ich doch mehr wissen.

«Kennst du etwa irgendwelche Tricks, mit denen man Lamas friedlich machen kann?», fragte ich.

Er schüttelte bloß den Kopf.

Das neugierige Lama kam noch näher und fing allen Ernstes an, mit mir zu schmusen. Unerhört, dachte ich, so verhält sich doch keine Bestie!

Wir blieben noch eine geschlagene Viertelstunde bei den Tieren. Ich genoss den warmen Geruch ihres Felles, die sanften, großen Augen logen auf einmal nicht mehr, und manche der Herdenmitglieder waren sogar ein bisschen scheu. Na, so was!

Da ich für den Besuch ausreichend Zeit eingeplant hatte, setzten wir uns noch bei einem Espresso in dem großen Raum, in dem sonst die Feiern stattfanden, an den Tisch.

«Ich kenne auch jene Lamas, die du bisher treffen musstest», setzte Hubert zu einer Erklärung an. «Solche Tiere kann man in Deutschland für weniger als zweihundert Euro erwerben, aber sie sind fast alle extrem verhaltensgestört.»

«Ach so.» Ich hörte aufmerksam zu.

«Meine Lamas habe ich mir dagegen direkt in Chile bei erfahrenen Züchtern selbst ausgesucht und mit hierhergebracht. Nur wenige Züchter in Deutschland haben ausreichend Wissen und Verständnis für den richtigen Umgang mit den wunderbaren Tieren und geben ihre Schützlinge deshalb sehr zögerlich in andere Hände. Lamas sind von Natur aus sehr sanft, allein wie sie uns anschauen. Nur wenn sie große Not verspüren, fangen sie tatsächlich an zu spucken oder sich mit den Klauen der Hinterbeine zu verteidigen, was heftige Verletzungen verursachen kann.»

«Das ergibt durchaus Sinn», meinte ich. «Die Lamas im Zirkus waren sicher in Not. Wenn nicht in ganz großer Not.»

«Von mehreren Profis habe ich gelernt, wie man sich verhalten muss, damit die Tiere gar nicht erst in Panik geraten und aggressiv werden. Liebe und Vertrauensarbeit sind da ganz entscheidend.»

«Eigentlich ist das bei meinen Kühen und Schweinen oder den Schafen und Ziegen ganz genauso», erwiderte ich.

Mit seiner Erklärung überzeugte mich der vermeintliche Spinner so nachhaltig, dass ich mich spontan bereit erklärte, die Betreuung seiner Tiere als ungelernter Lama-Hausarzt zu übernehmen.

«Für den Fall, dass du mal nicht weiterweißt», so Hubert, «rufen wir im Taunus in der Praxis bei den Richters an. Diese Leute sind echte Kamelidenprofis, von denen können wir beide noch viel lernen.»

«Klasse!» Mit der Rückversicherung zweier erfahrener Kollegen traute ich mir guten Gewissens zu, die Aufgabe «kamelartige Tiere» zu bewältigen.

Hubert rief gleich im Taunus an, und ich konnte kurz mit den überaus hilfsbereiten Kollegen reden. Tatsächlich waren sie sogar froh, wenn sich noch jemand an diese Tiere herantraute.

«Sie dürfen jederzeit gerne anrufen, wenn Sie eine Frage haben. Wir haben schon viele Erfahrungen gesammelt und auch eigene Lamas und Dromedare.»

Angenehmer konnte es für mich nicht werden. Mit diesem doppelten Boden konnte ich mich ohne weiteres an die wertvollen Chilenen herantrauen.

Bereits zwei Wochen später brauchte Hubert zum ersten Mal meine Hilfe. Ausgerechnet an Juttas Geburtstag erreichte mich am Nachmittag ein Anruf aus Freigericht-Neuses.

«Emilia steht seit zwei Stunden reglos da. Sie starrt völlig verstört vor sich hin und interessiert sich für gar nichts mehr. Weder für die anderen noch für Futter», erklärte mir der besorgte Hubert am Telefon.

Damit war es also so weit: mein erster Einsatz bei den Lamas vom Sonnenhof. Juttas Geburtstagskuchen musste erst mal warten, und ich machte mich schnell auf den Weg.

Als ich in der Lamastation eintraf, erwartete mich eine tieftraurig wirkende Emilia. Das arme Tier war nicht zu übersehen. Mit gesenktem Kopf stand es da, der Bauch sichtlich verkrampft – ein einziges Bild von Leid. Als es ans Untersuchen ging, wollte Emilia auf einmal aber gar nicht mehr stehen bleiben. Na klar!, dachte ich nur.

«Das kann ja heiter werden», entfuhr es mir.

Hubert sah mir gelassen an. «Lass mich mal machen.»

Dann zeigte er mir, wie man mit der nötigen Ruhe und Gelassenheit einem Lama tatsächlich ein Halfter anlegen kann. Mit einer dünnen schwarzen Gerte als Armverlängerung versperrte er Emilia den seitlichen Fluchtweg, während er ihr den Körper zudrehte und mit viel Einfühlungsvermögen langsam auf sie zuging. Das Lama war zwar zahm, was aber noch lange nicht bedeutete, dass es sich freiwillig ein Halfter anlegen ließ. Schon gar nicht in einer Situation wie dieser. Gespannt beobachtete ich Emilias Versuche, ihren Meister auszutricksen. Zweimal war sie besser, aber beim dritten Anlauf, bei dem er immer noch so ruhig war wie beim ersten, schaffte Hubert es tatsächlich, ihr das Halfter anzulegen. Das Lama stand jetzt wieder ganz ruhig da.

Nun war ich an der Reihe. Ich versuchte sämtliche Erinnerungen an meine bisherigen Lamabegegnungen zu verdrängen, dennoch waren meine Knie deutlich zittriger als sonst. Emilia tat, als würde sie es gar nicht merken, und gestattete mir würdevoll, erst Fieber zu messen und dann ihren Brustkorb abzuhören. Erst als ich seitlich am Bauch lauschen wollte, wich sie mir aus. Nach drei Versuchen konnte ich sie jedoch auch dort abhören. Im Bauch gurgelte und dröhnte das Gas im Gedärm, die Bauchwand war hart und verspannt. Deshalb hatte sich Emilia dort zuvor auch nicht anfassen lassen.

Sofort hatte ich das Bild einer Gaskolik vor Augen, wie ich es von den anderen Wiederkäuern kannte. In dem Fall wusste ich zu helfen und brauchte nicht erst bei den netten Kollegen im Taunus nachzufragen.

Ich erklärte Hubert, was ich herausgefunden hatte, und fügte dann hinzu: «Die notwendigen Medikamente werde ich ihr direkt in die Halsvene spritzen, damit das Bauchweh sofort nachlässt.»

«Alles klar», sagte er und hielt Emilia noch fester.

Ich holte die Medikamente, und nachdem ich die Vene mit der Hand kurz gestaut hatte, konnte ich sie sehr deutlich unter den

Fingern spüren. Jetzt nur noch schnell die Nadel rein, und dann war's das, dachte ich zufrieden. Von wegen! Die Haut des Lamas war extrem zäh und um einiges dicker als bei den viel größeren Rindern. Mit meiner Kanüle kam ich beim ersten Versuch gar nicht durch, sondern pikste meine Patientin nur und ärgerte sie damit. Beim zweiten Versuch war ich besser vorbereitet, und zum Glück war Emilia sehr geduldig mit mir. Diesmal schob ich die Nadel mit weit mehr Kraft durch die dicke Haut am Hals, und tatsächlich traf ich die große Vene. Ich drückte die Spritzen langsam ab und zog die Kanüle vorsichtig wieder heraus.

Nur wenige Minuten später spürte meine Patientin schon, wie die Schmerzen nachließen, denn sie entspannte sich sichtlich. Sofort nahm Hubert ihr das Halfter ab, damit sie sich wieder frei bewegen konnte. Und tatsächlich ging sie als Erstes ein paar Meter auf Abstand.

«Wirklich erstaunlich, wie dick die Haut am Hals ist», sagte ich noch immer ganz verblüfft, während ich meine Sachen zusammenpackte.

«Ja, aber das muss so sein», erklärte mir Hubert. «Am Hals verletzen sich Lamas bei Auseinandersetzungen. Wenn sie es wirklich ernst meinen, fügen sie sich mit den Zähnen beim Kampf ordentliche Wunden zu. Wäre die Haut an der Stelle nicht so dick, dann wären die meisten dieser Verletzungen tödlich.»

«Klingt logisch. Beim nächsten Mal weiß ich Bescheid.»

Hubert grinste entschuldigend. «Tut mir leid, ich habe leider nicht daran gedacht, dich darauf hinzuweisen.»

«Kein Problem», sagte ich und verabschiedete mich rasch. Zu Hause wartete schließlich Jutta mit dem Kuchen auf mich.

Damit war mein erster Einsatz bei den seltsamen Lamas, die wider Erwarten so gar nicht fürchterlich waren, erfolgreich beendet.

Hubert war offenbar so zufrieden mit mir, dass er mich gleich weiterempfahl und mir kurz darauf die nächste Lamabehandlung – und damit eine weitere Mutprobe – bescherte.

In Biebergemünd-Wirtheim gab es ebenfalls jemanden, der Lamas hielt, und auch sie waren auf der Suche nach einem Tierarzt, dem sie vertrauten. Wie es sich für den Idealfall gehört, warteten diese Leute zum Glück nicht, bis etwas passiert war und sie dringend Hilfe brauchten, sondern sie wurden vorab schon aktiv.

«Wären Sie eventuell bereit, sich auch um unsere Lamas zu kümmern?», klopfte Daniela Stähr vorsichtig bei mir an. «Wir haben Ihre Telefonnummer von einem Herrn Wendt bekommen, der sehr von Ihnen geschwärmt hat.»

«Ich bin aber kein Lamaprofi, sondern kann nur erste Hilfe leisten», wiegelte ich gleich ab.

«Mehr habe ich für den Anfang auch gar nicht erwartet», sagte sie und fügte gleich hinzu: «Wenn doch mal ein größeres Problem auftaucht, könnten wir das kranke Tier immer noch im Pferdehänger in den Taunus bringen.»

Wer sich von mir nicht abwimmeln lässt, der will mich wohl wirklich ausprobieren, dachte ich mir und vereinbarte mit der freundlichen Anruferin ein Informationsgespräch auf ihrem Hof. Schließlich musste ich erst mal die Lage peilen.

Statt sich zu verabreden, druckste sie erst noch eine Weile herum, ehe sie mir gestand: «Da wäre übrigens noch etwas. Wir haben da nämlich noch ein Tier, Sultan, ein Dromedar ...»

Oje, nicht auch das noch!, durchzuckte es mich. Mit Dromedaren hatte ich ähnlich unangenehme Erfahrungen gemacht wie mit den Lamas im Zirkus.

«Ich weiß noch nicht mal, wie Dromedare festgehalten werden müssen», gestand ich ihr ganz ehrlich.

Sie war nicht weiter beeindruckt. «Das macht nichts. Ich habe vor einiger Zeit einen Kurs im Umgang mit Dromedaren gemacht und die vorgeschriebene Prüfung durch eine amtliche Tierärztin des Kreisveterinäramtes bestanden. Allerdings wollen wir noch einiges dazulernen, was unseren Sultan angeht.»

Daniela Stähr hatte mit ihrer Freundin, mit der sie gemeinsam den Hof führte, so einiges vor. Ähnlich wie Hubert Wendt wollten auch die beiden Frauen ihre Lamas und das Dromedar auf die Arbeit mit Kindern vorbereiten. Ihr Angebot sollte sich hauptsächlich an Kinder aus Frankfurt richten, teilweise mit Handicap, teilweise ohne.

Für dieses Vorhaben brauchten die beiden natürlich einen zuverlässigen Partner, der im Krankheitsfall schnell vorbeikam und zu helfen verstand. Leider gab es bei uns in der Gegend keine Lamaspezialisten, an die ich die gute Frau Stähr hätte verweisen können, aber als lernender Hausarzt in Sachen Neuweltkameliden genügte ich offenbar auch hier den Erwartungen.

Ich war zu dieser Zeit immer mal wieder mit dem Fernsehteam von *Menschen, Tiere und Doktoren* unterwegs, und die Aussicht auf einen Filmbeitrag mit einem Dromedar machte das Team neugierig.

«Da sind wir sofort dabei», hieß es begeistert.

«Schon klar», sagte ich. «Aber wir können keine Krankheit erfinden. Da müssen wir schon abwarten.»

Wieder einmal kam uns das Glück zu Hilfe – auch wenn es für den armen Sultan erst mal nichts Gutes bedeutete. Daniela Stähr war aufgefallen, dass das Dromedar ungewöhnlich stark von Fliegen umschwirrt wurde und seit einiger Zeit seltsame Krusten an den Beinen hatte. Das hörte sich jetzt zwar nicht wie eine richtige Krankheit mit dramatischem Verlauf – und damit spannenden Szenen für die Fernsehzuschauer – an, trotzdem wollte mein Dreamteam mitkommen, um zu filmen.

Einen Tag später fuhr ich mit Regisseurin Christiane, Kamerafrau Julia und Toningenieurin Katharina nach Biebergemünd-Wirtheim.

Als wir ankamen, erwartete Daniela uns schon gemeinsam mit ihrer Freundin Beate Edelmann, die genauso sympathisch war wie sie. Ohne viele Worte führten die beiden uns zu dem Hang, an dem die Weide lag, die von wunderschönen Hecken aus Holunder, Schlehdorn und Weißdorn, gemischt mit Haselsträuchern, umschlossen war. Der Hang war zwar ziemlich steil, lag aber zum Glück nicht in der prallen Sonne.

Sultan stand würdevoll im Gras, knapp zehn Meter von uns entfernt, und beobachtete uns. Ich wollte sofort zu dem Dromedar gehen, um es zu begrüßen, aber es drehte mir langsam den Rücken zu und machte sich davon.

«Warte, ich habe extra ein Halfter mitgebracht», sagte Daniela und ging ihm nach.

Nach einer kurzen Diskussion mit seiner Chefin ließ Sultan es sich schließlich umlegen und stand brav da. So konnte ich vor laufender Kamera die ersten zarten Bande zu dem Riesen knüpfen.

Höflich und mit genügend Zeit näherte ich mich ihm, und diesmal ließ er mich ganz nahe ran. Kurz musste ich warten, bis er mich kontrolliert hatte, dann erst durfte ich ihn untersuchen. Schon nach dem ersten Blick auf die schwarzen Borken auf der Haut an seinen Beinen war mir klar, woran er litt: Räude. Auch unter dem dicken, weichen natürlichen Kamelhaarmantel war die Haut am ganzen Körper mit dunklen Krusten bedeckt. Über die notwendige Behandlung musste ich ebenfalls nicht lange nachdenken. Sultan brauchte ein Antiparasitikum, mit dem die Milben, die in seiner Haut wohnten und ihn reizten, abgetötet wurden.

«Am schnellsten und wirksamsten geht das mit einer Injektion», erklärte ich den beiden Frauen mein weiteres Vorgehen. «Ich muss nur schnell das Medikament aus meiner Autoapotheke holen, dann kann ich Sultan das Mittel unter die Haut injizieren.»

Mehrere Schwenks von Kamerafrau Julia über das wunderschöne Tal sollten die Aufnahmen von meinen Bemühungen umrahmen. Doch leider mussten sie bald gestoppt werden, weil der Patient eine andere Vorstellung von Hilfe hatte als ich. Mit der aufgezogenen Spritze durfte ich mich ihm zwar bis auf einen Meter nähern, aber ab da blieb unser Abstand gleich. Immer genau ein Meter, egal wie entschlossen Daniela auch versuchte, das Dromedar zu festzuhalten. Sultan wog über fünfhundert Kilogramm und war zudem sehr gelenkig – da war es durchaus nicht ganz unbedeutend, was er für eine Meinung von gewissen Dingen hatte ...

Ohne Worte und dennoch unmissverständlich zeigte er mir, dass er Spritzen nun wahrlich zur Genüge kannte und keine gute Meinung von diesen piksenden Ungeheuern hatte. Damit war klar: Ich konnte alles versuchen, mit dem gefährlichen Ding würde ich nie an ihn rankommen. Erst recht nicht vor der Kamera. Gemeinsam mit Daniela probierte ich es noch auf die eine oder andere Weise, bis ich irgendwann das Gefühl hatte, dass mich da gerade jemand auslachte, weil ich seine überdeutlichen Zeichen partout nicht verstehen wollte.

Wir praktizierende Tierärzte müssen möglichst in jeder Notlage eine Alternativlösung parat haben, für den Fall dass die Situation oder ein Sultan dies verlangt. Also erklärte ich meinen Versuch mit der Spritze für gescheitert und beschloss, die Spinnentiere äußerlich zu behandeln. Ein Mittel gegen Außenparasiten wie Milben führte ich selbstverständlich ebenfalls mit und machte mich erneut auf den Weg zu meinem Bus.

Für die alternative Behandlungsmethode war allerdings eine Rückenspritze nötig, wie sie auch im Obstbau verwendet wird. Zum Glück habe ich das mit einer Desinfektionslösung gefüllte Gerät immer im Praxisfahrzeug liegen, weil ich mich und meine Patienten bei Geburten, oder wenn ich ein Tier auf der Weide behandeln muss, bei Bedarf desinfizieren kann. Rasch füllte ich die Lösung in einen anderen Behälter um und spülte die Rückenspritze mit Wasser aus dem Tränkefass kurz aus. Dann zog ich sie mit frischem Wasser auf, löste das Medikament darin gut auf und war bereit für die Anwendung.

Bevor ich zur Tat schritt, erklärte ich Sultan, dass er sich zwar erfolgreich gegen die Injektion gewehrt habe, jetzt aber unbedingt mitmachen müsse. «Sonst wirst du den schlimmen Juckreiz und die nervigen Fliegen, die dich umschwirren und sich auf die Wunden setzen, nie mehr los», sagte ich.

Egal, ob er mich erhörte oder ob ich ihm einfach nur lange genug auf den Wecker ging. Nach einigen Minuten dufte ich tatsächlich die wässrige Lösung auf seinem Körper verteilen. Die Nässe schien Sultan kein bisschen zu stören, wichtig war für ihn nur, dass ich ihn nicht wieder mit einer Injektionsnadel bedrohte. So konnten wir am Ende beide das Gesicht wahren. Das Dreamteam brachte die Stimmung gut rüber und war zufrieden. Keine Frage, dass Sultan mir in der Folge die Schau stahl, er überstrahlte uns einfach alle.

Troll geht

In meinem ganzen Leben gab es nur einen Hund, den ich von klein auf kannte: Troll. Tiefe, dunkle Augen mit einem Blick, der selbst das härteste Herz weich werden lässt, mittelgroß, schwarz mit gelben Socken und einem angeborenen Kurzschwanz. Seine vier Geschwister hatten alle unterschiedlich lange Schwänze – sie waren eben reinrassige Mischlinge, auch Dorfcocktail oder Straßenkreuzer genannt.

Troll stammte vom Hof eines Vorzugsmilchbetriebes, der zu meiner Kundschaft gehörte. Seine Eltern und Großeltern hatten mich stets mit vorbildlichem, fleißigem Gebell empfangen, bis ich endlich aus meinem Auto ausgestiegen war und mit den Hunden schmuste, nein, sie begrüßte, was bei mir letztlich das Gleiche bedeutet. Keiner meiner Freunde bekommt von mir Leckerlis, stattdessen bekommt jeder echte Aufmerksamkeit.

Seit Troll gestorben ist, haben Jutta und ich uns noch nicht für einen Nachfolger entschieden. Uns ist klar, dass es einen echten Nachfolger sowieso nicht geben kann, höchstens wieder einen guten Freund.

Troll ist dreizehn Jahre alt geworden, und als er von uns ging, waren alle seine Geschwister länger tot. Drei Tage nach seinem Geburtstag waren seine Herzrhythmusstörungen stärker als mein Wissen und meine Medikamente. Ein heftiger Wetterwechsel überforderte ihn – und nicht nur ihn. An jenem Vormittag brauchten mich auch viele andere Patienten. Da Troll zwar sehr unruhig war, aber keine Schmerzen zu haben schien, versorgte ich an jenem Tag erst noch einige Kühe, Schweine und Schafe. Immer dann, wenn ich eigentlich Zeit für uns gebraucht hätte, klingelt das Telefon. So musste Troll, dem es im Laufe des Vormittages immer schlechter ging, mehrfach auf mich warten. Dabei wäre ich so gerne bei ihm gewesen.

Jutta ging ihm hinterher, als er sich neben dem Wasserfall hinlegen wollte. Dort reichte die Luft noch, dort konnte er mein Auto sehen, wenn ich zurückkam.

Nach vier unendlich langen Stunden war ich dann endlich bei ihm. Ich untersuchte ihn noch einmal gründlich, verabreichte ihm ein zusätzliches Medikament und wollte ihn trösten. Natürlich musste das dämliche Telefon, meine unsägliche Geißel, genau in dem Moment klingeln, als Frieden angesagt war. Ich musste mich wirklich extrem beherrschen. Mein Hund lag im Sterben, und ich sollte weg. Langsam setzte mein Verstand wieder ein. Natürlich ruft mich keiner aus Spaß an oder um mich zu ärgern, sagte ich mir.

«Meine Kuh ist am Kalben», sagte der Bauer am Telefon, nachdem ich mich wie immer gefangen und völlig neutral gemeldet hatte. «Aber das Kalb kommt nicht weiter.»

«Alles klar, ich komme.»

Schon saß ich im Auto und traf wenige Minuten später in dem zehn Kilometer entfernten Stall ein. Ein Blick auf die Mutterkuh genügte, und ich hatte das Problem bei der Geburt erkannt. Das Kalb hatte die Vorderbeine nicht ausgestreckt, um durch den engen Geburtskanal zu gleiten, die Ellbogen waren angewinkelt. Es sah aus, wie wenn mein Troll auf den Vorderpfoten lag, die Nase auf Höhe der Klauen.

«So kann das nichts werden, meine Gute», sagte ich zu der Kuh und machte mich an die Arbeit.

Die Lageberichtigung ging mir wirklich schnell von der Hand, trotzdem war ich vorsichtig genug, um das Muttertier nicht zu quälen. Bald war das Neugeborene da und stand auf eigenen Beinen. Nachdem ich es versorgt hatte, machte ich mich eilig auf den Heimweg. Gerade mal eine Stunde hatte Troll auf mich warten müssen, aber in solchen Momenten ist eine Stunde unendlich lang.

Jutta empfing mich aufgeregt. «Wo warst du denn so lange? Troll braucht dich doch!»

«Ich weiß.»

Der arme Kerl lag da und schaute nur mich an. Da fiel ich vor ihm auf die Knie, nahm den geliebten Kopf in beide Hände und schaute ihm lange in die Augen. Danach wusste ich genug. Mein Hund hatte nur noch auf mich gewartet. Ich redete sehr leise, nur für ihn. Ich dankte ihm für alle schönen Momente, die er uns geschenkt hatte, dankte ihm dafür, dass er auf mich gewartet hatte, dankte ihm dafür, dass er mit uns gelebt, geliebt und gelitten hatte. Dann gab ich ihn frei.

«Du musst nicht mehr kämpfen, du darfst nachgeben.» Mehr brauchte ich nicht zu sagen.

Ein letzter verständnisvoller, tiefer Blick. Ein sehr tiefer Blick. Dann setzte seine Atmung aus, keine drei Minuten nach meiner Ankunft, keine halbe Minute nach meiner letzten Ansprache.

Puh! Ich halte das selbst heute noch kaum aus, daran zurückzudenken, wie Troll an jenem Tag auf mich gewartet hat. Unsere extrem tiefe innere Verbundenheit mit diesem Lausbub ist ein weiterer Grund dafür, dass Jutta und ich bisher keinen neuen Hund haben, obwohl mich schon einige Hunde gefragt haben. Schließlich habe ich öfter mal mit Tierschutzvereinen zu tun, die

Schweine, Ziegen oder Schafe aufgenommen haben, und dort warten viele einsame Herzen auf ein neues Zuhause. Ich glaube, wir können bald einen Nachfolger ertragen. Aber erst wenn wir ihn mit wahrer Freude empfangen und dabei an Troll denken können, wird uns ein neuer Hund erobern.

Keine Stunde nachdem Troll gestorben war, ich war noch völlig aufgewühlt und saß mit Jutta zusammen, klingelte das Telefon doch tatsächlich schon wieder. Auch diesmal ging es um eine Geburt bei einer Milchkuh. Troll war zwar tot und hatte keinen Beistand mehr nötig, aber Jutta hätte mich in diesem schweren Moment gebraucht, genau wie ich sie. Disziplin nennt man das wohl, wenn man eigentlich nicht will und es dann doch macht.

Ich schnaufte einmal tief durch und fuhr los. Nur acht Kilometer entfernt wartete eine Kuh auf meine Hilfe. Helfen hilft bekanntlich gegen Trauer, deshalb konnte ich dem Kalb mit wenigen gezielten Handgriffen den Weg aus seiner Mama zeigen.

Auch diesmal schaute mich das Kalb seltsamerweise in derselben Fehllage an wie das junge Tier wenige Stunden zuvor. Mit der Nasenspitze auf den Klauen sah es aus wie unser Troll. Die Korrektur war nicht weiter schwierig, und bald waren Mutter und Kind wohlbehalten miteinander beschäftigt. Wie immer in solch ergreifenden Momenten musste ich erst mal unsäglich lästigen Papierkram erledigen und einen Arzneimittel-Anwendungs- und Abgabebeleg ausfüllen, kurz AuA-Beleg genannt (genauso fühlt er sich übrigens auch an). Doch mir blieb gar keine Zeit, um mich lange darüber zu ärgern, denn der nächste Patient wartete schon.

Ohne Unterbrechung ging es weiter bis zum Ende meiner Abendtour um 22.00 Uhr, was mich jedoch nur halb von meinen Gedanken an Troll ab ablenkte. Zu Hause hatte dann endlich auch ich die nötige Ruhe, um an meiner Trauer zu arbeiten und Jutta beizustehen.

Nach einer unruhigen Nacht, in der ich kaum Schlaf gefunden hatte, ging ich erschöpft den nächsten Tag an. Mein Herz war unendlich schwer, und ich brachte beim Frühstück kaum einen Bissen herunter. Viel Arbeit hilft bekanntlich gegen viel Trauer, und wie bestellt verwöhnte mich der neue Tag geradezu mit Arbeit. Das Telefon wollte gar nicht mehr aufhören zu klingeln. Der Wetterwechsel, der Trolls Kraft zu sehr gefordert hatte, machte auch viele andere Tiere krank, und so hastete ich von einem Hof zum anderen. Gegen Mittag musste ich sogar mal wieder Jutta anrufen und fragen, ob sie mir ein paar Schnittchen machte, die ich zwischen zwei Patientenbesuchen abholen wollte. An Mittagessen war nicht zu denken.

Der Tag, den ich schon gebrochen begonnen hatte, forderte fast meine ganze Kraft, und ich konnte mal wieder kaum verstehen, woher diese überhaupt kam. Am Abend, ich war gerade auf dem Weg nach Hause und der Erschöpfung nahe, fräste sich erneut der widerliche Ton meines Autotelefons in mein Ohr.

«Bitte nicht!», flüsterte ich matt. «Ich kann nicht mehr!»

Doch, ich konnte noch. Weil ich musste. Wenn das Telefon klingelt, bedeutet das, dass es jemandem viel schlechter geht als mir.

«Also, jetzt kein Gejammer», sagte ich zu mir selbst und ging ran.

Es war Charlie, der mit seinen Tieren in echter Not war. Karl-Friedrich Roth ist ein Gastwirt aus Rothenbergen, der Metzger gelernt hat, aber wie viele seiner Kollegen, die ich kenne, viel Verständnis und Gefühl für seine Tiere hat. Das Ungewöhnliche an Charlie sind seine Rinder. Schottische Hochlandrinder. Vor über dreißig Jahren hat sein Vater mit der Zucht begonnen, und Charlie war von Anfang an dabei. Er besitzt einige wertvolle Zuchttiere und ist schon bei vielen Zuchtschauen mit dem Sieg eines seiner Tiere belohnt worden. Sogar auf der Grünen Woche in Berlin hat er schon mehrmals ausgestellt. Vor einiger Zeit wollten ihm schottische Züchter allen Ernstes seinen Spitzenbullen abkaufen – eine große Ehre, die nur verstehen kann, wer diese Szene genau kennt. Leider kam damals in England die Rinderkrankheit BSE dazwischen, die ein Handelsverbot zur Folge hatte. Der Vorvertrag liegt heute noch zum Beweis dieser Ehre bei Charlie in der Schublade.

Charlie hatte, als er vor der Abendschicht in der Küche seines Gasthofs zu seinen Tieren fuhr, etwas entdeckt.

«Eines meiner Jungrinder, das am Kalben ist, hat Blut am Schwanz», klang es aus meinem Telefon.

«Oha!», sagte ich nur. Das war dringend.

Er hatte in der Zwischenzeit mehrfach versucht, das Tier zu fangen, aber wenn die Geburt naht, sind die werdenden Mütter ganz besonders vorsichtig, vor allem wenn was nicht stimmt. Charlie entschuldigte sich wortreich dafür, dass er das arme Rind noch nicht hatte einfangen können. Aber er wisse einfach nicht mehr weiter.

«Hast du dein Blasrohr dabei?», lautete daher seine erste Frage.

«Nein, leider nicht», war meine kurze Antwort. «Aber hast du vielleicht eine Vermutung, was da passiert sein könnte?»

«Irgendwie muss einer meiner jungen Bullen die Dame erwischt haben, anders kann das nicht passiert sein. Ich mache mir die größten Vorwürfe, weil sie viel zu jung ist für eine Geburt, aber jetzt ist es halt so. Fällt dir was ein?»

In solchen Fällen habe ich meist gar keine Idee, bis ich vor Ort bin. «Ich komme gleich bei dir vorbei», versprach ich daher nur und verschob das ersehnte Ende meiner Abendtour auf unbestimmte Zeit.

Charlies Weide lag zum Glück auf meinem Heimweg, sodass ich keinen großen Umweg machen musste. Zwischen dem breiten Tal der Kinzigaue und der Gründauaue, jenem Tal, in dem auch meine Mühle liegt, zieht sich ein Hügelkamm entlang. Ganz oben auf der sanft gerundeten Kuppe lag die Weide im strahlenden Licht des Vollmondes. In den beiden Tälern hing dicker weißer Nebel, nur die Kuppen der umliegenden Hügel waren zu sehen. Ich kam mir vor wie auf einer Insel in einem See. Es war Mitte Oktober, und unser Atem bildete in der kalten Luft zusätzliche Nebelwölkchen.

Charlie und ich standen am Koppelzaun und berieten uns. Bei Geburten ist es sehr gefährlich für das Kalb, mit dem Blasrohr und einem Betäubungsmittel zu arbeiten, weil der erste Atemzug dann sehr viel schwieriger wird. Manchmal ist die Betäubung des Muttertiers sogar schuld am Tod des Kälbchens. Deshalb versucht jeder vernünftige Tierarzt, das Geburtsproblem auf einem anderen Weg zu lösen. Ob es einen anderen Weg gibt, weiß man aber nur nach einem Versuch.

Die Hochlandrinder von Charlie sind das ganze Jahr über draußen auf den verschiedenen Weiden mit Unterstand, entsprechend wenig sind sie an fremde Menschen gewöhnt. Ihren Chef kennen sie alle, aber nur die ranghohen Tiere dürfen ihm nahekommen, die alle anderen gnadenlos wegtreiben. Aus diesem Grund war das junge Ding extrem scheu, was mir die Arbeit nicht gerade erleichterte.

Wir machten uns gegenseitig Mut, ehe wir die Koppel betraten, in der Hoffnung, dass wir dann besser waren und schneller zum Erfolg kamen. Langsam, doch ohne dass es wie Anschleichen aussah, führte mich Charlie zu dem jungen Rind. Er ist ein echter Profi und wusste genau, dass wir mehrere Anläufe brauchen würden. Wenn nach jeder Pause der Abstand geringer wurde, hatten wir eine Chance, blieb er dagegen gleich, mussten wir das Risiko für das Kalb in Kauf nehmen und die Mutter betäuben. Wieder und wieder lief das unruhige Mädchen vor uns weg, wenn auch meist nur wenige Schritte. Da war es durchaus sinnvoll, noch ein bisschen Geduld zu investieren.

Im dritten Anlauf schlich ich mich aus dem toten Winkel an, während Charlie vor ihr stand und mit ihr redete. Dabei gelang es mir tatsächlich, ein Beinchen, das aus der Scheide ragte, kurz festzuhalten. Das spürte das besorgte Rind natürlich, und es verstand langsam, dass wir ihm bloß bei seinem Problem helfen wollten. Nach etlichen weiteren sehr geduldigen Anläufen waren wir immerhin so weit, dass Charlie ein Seil als Halfter um unsere Patientin legen konnte, ohne dass sie in Panik ausbrach. Einen Strick kannte sie bisher ja noch nicht.

Je mehr Zeit verging, desto geringer wurden die Chancen für das Kalb.

«Der enge Geburtskanal wird sicher das nächste Problem», wandte ich mich an Charlie.

«Ich weiß», meinte er nur.

«Hauptsache, ich kann die Mutter retten. Das Kalb ist wahrscheinlich eh schon tot», warnte ich ihn vor.

Während ich von hinten mit der kleinen Kuh redete, führte Charlie sie langsam zur Futterraufe, wo er den Strick an einem starken Pfosten festbinden konnte. Den Anfang hatten wir damit geschafft, auch wenn viel zu viel Zeit vergangen war. Jetzt erst mal tief Luft geholt, dann zurück zum Auto gespurtet und alles Nötige eingepackt. Dankbar, dass wir die kleine Kuh endlich festgebunden hatten, lief ich über die im Mondschein daliegende Weide zurück. Endlich konnte ich mit der eigentlichen Geburtshilfe beginnen.

Nachdem ich die Scheide abgewaschen hatte, versuchte ich die

Lage des Kälbchens zu bestimmen. Das konnte doch nicht wahr sein: zum dritten Mal hintereinander die gleiche Fehllage! Auch bei diesem Kalb waren die angewinkelten Ellbogen schuld daran, dass nichts weitergehen konnte. Mit Gleitcreme korrigierte ich vorsichtig die Lage und zog das Kalb danach an den Vorderbeinen. Wie ich schon zu Charlie gesagt hatte, war das Kälbchen vermutlich tot, sonst hätte ich irgendein Lebenszeichen gespürt, als ich es im Mutterleib zurechtgelegt hatte. Nach einigen kräftigen Wehen rutschte das Kleine endlich weiter. Es steckte zwar erst noch kurz mit dem Becken fest, aber dann ging alles ganz schnell.

Das tote Kalb fühlte sich beim Ablegen auf dem Grasboden wie ein nasser, dampfender Lappen an. Eigentlich schade, dachte ich traurig, wenn es nicht falsch gelegen hätte, wäre es wohl gesund auf die Welt gekommen. Aber hätte und wäre haben noch nie geholfen! Wir sind erwachsene Männer und wissen, dass wir im Leben noch oft Pech haben werden.

Plötzlich schüttelte das tote Kalb den Kopf. Charlie und ich hörten in der Dunkelheit nur das typische Klatschen der nassen Ohren am Kopf. Direkt vor uns lebte ein «totes» Kalb! Sofort kümmerten wir uns um das Tier und freuten uns zuerst sehr, aber dann siegte die Vernunft. Die Mutterkuh war viel zu jung, sie würde es nicht versorgen können.

«Ich werde es selbst mit der Flasche großziehen», erklärte Charlie sich nach einem Blick auf das kleine, nasse Ding sofort bereit. «Egal wie oft ich dafür nachts aufstehen muss.»

Die Mama stand noch ganz benommen da und sah uns an. Endlich war ihr größtes Problem gelöst, jetzt hatte sie eigentlich ein bisschen Ruhe verdient.

Für eine Mutter, die den Geburtsschmerz erst noch verarbeiten muss, gibt es in der Natur ein super Heilmittel: ihr Kalb. Deshalb wagten wir sogar den nächsten gefährlichen Schritt. Charlie gab der Mama etwa vier Meter Seil und band sie wieder an. Danach legten wir unser kleines Wunder vor sie hin und zogen uns etwa fünf Meter zurück. Wenn die extrem junge Kuh aus Angst vor dem neuen, ungewohnten Erdenbürger und seinen eckigen, zuckenden ersten Bewegungsversuchen in Panik geriet, könnten wir das Kalb in letzter Sekunde vor seiner Mutter retten. Doch sie schaute gar nicht hin, und das Neugeborene konnte die Initiative nicht selbst ergreifen. Wir grinsten.

«Müssen wir denn alles selber machen?», fragte ich.

Da weit und breit kein Mensch zu sehen war, konnte uns auch keiner hören und für verrückt erklären. Also machten Charlie und ich spontan jene Töne nach, die wir schon so oft von Mutterkuh und Kälbchen hatten hören dürfen. Charlie war ein hervorragender «Bööööh»-Rufer mit fast perfekter Kälberstimme, während ich das kurze, tiefe «Mhh» der Mutter übernahm. Abwechselnd, nicht zu oft und möglichst voller Liebe, imitierten wir die Geräusche, sofern das überhaupt möglich ist.

Wir waren wohl gut genug, denn die beiden fingen tatsächlich ganz vorsichtig ihr erstes Gespräch an. Der Atem der beiden Rinder zeigte sich im Mondlicht als Wölkchen in der kalten Luft. Wir waren sofort still, gingen auf zwanzig Meter Abstand und konnten unser breites Grinsen nicht länger zurückhalten. So viel Glück in Serie, dass die Mama stehen geblieben war, dass das Kälbchen lebte, dass die beiden Kontakt aufnahmen – unfassbar. Nun mussten wir bloß noch hoffen, dass sie die letzte Klippe auch noch überwanden. Im dunklen Schatten, wo Mama und Kalb beieinanderstanden, sah es nach einer Weile tatsächlich so aus, als würde das Neugeborene in der Nähe des Euters stehen.

«Bitte, bitte, lass es die Zitze finden und trinken», flüsterte ich. Milch war genug da, das hatte ich gleich nach der Geburt überprüft.

Charlie ging noch mal hin und befreite die Mutter von dem Seil, dann verließen wir die zwei Glücklichen. Die anderen Rinder waren die ganze Zeit über nicht zu sehen gewesen, doch jetzt kamen sie vorsichtig zu ihrer Freundin und bestaunten das Kälbchen neugierig, aber mit respektvollem Abstand. Alles war friedlich, und wir waren überglücklich.

Am nächsten Vormittag erwischte Charlie mich telefonisch im Bus auf dem Weg zu einem Patienten.

«Du wirst es nicht glauben, aber wir haben auch die letzte Klippe geschafft. Ich habe gesehen, wie das Kalb getrunken hat, danach sind die beiden über die Weide geflitzt, dass mein Herz gelacht hat.»

Da fiel mir auch der letzte Stein vom Herzen.

Jetzt müsste ich nur irgendwann noch ein bisschen Zeit geschenkt bekommen, damit ich endlich in Ruhe um meinen Troll trauern kann, dachte ich, nachdem ich aufgelegt hatte. Irgendwie war es seltsam, auf der einen Seite einen Freund gehen lassen zu müssen und auf der anderen Seite so unglaubliches Glück zu haben. Dann noch die seltsame Fügung, dass alle drei Kälbchen dieselbe Fehllage gehabt – und überlebt hatten.

Ich hätte unseren Troll aber auch ohne die Wunder nie vergessen können.

Mein erster Flugtag

Ähnlich wie Cornelius sollte auch ich mit einem Buckelrind Erfahrungen vor laufender Kamera machen, auf die ich gerne verzichtet hätte. Gerade waren wir mit der Abendtour fertig, als uns ein Notruf noch mal raus auf die Wiesen an der Kinzig führte, in der Nähe von Gelnhausen. Dort lag ein Zebu in Seitenlage auf dem Boden und sah laut seinem Besitzer aus, als ob es bald nicht mehr wäre. Als wir dort ankamen, war es schon Nacht.

«Dürfte das Team Aufnahmen von der Behandlung machen?», fragte ich den Besitzer, nachdem ich ihm erklärt hatte, was es mit der Dokusoap auf sich hatte.

«Klar, kein Problem», lautete die Antwort.

Das Zebu lag tatsächlich fast bewusstlos da, trotzdem näherten wir uns sehr vorsichtig. Im Schein der Kameralampe konnte ich deutlich erkennen, dass die Bindehäute am Auge des Tiers quittengelb waren, ein Hinweis auf einen Rückstau der Gallenflüssigkeit, eine sogenannte Gelbsucht. Offenbar blendete das starke Licht das Zeburind, jedenfalls spürte ich eine Unruhe. Die Kuh bewegte nur leicht den Kopf, noch am Boden, in unsere Richtung, da schrie ich schon: «Alle zurück!»

Im nächsten Moment sprang das todkranke Tier in seiner großen Angst auf und schwankte stolpernd auf uns zu. Noch konnte es nicht mal richtig laufen, aber Panik versetzt bekanntlich

Berge. Ich konnte das losstürmende Zebu gerade noch um uns herum wegdrücken, da rannte es auch schon los und war in der Dunkelheit verschwunden. Da es sich nun bestimmt nicht mehr fangen lassen würde, beschlossen wir, am nächsten Tag wiederzukommen. Gleich frühmorgens sollte der Besitzer das Zebu einfangen, das seine Zugehörigkeit zu den Wildrindern eindeutig bewiesen hatte. Leider gelang das nicht, woraufhin wir für den Nachmittag einen neuen Termin ausmachten.

Mit dem Traktor stellte der Besitzer einen speziellen Treibwagen in eine Ecke der Weide, um das Zebu mit einem guten Helfer anschließend hineinzutreiben. Der Treibversuch war auch gleich beim ersten Mal von Erfolg gekrönt, nur leider stand der Wagen so ungünstig, dass das Tier durch den engen Spalt zwischen Zaun und Wagen locker hindurchschlüpfen und entkommen konnte. So konnte das nicht klappen. Nachdem die beiden den Treibwagen versetzt hatten, mussten sie die Kuh noch mal in dieselbe Ecke treiben. Die wollte nun natürlich nicht mehr, denn sie wusste Bescheid.

«Mit zwei Männern kann das nicht klappen», sagte ich.

«Sie können uns gerne beim Treiben helfen», forderte mich der Besitzer auf.

Eigentlich sollte ein Tierarzt mit seinen Patienten nicht Fangen spielen, sondern sie untersuchen und behandeln. Aber da das Fernsehteam diese interessante Geschichte schon zur Hälfte im Kasten hatte, fand ich es zu schade, wenn wir den Dreh hätten abbrechen müssen. Außerdem war dies unsere letzte Chance auf gute Bilder, da die angesetzten Drehtage vorbei waren und die drei schon feste Termine für den nächsten Tag hatten. Entweder jetzt noch mal richtig – oder gar nicht. Nachher ist man immer schlauer, aber in dem Moment kam ich nicht darauf, diese ganze Aktion abzubrechen.

Wir kamen nun von drei Seiten, und tatsächlich bewegte sich die Kuh wie geplant langsam auf die richtige Ecke zu. Ich stand mitten auf der großen Koppel, das Lasso in der Hand, um die Kuh zu beeindrucken. Da das Tier sehr krank und ich von den Dreharbeiten abgelenkt war, vergaß ich, zu meiner Sicherheit einen großen Stock mitzunehmen. Just als wir das Zebu ein wenig weiter in die Ecke trieben, sah ich aus dem Augenwinkel, dass drei neugierige Kälbchen unter dem nicht mehr ganz so stabilen Zaun durchgekrochen waren und nun nicht mehr bei ihren Müttern standen, sondern bei der Tante und den interessanten Fremden.

Die Tante war ausgerechnet die Leitkuh der Herde und damit für die drei verantwortlich. Die Kinder auf der gleichen Weide wie die bösen Fremden, das ging überhaupt nicht. Von jetzt auf gleich lief bei meiner Patientin ein anderes Programm im Kopf ab: Alles drehte sich nur noch um die Kleinen, ihr eigenes Leben war weniger wichtig. Im Grunde eine super Einstellung, nur leider nicht förderlich für die Behandlung. Die Zebukuh musste Eindruck schinden und drohte uns vorbildlich, indem sie den Kopf auf halbe Höhe senkte, laut und deutlich durch die Nase blies und mit den Vorderbeinen scharrte: Ihr solltet besser ganz schnell abhauen, denn wer bei drei noch da ist, der bekommt eine Lektion erteilt. Das Schlimmste war, dass sie mich dabei anschaute.

Natürlich war ich, genau wie alle anderen, bei drei noch da und stand nach wie vor mitten auf der Weide. Nirgendwo ein Baum, auf den ich hätte klettern oder hinter dem ich in Schutz hätte gehen könnte, und der sichere Zaun der Weide war in den wenigen Sekunden, die mir blieben, schlicht unerreichbar. Es war kein Albtraum, es war Wirklichkeit. Wenn ich jetzt losstürmte, so wusste ich, liefe ich bloß Gefahr, von meiner Verfolgerin niedergerannt zu werden, denn selbst die älteste und kränkste Zebukuh kann, wenn nötig, viel schneller rennen als ein Mensch.

Die Sekunden liefen für mich in extremer Zeitlupe ab, während meine Gedanken sich überschlugen. Es gab keinen Ausweg mehr. Im besten Fall kam ich mit starken Verletzungen davon, im weniger guten Fall rammte mich das Tier ungespitzt in den Boden, und dann konnte mich keiner mehr retten. So sollte also das Ende meiner Tierarztlaufbahn aussehen, noch dazu vor der Kamera. Und das alles nur, weil ich nicht vorsichtig genug gewesen war. Da half kein Fluchen, ich brauchte einen Plan, wenn ich mit dem Leben davonkommen wollte.

Die Hörner der Kuh zeigten nicht nach vorne, sondern wiesen nach außen, wodurch ihre Stirn für einen Aufprall geeignet war. Ich musste die Kuh demnach nur dazu bringen, nicht im letzten Moment seitlich an mir vorbeizuschießen und mit ihren Hörnern meine inneren Organe zu verletzen. Wenn es mir gelänge, genügend Spannung aufzubauen, könnte ich meine empfindlichen Rippen schützen, indem ich die Unterarme senkrecht vor den Brustkorb hielt. Damit die Kuh genau frontal auf mich zukam, musste ich möglichst lange mit dem Lasso beeindrucken. Davor hatte sie immerhin ein wenig Respekt, denn sie behielt es die ganze Zeit über im Blick. In meiner Not hoffte ich, sie damit genau geradeaus zu lenken.

Als wir uns das Ganze später auf Film ansahen, stellten wir fest: Das Zebu hatte für den Moment vom ersten Scharren bis zum Aufprall in dreißig Meter Entfernung ungefähr vier Sekunden gebraucht. Für mich dauerte das alles sehr viel länger.

Ich hatte das Lasso schon aus den Händen geworfen und erwartete jeden Moment den Aufprall. Da die Kuh kurz vor mir mit dem Kopf bis fast auf den Boden tauchte, ging auch ich in die Hocke, sonst wäre mein Plan fehlgeschlagen. Dann verschmolzen unsere Bewegungen. Mit der Wut der Verzweiflung warf ich mich dem Schädel entgegen, wobei ich darauf bedacht war, mich auf keinen Fall umrennen zu lassen. Ich hielt ihm zwar stand, wurde aber im nächsten Moment von dem gar nicht mehr so armen Tier kraftvoll emporgehoben und schwebte bald hoch über ihm, um kurz danach mit voller Wucht auf den Boden zu knallen. Die Landung in dem Brennnesselbusch und der aufgeweichten Erde war weniger schlimm, als ich es aus drei Meter Höhe hatte erwarten dürfen. Der Hammerschlag gegen meine Brust wirkte allerdings immer noch, und ich konnte nicht atmen.

Trotzdem musste ich unbedingt sofort bei der Kuh Eindruck schinden, damit sie nicht zurückkam und ihre Arbeit ordentlich zu Ende brachte. Ich hoffte, dass die Luft irgendwann wiederkommen würde, zum Aufstehen brauchte ich erst mal noch nicht zu atmen. Meine Beine befolgten das Kommando, und ich kam hoch, wobei ich aus den Augenwinkeln nach der starken Dame Ausschau hielt. Dann stellte ich mich breitbeinig hin, hob das Lasso vom Boden auf, rollte es scheinbar gleichmütig auf und versuchte damit den Eindruck zu vermitteln, dass ich keine Angst hatte. Die Kuh stand in einer Ecke der Weide und gab sich ebenfalls irgendwie unbeteiligt. Super, dachte ich, sie fällt auf meine Protzerei herein. Sie wollte zum Glück nicht noch mal und ich schon gar nicht.

Einen Augenblick später bekam ich tatsächlich wieder Luft – wunderschön, der erste Atemzug danach. Anfangs spürte ich noch keine Schmerzen, das Notprogramm aus der Steinzeit funktionierte offenbar prächtig. Allmählich drangen besorgte Stimmen in mein Bewusstsein. Das Team war entsetzt, der Dreh natürlich vorüber, die spannenden Aufnahmen würden unvollständig bleiben. Langsam lief ich zum Tor und brachte mich in Sicherheit.

«Wir können gleich weitermachen», meinte ich und hielt mich an einem Zaunpfosten fest.

«Auf gar keinen Fall!», rief der Regisseur. «Wir bringen dich jetzt erst mal ins Krankenhaus zum Röntgen.»

«Das braucht es doch nicht», wehrte ich ab, denn die Ärzte hätten sowieso nur das gesehen, was ich spürte, und das half mir nicht. Ich konnte tasten, dass nur einige Rippen angebrochen waren, keine davon spießte in Richtung Lunge oder nach außen. Die schmerzenden, knirschenden Stellen zeigten mir, was wo kaputt war. Das konnte ich selbst durchstehen, damit kannte ich mich aus.

Die vier Wochen Schmerz, die mich erwarteten, waren das Allerbeste, was mir in dieser Situation hatte geschehen können. Ich hatte den Hauptgewinn gezogen, ich durfte weiterleben und weiterarbeiten, kein Körperteil war endgültig kaputt, alles würde wieder heilen.

Langsam erkannten die drei vom Drehteam, dass ich es ernst gemeint hatte mit dem Weiterdrehen. «Ich mache doch auch meine Praxis weiter, solange ich mit den Schmerzen zurechtkomme», erklärte ich ihnen.

Bloß Schmerzmittel durfte ich nicht nehmen, sondern nur hilfreiche homöopathische Tropfen, weil ich sonst bei der Arbeit schnell mal genau die falsche Bewegung machte. Ohne starke Schmerzmittel kam die Reaktion auf beginnende Fehler sofort, da war ich echt brav, da traute ich mich wenig. Dann musste eben mein Nierengurt vom Motorradfahren zum Einsatz kommen, der stützte die verletzten Rippen und sicherte sie perfekt.

Gemeinsam mit der Filmfirma einigten wir uns am Telefon darauf, diesen Tag mit einem Kommentar von mir zum Geschehen auf der Koppel abzuschließen. Für den nächsten Morgen wollte sie von Köln aus irgendwo in Deutschland ein gutes Filmteam auftreiben, das meinen nächsten Besuch bei der Zebukuh aufnahm. In kurzen Worten beschrieb ich vor der nun wieder laufenden Kamera, dass sich die Kuh in der Wildnis absolut richtig verhalten hätte, denn sie hatte die drei Kälbchen gegen den bösen Wolf verteidigt – nur war ich kein Wolf.

Erneut verabschiedeten wir uns ohne Behandlung von dem Tierhalter, und ich machte mit ihm aus, dass er die Kuh fing, bevor ich am folgenden Morgen wiederkam. Dann würde ich sie gegen die Leberegel behandeln, die höchstwahrscheinlich die Gallengänge verstopften.

Den Abend des letzten Drehtages wollten wir später gemeinsam in der Wirtschaft des Hotels ausklingen lassen, in dem das Fernsehteam wohnte. Auf dem Weg nach Hause stand ich vor einem Problem, denn ich musste Jutta noch gestehen, was passiert war. Jeden Tag machte sie sich Gedanken um meine Sicherheit, verhindern konnte sie jedoch nichts. Die häufigste Todesursache bei Tierärzten sind Verkehrsunfälle, trotzdem sind gerade solche Aktionen wie die mit dem Zebu der reinste Horror für eine besorgte Tierarztfrau. Ich darf ihr nur nicht alles sagen, dann ist ihre Angst um mich nicht so schlimm, überlegte ich.

Zu Hause wollte ich erst noch schnell duschen. Na ja, von schnell konnte keine Rede sein, denn die Schmerzen waren inzwischen deutlich spürbar.

«War es doch schlimmer, als du mir erzählt hast?», fragte Jutta gleich, der mein Gesichtsausdruck nicht entging, doch zum Glück hatte ich gerade keine Zeit zu antworten.

Als wir den Landgasthof erreichten, saßen die drei vom Filmteam schon am Tisch – mit der Kamera und einem Projektor. Oh nein!, durchzuckte es mich, Jutta soll die schreckliche Aktion nicht sehen. Ich hatte noch immer jedes einzelne Bild im Kopf, die übrigens bis heute gespeichert sind. Sofort war klar, dass ich mit offenen Karten spielen musste, denn die Jungs waren noch viel zu schockiert und alles andere als cool.

«Wir haben uns die Bilder schon ein paarmal angesehen, die sind der absolute Horror», sagte Cornelius.

«Jetzt will ich aber alles sehen», beharrte meine besorgte Liebste.

Bitte nicht!

Um von den Aufnahmen abzulenken, erklärte ich den dreien, dass wir auf der Zebuweide nur durch die Kinzig vom Gelnhäuser Flugplatz getrennt waren. «So habe ich mir meine erste Flugstunde allerdings nicht vorgestellt», scherzte ich.

Als ich die Szene erneut aus der Sicht der Kamera sah, verspürte ich ein komisches Gefühl im Bauch. Ich hatte wirklich unfassbar viel Glück gehabt und zusätzlich meine ganze Körperbeherrschung gebraucht.

«Nie wieder», versprach ich Jutta, «werde ich mich freiwillig noch mal in eine solche Situation begeben.»

«Denk dran», sagte sie ernst, «sonst muss ich mich noch von dir scheiden lassen.» Nach einer kurzen Pause fügte sie hinzu: «Vielleicht brauche ich die Scheidung dann gar nicht mehr.»

So, das Geständnis hatte ich damit hinter mir und Juttas berechtigte Gardinenpredigt auch. Ich hätte mich sowieso nicht länger verstellen können, meine vorsichtigen Bewegungen sagten schon genug. Nach einem lustigen Abend verabschiedeten wir uns von dem netten Team und fuhren schweigend nach Hause. Als ich später ins Bett wollte, hockte ich mich rückwärts vor das Bett und schob mich langsam auf dem Rücken auf die Matratze, genauso wie ich es bei früheren Rippenbrüchen gemacht hatte. In dieser einzig möglichen Körperhaltung konnte ich mich dann darauf vorbereiten, die nächsten vier Wochen in der Nacht genauso dazuliegen. Eine andere Stellung war nicht möglich.

Dennoch war ich bei jedem Schmerz, der mich durchzuckte, sofort dankbar, noch am Leben zu sein.

Am nächsten Tag begleitete mich ein Drehteam aus München zu der Zebukuh, um die Behandlung mit der Kamera zu verfolgen. Weil ich meine Patientin zunächst aus der Ferne betrachten wollte, nahm ich mein großes Fernglas mit zur Weide, wo der Besitzer schon auf uns wartete.

«Die Kuh war weder mit guten Worten noch mit Futter oder durch Treiben dazu zu bewegen, in den Unterstand zu gehen. Ich hatte keine Chance, sie zu fangen», erklärte er uns. Zwar hatte er alles gut vorbereitet, doch das Zebu ahnte wohl schon, dass die Menschen es wieder fangen wollten.

Da nahm ich mein Fernglas zur Hand und betrachtete die Kuh, die einen weit besseren Eindruck machte als am Tag zuvor – letztlich auch einen weit besseren als ich. Sie wirkte richtig munter und aufmerksam, und ich schaute gleich genauer hin. Tatsächlich, die Bindehäute der Augen waren wieder weiß! Offenbar hatte sich die Verstopfung der Gallengänge durch den gewaltigen Aufprall gelöst, sonst hätte sich ihr Zustand nicht so schnell verbessert.

Zu drehen gab es da leider nicht mehr viel, und ich musste den Zuschauern nun auch noch erklären, dass meine Patientin ihre Blockade in der Leber mit der ungewöhnlichen Hilfe ihres Tierarztes selbst behandelt und geheilt hatte. Einerseits war ich froh, dass es dem Zebu wieder gutging, andererseits war ich mit der von ihm gewählten Behandlungsmethode ganz und gar nicht einverstanden. Unter Medizinern kursiert zwar der Spruch «Wer heilt, hat recht», doch die Selbstheilung hätte die Kuh gefälligst ohne mich betreiben sollen.

Die renitente Zebukuh lebte danach übrigens nicht mehr sehr lange. Ich hatte den Fernsehzuschauern bereits im Abschlusskommentar erklärt, dass die Kuh jetzt keine Hemmungen mehr hätte, gegen Menschen zu kämpfen. Wenn ein Nutztier erst mal erlebt hat, wie stark es ist und wie schwach der Mensch, dann sind alle Dämme gebrochen, und die Tiere werden sich künftig in Grenzsituationen wehren. Der Tierhalter wollte seiner genesenen Kuh trotz meiner Warnung noch eine Chance geben und ließ sie zunächst am Leben. Doch nur wenig später griff sie einen Helfer an und drückte ihn in den Boden, woraufhin er mit schweren Verletzungen ins Krankenhaus gebracht werden musste. Nach diesem Zwischenfall wurde die Kuh dann doch geschlachtet. Eigentlich hatte sie nur rebelliert, aber für uns Menschen kann das schnell tödlich enden. Aus diesem Grund war die Entscheidung zwar traurig, aber richtig.

Projekt Sultan

Im Februar 2011, drei Jahre nach dem ersten Kennenlernen, kam Sultan in ganz große Not. Daniela und Beate hatten mittlerweile in Gründau-Breitenborn mehrere Wiesen direkt an ihrem Wohnort pachten können. Damit hatten die Lamas viel mehr Platz zum Rennen, was ihnen guttat, und das Dromedar Sultan strahlte ebenfalls Zufriedenheit und würdevolle Ruhe aus. Auch die hübschen, selbst gezimmerten Unterstände für Regentage hatten die Tiere zur Freude ihrer Besitzerinnen sehr gut angenommen. So hätte alles bleiben können, nur leider war das Schicksal dagegen.

Eines Tages, ich war gerade im Bus unterwegs und in Gedanken noch bei dem Jungbullen, den ich gerade behandelt hatte, rief Daniela an.

«Sultan hat beim Wasserlassen ganz offensichtlich starke Schmerzen», begann sie, doch sie musste gar nicht lange weiterreden.

«Ich bin sowieso gerade bei euch in der Ecke», sagte ich sofort. «Sultan soll nicht lange auf meinen Besuch warten. Ich mache einfach zwischendurch einen Abstecher zu euch. In einer halben Stunde könnte ich es schaffen.»

Als ich auf der Weide der beiden Frauen eintraf, wirkten Beate und Daniela sehr besorgt. Sie hatten richtig Angst um ihren Großen. Gemeinsam gingen wir zu ihm auf die Wiese, und diesmal durfte ich ganz nah an ihn rankommen.

In tiefer Trauer streckte er mir seinen Kopf entgegen, voller Hoffnung. Beim Anblick des Dromedars hatte ich sogleich einen Kloß im Hals, und auch mich ergriff eine große Trauer. Mist, hoffentlich spinne ich gerade und verstehe meine Gefühle nicht richtig!, versuchte ich mir Mut zuzureden. Aber Sultan zeigte mir sein Problem. Mehrmals schaute er in Richtung der Unterseite seines Bauches, dann tröpfelte über mehrere Minuten hinweg ganz wenig Urin auf den Boden, während er verzweifelt zwängte und presste.

Fluchen half in dem Moment nichts, wie immer, trotzdem war mir fast danach. Wieso Sultan?, zermarterte ich mir das Gehirn. Wieso gerade jetzt, nachdem ich endlich Freundschaft mit ihm geschlossen habe? Wieso ist die Welt manchmal so ungerecht?

Ich spürte, was ich gar nicht spüren wollte. Spürte, dass ich den Großen mit dem träumerischen Blick schon verloren hatte. Und dennoch wollte ich mich einfach nicht damit abfinden. In einigen Fällen hatte ich trotz dieses Gefühls schließlich noch eine Wendung einleiten können. Aber wirklich nur sehr selten. Da stand ich nun mit meinem grausigen Verdacht. Hoffentlich verstehe ich die Zeichen falsch, redete ich mir selbst Mut zu.

«Ich muss Hilfe rufen», erklärte ich den beiden Frauen, die mir sogleich das Telefon brachten.

Ich wünschte mir so sehr ein Wunder, aber je länger das Gespräch mit den Lamaexperten aus dem Taunus dauerte, desto mehr schwand meine Hoffnung. Der erfahrene Kollege bestätigte meinen Verdacht, dass es sich um Blasensteine handelte, die den Ausgang der Blase verschlossen.

«Das kommt öfter vor, wenn Dromedare zu früh kastriert werden», erklärte mir der freundliche Dr. Richter. «Die Heilungschancen sind allerdings sehr schlecht.»

Ich seufzte. «Das habe ich befürchtet.»

«Eine letzte Möglichkeit haben Sie noch. Sie könnten versuchen, mit einer großen Infusion so viel Druck auf die Blase zu bringen, dass Sultan unter starken Schmerzmitteln den Grieß vielleicht rausschwemmen kann.»

«Das klingt doch gut!» Meine Stimme klang gleich fester.

«Aber machen Sie sich keine großen Hoffnungen, das ist wirklich nur ein letzter Versuch.»

Da mir noch in sehr guter Erinnerung war, was Sultan von Kanüle und Spritze hielt, konnte ich mir nicht vorstellen, diese Aufgabe ohne Hilfe zu bewältigen. Deshalb fragte ich: «Darf ich Sultan zu Ihnen bringen lassen, damit alles optimal klappt?»

Die Antwort von Herrn Richter ließ mir keine Wahl. «Wollen Sie das arme Tier jetzt etwa auch noch mit dem Transport im Hänger quälen?»

«Sie haben ja recht.» Ich schwieg betreten.

«Leider können wir derzeit auch nicht kommen», beantwortete er meine nächste Frage, bevor ich sie stellen konnte. «Wir behandeln selbst gerade einen schwierigen Notfall. So ein Dromedar ist auch nur eine große Kuh, und mit dem Gedanken müssen Sie sich jetzt da rantrauen. Richtig entschlossen und energisch! Das können Sie, wenn Sie schon so lange Großtierpraktiker sind! Nur Mut. Und wenn es Probleme gibt, rufen Sie mich an.»

Tapfer nahmen Beate und Daniela die schlimme Nachricht auf, schließlich hatten sie auch schon gemerkt, dass es diesmal ernst war. Nachdem ich ihnen berichtet hatte, was mir der Kamelidenexperte empfohlen hatte, schauten wir uns vielsagend an. Immerhin wussten wir alle, wie sehr Sultan sich bei Spritzen anstellte. Noch nie hatte ich das geschafft! Jetzt sollte ich ihm sogar eine Infusion legen, das war noch eine viel größere Zumutung als nur eine kleine Spritze.

Wir beschlossen, dass ich erst meine Vormittagstour zu Ende bringen und dann noch einmal vorbekommen sollte, weil ich ganz ohne Zeitdruck arbeiten wollte.

Zwei Stunden später war ich wieder da. Ich bereitete alles vor, und wir besprachen die Lage ein letztes Mal.

«Daniela, bitte halte du Sultan am Halfter fest und wickele den Strick so fest wie nur möglich um einen starken Balken», bat ich sie und erklärte weiter: «Wir müssen alle drei überzeugt sein, dass wir das jetzt durchziehen, egal wie sehr Sultan sich wehrt. Das überträgt sich dann hoffentlich auf ihn. Sonst hat er keine Chance mehr.»

Daniela ging voraus und sicherte unseren noch immer liegenden Patienten. Gemeinsam mit Beate näherte ich mich ihm kurz darauf und setzte mich vor seinen großen, traurigen Kopf. Es schadet nicht, wenn ich ihn vorbereite, ob es hilft oder nicht, sagte ich mir.

«Sultan», begann ich, «du hast eigentlich keine Chance mehr, aber wir können einen letzten Versuch wagen. Dafür musst du mich aber an deinen Hals lassen, sonst geht gar nichts mehr. Bitte mach mit.»

Solche Worte helfen mir oft mehr als dem Patienten, aber als ich mich mit der langen Kanüle in der Hand zu ihm hin beugte und insgeheim mit einer heftigen Abwehrreaktion rechnete, schob mir dieser Gefühlszauberer doch allen Ernstes seinen Hals entgegen. Sultan drehte den Kopf so, dass ich genau die Stelle am Kinnwinkel ertasten konnte, die mir der Kollege Richter am Telefon beschrieben hatte. Dort ist ein riesiges Volumen in der Vene, handflächengroß lag das Ziel für meine Nadel direkt vor mir.

Sultan wollte diese Infusion, anders war sein Verhalten nicht zu verstehen. Kaum ein Zucken, als die Kanüle die Haut durchstach. Zuerst verabreichte ich ihm ein Schmerzmittel, das schnell Entspannung bringen sollte, dann das homöopathische Mittel gegen Blasenentzündung. Schließlich ließ ich sieben Liter vorgewärmte Infusionslösung ganz langsam in ihn reinfließen. Sultan machte so gut mit, ich war tief gerührt.

Wir alle konnten sein Verhalten kaum fassen. So kurz war er nicht angebunden, dass er sich nicht hätte wehren können, aber er schüttelte nicht mal den Kopf. Nach der Infusion lobten wir ihn, und ich streichelte ihn mit ruhiger Hand, wobei er sich direkt in meine Handfläche drückte. Ich war tief ergriffen. Vor mir lag eine große Persönlichkeit, die im Leben schon viel mitgemacht hatte, bevor sie zu Daniela und Beate kommen durfte. Ich musste mich am Riemen reißen, um nicht an Märchen zu glauben.

Am nächsten Tag konnte Sultan tatsächlich besser pinkeln. Ich hatte ihm sogar in einem Laden noch ein Bund Petersilie gekauft, die bei Blasenentzündung den Brennschmerz stillt. Sultan nahm die «Blumen» dankbar an, mit einem Happs waren sie in seinem glücklichen Maul verschwunden. Die Schmerzen hatten dank der Medikamente deutlich nachgelassen. Nachdem ich das Dromedar untersucht hatte, empfahl ich den beiden Frauen, in der Apotheke einen speziellen Blasen-und-Nieren-Tee mischen zu lassen, von dem Sultan zwei Liter täglich trinken sollte.

Ganze zwei Tage hielt unser Glück. Sultan war noch mal richtig fröhlich geworden und sogar ausgelassen herumgerannt. Er konnte pinkeln wie vorher, und wir wagten schon vorsichtig auf ein gutes Ende zu hoffen. Zwischendurch schmuste er sogar kurz mit mir. Dann kam, wie von dem erfahrenen Kollegen aus dem Taunus schon angedeutet, der Rückfall. Sultan konnte erneut kaum Wasser lassen, und auch die heftigen Schmerzen waren wieder da, obwohl wir alles versucht hatten. Diesmal, so war uns allen klar, hatten wir den Kampf verloren. Ich telefonierte noch mal mit dem hilfsbereiten Kollegen Richter, aber der machte mir keine Hoffnungen.

«Wie schon gesagt, nicht mal eine Operation kann verhindern, dass das Problem wiederkommt. Auch wir haben das schon öfter mal miterleben müssen», sagte er nur bedauernd.

«Trotzdem recht herzlichen Dank.» Geknickt legte ich auf.

Bis heute muss ich immer mal wieder an den beklemmenden Augenblick denken, als ich Sultan die letzte Injektion gab. Ich besprach mit den beiden Frauen, was nun auf sie zukam, aber sie wussten Bescheid, denn sie hatten es bei einem ihrer Pferde schon mal mitmachen müssen. Daniela und Beate wollten unserem großen, sanften Helden in seinen letzten Minuten Beistand leisten. Beate konnte es zwar fast nicht aushalten, aber für Sultan überwand sie sich schließlich doch. Wir nahmen uns fest vor, erst dann loszuheulen, wenn Sultan ganz betäubt war und unsere Schwäche nicht mehr mitbekommen konnte.

Ich stellte mich vor das traurige Dromedar und erklärte ihm von Mann zu Mann: «Sultan, du hast leider verloren. Wir haben alle verloren. Alleine würdest du jetzt einen langen, sehr schmerzhaften Tod sterben. Mir bleibt nur, dich in Anstand und Würde auf deine letzte Reise zu schicken. Immer werde ich voller Respekt an dich denken. Ich spüre, wenn ich einer großen Persönlichkeit gegenüberstehe, und du bist nicht nur äußerlich beeindruckend!»

Zwei große, dunkle Augen sahen mich mit traurigem, tiefem Blick an, und ich hatte schwer mit meiner Rührung zu kämpfen. Dann atmete ich tief durch und riss mich wieder zusammen, schließlich musste ich erst noch diese Aufgabe richtig zu Ende führen.

Das Dromedar holte sich die erste Spritze mit dem Betäubungsmittel freiwillig ab, indem es mir wieder den Hals hinhielt. Sobald er die Wirkung leicht spürte, neigte Sultan den langen Hals noch mal in meine Richtung und schob seinen schweren, großen Kopf in meine Hände. Diese Bitte kannte ich schon von anderen Tieren, denen ich aus dem Leben geholfen hatte. Alles klar, danke für dein Vertrauen. Ich hielt seinen Kopf, um bei Beginn der Wirkung das Schwindelgefühl zu verringern und ihm die Unsicherheit bis zum Ablegen und danach zu nehmen.

Während sich langsam der Schleier der Betäubung über sein Bewusstsein legte, behielten mich seine unvergesslichen Augen fest im Blick. Ich bin nun mal derjenige, der sich bei dieser letzten Reise auf dem ersten Wegstück am besten auskennt. Zwar kenne ich den Weg nur bis zur «Tür», aber an mir darf sich jeder festhalten, der ihn beschreitet. Die ganze Zeit über, bis ihm die Augenlider zu schwer wurden, hielten wir Blickkontakt, der bis zu meinen tiefsten inneren Wurzeln reichte und mich total aufwühlte. Das ertrage ich gerne für dich, mein Lieber, dachte ich, denn ich darf schließlich noch eine Runde weiterleben.

Dann mussten seine Augen endlich nachgeben und fielen zu. Als ich aber seinen schweren Kopf loslassen wollte, den ich trotz meiner mittlerweile eingeschlafenen Beine immer noch umfing, hoben sich die wunderschönen Augenlider mit den endlos langen Wimpern sofort wieder. «Bitte lass mich noch nicht allein, ich bin noch nicht so weit», sagte der Blick. Als Sultan weit genug weg war, durften bei den beiden Frauen endlich die tapfer zurückgehaltenen Tränen fließen.

Ich bot ihnen an, dem Dromedar die allerletzte Spritze alleine zu geben. «Ihr braucht da nicht zuzusehen», sagte ich.

Zwei Paar rote Augen sahen mich verständnislos an. «Warum sollten wir ihn ausgerechnet jetzt alleine lassen?»

Die letzte Spritze spüren meine Patienten nicht mehr, dazu ist das Betäubungsmittel zu stark. Als Sultans Atmung aussetzte, hörte ich die Herztöne langsam leiser werden, dann stand der Tod vor uns. Jetzt konnte ich meine Augen auch nicht mehr trocken halten. Obwohl ich schon so viele Persönlichkeiten auf ihrem letzten Weg begleitet hatte, diesmal half mir der Schutzpanzer um mein viel zu weiches Herz nur wenig. Ich wollte Sultan ganz an mich ranlassen, obwohl es so verdammt wehtut, etwas anderes hatte er nicht verdient. Seltsamerweise fühlte ich mich durch dieses Erlebnis trotz aller Trauer geehrt, bereichert und beschenkt – ich kann das nicht erklären. So deutlich war das Gefühl noch nie.

Der nun anstehende Anruf im Taunus fiel mir schwer. Diesmal hatte ich Frau Dr. Richter am Apparat, der ich erzählte, wie die Geschichte ausgegangen war. Schließlich wollen wir Tierärzte, wenn wir einem Kollegen Tipps gegeben haben, auch erfahren, wie es weitergegangen ist. Das Fachliche hatten wir bald hinter uns und unterhielten uns noch eine Weile, beide ganz traurig. Frau Richter kannte Sultan schon sehr lange, viel länger als Daniela und Beate.

Am Ende des Gespräches konnte ich mich nicht bremsen und musste noch etwas loswerden. «Ich glaube, ich werde allmählich zu empfindlich für meinen Job. Der Blick von Sultan, als ich ihm die letzte Hilfe geben musste … Irgendwie lässt mich der Kerl nicht los.»

Am anderen Ende der Leitung Stille. Ich hörte die Kollegin nur atmen. Dann, nach reiflicher Überlegung, sagte sie doch noch etwas. «Das ist bei Dromedaren eben etwas ganz Besonderes. Mich haut das auch oft fast um. Aber bei Sultan … Ich kann das gut verstehen, der hat tiefer gefühlt als andere. Bei anderen Tieren ist es auch jedes Mal schlimm, aber hier ... Leider konnten wir Sie nicht vorwarnen, denn das spüren nur wenige Menschen. Außerdem gibt es dafür sowieso keine richtigen Worte.»

Erleichtert schnaufte ich aus. Ich war mit meinen bescheuerten Gefühlen nicht alleine!

In der ersten Zeit nach Sultans Tod stand für Daniela und Beate fest: Nie wieder ein Dromedar!

Später dann überwog die Erinnerung, wie liebevoll sich Sultan immer um die Kinder bemühte hatte, was er alles an Gutem in die Gemeinschaft gebracht hatte, wie viel sie alle von ihm gelernt hatten. Nach der Trauerzeit beschlossen die beiden starken Frauen deshalb, doch wieder ein Dromedar zu suchen, das zu ihrer Gruppe passen könnte. Sultan sollte nicht umsonst gestorben sein. Die Familie Richter stand ihnen mit Rat und Tat zur Seite und konnte ihnen tatsächlich weiterhelfen.

Heute stehen in Breitenborn außer den Lamas zwei Dromedare, ein großer und ein kleinerer Nachfolger des sanften Sultan.

Sultan sollte nie in Vergessenheit geraten, deshalb heißen die Anlage in Breitenborn und das Vorhaben, mit den verschiedensten Kindern weiterzuarbeiten, seit einiger Zeit «Projekt Sultan». Mittlerweile haben Daniela und Beate noch mehr liebevolle Unterstützer, die auch mal mit anpacken oder mit einer Spende aushelfen. Bei meinen Besuchen auf ihrem Hof treffe ich dort immer mal wieder andere nette Menschen, die mit dem «Projekt Sultan» in Berührung gekommen sind und deshalb gerne mithelfen.

Romantische Kuhbeschwörung im Kahlgrund

Die schönste Geschichte, die mir in über einhundertzwanzig Sendungen mit dem Fernsehteam passiert ist, hat mit einem Wunder zu tun.

Es war ein sonniger Nachmittag, wir saßen gerade mit dem kompletten Drehteam entspannt auf unserer Terrasse zusammen und tranken Kaffee. Bisher hatten wir nur das Rauschen des Baches im Hintergrund gehört, jetzt unterbrach das schrille Klingeln des Telefons unsere lebhafte Unterhaltung.

Der Anrufer, der sich aus dem nahe gelegenen Bayern meldete, klang fast schon resigniert. «Wir haben ein Kalb», erklärte er mir, «gerade mal drei Tage alt, das liegt nur noch reglos auf der Seite. «Schlimm sieht das aus», fügte er noch hinzu.

«Na, dann geben Sie mir mal kurz Ihre Adresse durch, ich komme dann gleich», sagte ich, während alle am Tisch wie gebannt zuhörten.

Schnell packten wir unsere Sachen zusammen und machten uns auf die Fahrt ins Ausland. Von Hessen ging es rüber nach Bayern, mehr als dreißig Kilometer auf der Landstraße, doch wir kamen gut voran. Im Kahlgrund, einem traumhaft schönen Tal, lag die Weide auf der Sonnenseite an einem Hang.

Der etwa fünfundsechzigjährige Bauer, der mich verständigt hatte, und sein Sohn erwarteten uns schon sehnsüchtig.

«Wo ist denn das Kälbchen?», fragte ich gleich nach der Begrüßung. Ich konnte es nicht sehen, da sich die Koppel an die Wölbung des Talrandes schmiegte.

«Gleich dort drüben», sagte der Bauer und lief auch schon los.

Ich nahm erst mal nur mein Stethoskop mit, das Team hingegen alles, was auch nur vielleicht gebraucht werden könnte. Der Bauer hatte vorsorglich noch schnell nach dem Stiel einer Mistgabel gegriffen, schließlich wollten wir zu einer Mutterkuh mit ihrem kranken Kalb. So etwas kann leicht gefährlich werden, vor allem wenn so viele Leute dabei sind. Der Gabelstiel diente also unserer Sicherheit.

Zuallererst musste ich das Kalb untersuchen, wofür wir normalerweise die Mutterkuh vom Kalb wegtreiben würden. Eine Alternative gab es aber noch: Ich müsste der besorgten Mama vorsichtig beweisen, dass ich sehr rücksichtsvoll vorgehen würde. Das Fernsehteam kannte die spezielle Stimmung, die ich dafür brauchte, inzwischen ganz genau, daher besprachen wir nur kurz, welche Entfernung es einhalten sollte, damit die Kuh ruhig bliebe.

Als wir um die Biegung am Hang kamen, lag das Kalb tatsächlich platt wie eine Flunder auf der Seite und bewegte sich nicht. Direkt daneben stand traurig und aufgeregt zugleich die Mutterkuh. Ich erkannte sofort, dass es völlig sinnlos war, sie jetzt wegzutreiben. Dann bestünde bloß die Gefahr, dass sie im Verlauf der Behandlung mit Gewalt zu ihrem Kalb drängte, und in dem Fall könnte keiner für die Sicherheit der Fernsehleute bürgen. Ich arbeite grundsätzlich lieber mit den Tieren als gegen sie – so auch diesmal.

Zuerst ging der Bauer zu seiner Kuh hin und redete auf sie ein, damit ich ebenfalls einige Schritte vortreten konnte. Aus knapp fünf Meter Entfernung – das Team blieb vorsichtshalber mehr als doppelt so weit weg – fing ich nun ebenfalls an, mit der Kuh zu reden, und schaute immer wieder besorgt zu dem Kalb vor ihren Füßen. Nach nicht mal einer Minute trat die Kuh tatsächlich einen Schritt zurück, und ich durfte mir das Kalb ansehen. Langsam kam ich näher und ging neben dem kranken Tier in die Hocke, ohne es jedoch anzufassen.

Auch diesmal besprach ich mich mit der Mama und erklärte ihr, dass ihr Kalb unbedingt meine Hilfe brauchte. Zur Bekräftigung hielt ich ihr das Stethoskop hin. Neugierig kam sie einen Schritt näher, beroch das Gerät, sah sich alles gründlich an und ging genau den einen Schritt wieder zurück. Jetzt konnte ich das schlaffe Kälbchen ohne Probleme untersuchen. Dennoch behielt ich die Mutter dabei die ganze Zeit über im Auge und sprach mit leiser Stimme beruhigend zu ihr. Zum Glück fand ich recht schnell heraus, was dem Jungtier fehlte.

Das Kälbchen hatte eine schwere Gaskolik durchgemacht, die Schmerzen waren zu groß und zu anstrengend für den kleinen Körper, der deshalb schon ein bisschen ausgetrocknet und extrem erschöpft war. Außerdem war das Blut vor lauter Stress sauer. Genau das erklärte ich nun erst mal dem besorgten Muttertier, und über das Mikrofon an meinem Hemd sollten die Zuschauer der Sendung die Erklärungen verstehen. Seltsamerweise blickte mich die Kuh dabei sehr aufmerksam an, als würde sie mich verstehen.

Als Nächstes musste ich zurück zu meinem Auto, um die benötigte Medizin zu holen. Noch im Bus bereitete ich alles vor: die krampflösende, schmerzstillende Spritze, die Nadel für die Infusion und die Infusionslösungen. Mit vollen Händen kam ich zurück zu dem Hang, wo das Filmteam, der Bauer und die Kuh warteten. Damit sich die Kuh nicht vor den vielen fremden Sachen in meinen Händen erschreckte, bot ich ihr wieder an, mich samt meinem Gepäck noch einmal zu überprüfen. Wer sich ohne Scheu abschnuppern ließ, der konnte nichts Böses im Sinn haben. Ich legte die Flaschen vor mir ins Gras, der große Schädel mit den spitzen Hörnern nur einen halben Meter neben mir, aber die Mutterkuh war mir freundlich gesinnt. Irgendwie muss sie gespürt haben, dass sie mit ihren Möglichkeiten am Ende war. Und eines stand fest: Das Kalb würde ohne medizinische Hilfe sterben.

Ihre ganze Hoffnung schien auf mir zu liegen. Immer wieder nahm ich kurz Augenkontakt auf, dann zeigte ich ihr die stumpfe Seite der Kanüle, bevor ich mit der spitzen Seite in die Halsvene ihres Kälbchens stach. Als das schlaffe Kalb kaum reagierte, war die Mama zufrieden und ließ mich weiter gewähren. Ich verabreichte dem Kleinen das schnell wirkende Schmerzmittel, ließ Elektrolyt in die Blutbahn fließen, um den Flüssigkeitsverlust auszugleichen, und fing die Übersäuerung mit einem weiteren Mittel ab. Das Kalb war jetzt versorgt, die Kanüle gezogen. Ruhig und mit einem letzten Blick auf die Mutter legte ich mein Werkzeug auf die Seite. Noch immer beantwortete ich keine Frage des Regisseurs. Nur die Kuh, ihr Kalb und ich waren in diesem Moment wichtig – sonst niemand.

Nun erklärte ich der Kuh, was ich eigentlich den Fernsehzuschauern erzählen wollte, nämlich dass ihr Kalb auf meine Behandlung wie erwartet reagierte. Langsam hob sich der kleine Kopf, und die Kuh schaute mich an. Dann half ich dem Kalb, sich richtig auf den Bauch zu legen, damit es leichter atmen konnte. Die Kuh verfolgte jede einzelne meiner Bewegungen sehr interessiert. Dann legte ich die Hände stützend auf eine Seite des Kälbchens, das gerade versuchte aufzustehen, damit es wackeln konnte, ohne umzufallen. Kurz danach stand ein zitterndes Kalb zwischen mir und seiner Mama.

Die Beine wurden schnell sicherer, was die Kuh ganz offensichtlich kaum fassen konnte. Immer wieder muhte sie mich an und schaute dabei auf ihren Nachwuchs. Ein Schritt, Pause, noch ein Schritt, Pause, noch einer, wieder Pause. So lief das zuvor im Sterben liegende Kalb gemeinsam mit seiner Mama von uns weg. Die beiden Tiere standen etwa siebzig Meter von uns entfernt zusammen, als das Kalb vorsichtig einmal um seine Mutter herumlief. Gleich darauf rannte es noch mal jubelnd um sie herum, warf die Beine in die Luft und tollte umher, als wäre nie etwas gewesen.

Damit waren die herrlichen Abschlussaufnahmen eingefangen, das wunderschöne Tal im Bild gewürdigt und alle Erklärungen gefilmt. Die drei Fernsehleute machten sich also daran, ihre Ausrüstung wieder einzupacken, während ich etwas abseits der Gruppe stand. Sie verstauten gerade das letzte Mikrofon, als die Mutterkuh, die mich die ganze Zeit über im Blick behalten hatte, noch einmal in weitem Bogen auf uns zukam. Sie blieb mit ihrem Kalb knapp zwei Meter vor mir stehen und schaute mich lange bedeutungsvoll an. Ihr Blick wanderte zu ihrem Kalb und dann wieder zurück zu mir. Dreimal insgesamt.

Eine sehr feierliche Stimmung umgab mich, und mir waren vor Rührung die Tränen in die Augen gestiegen. Ich hatte verstanden.

Danach ging die Kuh mit entspannten Schritten in die von hier oben nicht einzusehende Ecke der Weide, ohne den Kopf noch einmal umzudrehen.

Da nicht viele Menschen die tiefen Gefühle, wie ich sie in dem Moment hatte, verstehen oder nachvollziehen können, wollte ich zu der Abschiedsszene nichts weiter sagen und drehte mich weg. Das wunderschöne Bild von der Mutterkuh und ihrem Kalb würde ich für immer in meinem Herzen behalten.

Ich wollte gerade loslaufen, da sah ich in die Gesichter des Bauern und der drei Teammitglieder. Die Rührung überkam zu meiner Überraschung sogar die Städter.

«Eigentlich kann es ja gar nicht sein», sagte die Kamerafrau, «aber das hat gerade ausgesehen, als hätte sich die Kuh bei dir bedankt.»

In dem Moment hätte ich sie alle drei knutschen können.

So ein großes Geheimnis scheint die Verständigung mit meinen Patienten also doch nicht zu sein. Wer ein großes Herz und ausreichend Mitgefühl hat, der kann Wunder auch erkennen.

Nachwort

Nach fünfundzwanzig Jahren in meiner eigenen Tierarztpraxis liebe ich meinen Beruf immer noch sehr. Viele Wunder, wie dieses mit der Kuh und ihrem kranken Kälbchen, durfte ich im Laufe der Jahre erleben, so manches Mal jedoch habe ich den Kampf gegen den Tod verloren. Ich bin weder besser noch schlechter als meine Kollegen, ich lerne aus allen meinen Fehlern. Mein Beruf bringt es mit sich, dass ich so gut wie nur in Ausnahmesituationen geholt werde. Wenn keiner weiterweiß, dann erst komme ich zum Zug. Es hat mir früher immer sehr imponiert, wenn ich diese Einstellung bei einem anderen Menschen spürte.

Auch heute fühle ich mich überall dort nicht am rechten Platz, wo angegeben und übertrieben wird oder wo Probleme nur überschminkt werden, statt sie zu lösen. Sobald jedoch weniger geredet und schneller angepackt wird, fühle ich mich wohl. Auch wenn alle feiern, fühle ich mich hin und wieder nicht am richtigen Platz. Wer sich der Härte mancher Berufe aussetzt, bei denen es unter anderem sehr gefährlich werden kann, der wirkt oft zufriedener mit sich, denn er hat sich schon bewiesen. Ich bringe all jenen Menschen, die ausbaden müssen, was andere angerichtet haben, höchsten Respekt entgegen. Selbst in den schlimmsten Situationen habe ich immer jemanden gefunden, der ansprechbar war und auf meine Bitte reagiert hat.

Wenn die meisten wegrennen und fast keiner mehr helfen kann, beginnt für mich in der Regel die Arbeit, mit solchen Situationen kenne ich mich aus. Ich weiß, dass es vielen Feuerwehrleuten, Polizisten, Rettungsassistenten, Ärzten, Handwerkern und guten Bauern ähnlich geht. Sie alle zählen zu denjenigen, die nicht bei jedem Schmerz gleich durchdrehen, weil sie schon Schlimmeres erlebt haben. Echte Helden eben!

Genauso ein kleiner Held hatte ich von Jugend an werden wollen. Ich hätte nur nicht geglaubt, dass der Weg dahin so anstrengend und manchmal schmerzhaft ist – und noch so weit. Als Elfjähriger war ich völlig fasziniert von dem Meeresforscher Jacques Cousteau. Der Erfinder des Freitauchens war für mich ein echter Abenteurer, weshalb ich mit großer Begeisterung alle seine Werke verschlang, sofern es sie in der Stadtbücherei gab. Eines war damals gewiss: Die Welt hatte nur auf einen Kerl wie mich gewartet, der schon ganz andere Abenteuerbücher gelesen hatte. Ich träumte von Expeditionen, Weltumsegelungen und der Erforschung unbekannter Gegenden. Nur leider steht vor einer jeden echten Abenteurerkarriere erst mal der Gang zur Schule, ganz abgesehen davon, dass die Erwachsenen mir rieten, zunächst einen Beruf zu lernen, und mich immer wieder darauf hinwiesen, dass einen echten Abenteurer vor allem Lebenserfahrung auszeichnet. Letzteres stellte für mich das geringste Problem dar, schließlich wusste ich damals ja schon alles, was ich kannte.

Mittlerweile habe ich von Abenteuern ehrlich gesagt die Nase voll. Ich habe in den vielen Berufsjahren als Tierarzt derart unglaubliche Sachen erleben dürfen – und manchmal auch müssen –, ganz ohne Expeditionen, Abenteuerurlaub oder Weltumsegelungen, sondern mitten in Deutschland im Stall und auf der Weide in meinem jeweiligen Praxisrevier.

Dort, wo in letzter Zeit zunehmend eine unglaublich vielfältige und in der Not erprobte Kultur dem Interesse an vorübergehenden, schnellen Gewinnen zum Opfer fällt, durfte ich Menschen kennenlernen, die Deutschland über viele Jahre ernährt haben, und zwar ohne große Maschinen. Menschen, die innerhalb einer einzigen Generation wirtschaftlich zugrunde verwaltet wurden – dank ungerecht verteilter EU-Subventionen.

Mit diesem Buch will ich eine Brücke über den Abgrund zwischen den Bauern und den Verbrauchern schlagen. Keine Horrormeldung, kein Jammern, kein Protest und kein Seuchenzug konnten bisher den Untergang der echten Bauern aufhalten. Seit einigen Jahren arbeite ich daran, unsere «moderne» Art des Umgangs mit Tieren zu verändern. Es ist ein großer Unterschied, ob ich Tiere nutze oder ob ich sie ausbeute. Wer sich in seinem Umfeld ein bisschen umsieht, kann den vermeintlichen Fortschritt durch Ausbeutung sofort erkennen. Auch Menschen werden zunehmend so behandelt. Geld anzuhäufen ist zum obersten Sinn unseres Lebens geworden, zum einzigen Ziel. Dieses Ziel, nämlich den maximalen Gewinn, erreichen aber nur einige wenige, während alle anderen die dabei entstehenden Schäden tragen müssen.

Wenn ich mit diesem Buch auch nur einen winzigen Schritt dazu beitragen könnte, das wertvolle Wesen, die Persönlichkeit und die tiefen Gefühle unserer Nutztiere jenen Menschen näherzubringen, die sonst lieber wegschauen, dann würde mich das sehr freuen.

Auch dieses Jahr haben einige meiner Mitstreiter und ich uns – sogar von Kollegen aus der Kleintierpraxis – bestaunen lassen müssen, wenn wir gewisse heikle Themen angesprochen haben. Etwa wenn es darum geht, warum «Lebensmittel» manchmal zur «Sterbehilfe» (Vorsicht: Ironie!) werden, warum Bauern verzweifeln und warum unsere Nutztiere viel zu oft leiden müssen. Oder wenn es darum geht, warum unser Wasser und unser Boden verrecken, warum «unser» genmanipuliertes Sojaglück auf brandgerodeten Urwaldböden wachsen muss und warum die ganze Gülle und die Abgase in Norddeutschland bleiben müssen, damit einige wenige Investoren im winzigen Deutschland Exportfleisch für die weite Welt produzieren können.

Was ich selbst erlebt habe, das werde ich auch weiterhin erzählen ... Selbst wenn es nur ein winziger Teil dessen ist, was in den wirklich gut abgesperrten Bereichen (Vorsicht Tierschutzfilme!) geschieht. Die meisten Menschen wollen nun mal nichts davon wissen, nicht mal manche Tierärzte, die extra ein anderes Berufsfeld gewählt haben, um damit ja nicht in Berührung zu kommen.

Nichtsdestotrotz erzählt dieses Buch möglichst viele schöne Geschichten – den Horror in den Ställen haben wir schließlich alle schon von den Medien gezeigt bekommen.

Ich danke Angela Troni sehr für ihre Mithilfe beim Verwandeln meiner Geschichten in ein lesbares Buch.

MIX
Papier aus verantwortungsvollen Quellen
FSC® C019821

Das für dieses Buch verwendete FSC®-zertifizierte Papier *Lux Cream* liefert Stora Enso, Finnland.